FIELD & STREAM
THE TOTAL
GUN
MANUAL
槍械操作聖經

CONTENTS

SHOTGUNS 散彈槍

DEAR READER

《田野與溪流》主編的話

14年前，當我進到《田野與溪流》擔任新進編輯的第一天，我坐在大衛·佩查爾（David E. Petzal）的辦公室裡，感覺就像第一次射擊那般，心裡充滿了顫慄與恐懼。

當年的我，一想到要和他共事，腦中閃過的唯一念頭就是**別搞砸了！**，因為多年來他的事跡已經如雷灌耳（說他是我個人心目中的英雄，一點也不誇張）。

當然，我過於急切的想讓佩查爾知道我在槍械方面的知識。一提到槍，我就是你們眼中的典型鄉下男孩。在我家裡，槍就像割草機一樣稀鬆平常。要如何用槍，或是有什麼禁忌，一切都已深印在我的潛意識裡，不曾間斷過。在我還不能申請執照的年紀，我就已經時常跟著父親和哥哥在早晨出去打獵，下午則是在牧場裡射牛奶罐。11歲的時候，我在聖誕樹底下獲得了第一把包在襪子和書本裡的中央底火步槍—.270口徑的溫徹斯特M700步槍。

從我和佩查爾的談話，以及後來和散彈槍編輯菲爾·布傑利（Phil Bourjaily）的交談當中，卻可以清楚看出我不懂的東西還真不少。兩位世界級的槍械射擊專家俱以一貫的大師風範和幽默感告訴我，承認自己的無知不僅不羞恥，事實上它還是成為射擊專家的最重要歷程之一。

槍械和射擊的世界有一種令人難堪而落伍的想法：缺乏知識或經驗，才能反映你的男人氣概。這種態度只會拉著你往後跑，讓你看起來像個傻瓜。

長久以來，佩查爾和布傑利都認為他們最喜歡的學生就是初學者，因為他們沒有先入為主的觀念，也沒有任何要改進的經驗。即使是有經驗的射手，也唯有心胸開闊而且認真的人才能成為技術最好、最了解槍枝，以及最樂在其中的人。（許多專家認為，女人大致上都是好學生和好射手，不比男人差，因為她們不太想表現陽剛氣息。）

承認自己還有很多事情要學之後，我的射擊技術就開始大幅進步，槍械的世界也讓我找到了更多的樂趣。以下就是我原本不了解的事。

槍的安全可以變成第二天性，但不能漫不經心。用槍失誤可能會打死你自己，甚至打死其他的人，這還需要我提醒嗎？不用說你也知道用槍的安全守則（這是本書的第一條守則。請繼續讀下去，立刻再讀一遍）。但這不表示你不必時時刻刻警惕自己。幾年前，佩查爾曾用戒慎恐懼的口氣告訴我，他在槍界學院（Gunsite Academy）上步槍課時，曾有一次遭到嚴厲的責罵，只因為他的槍口偏到了不該偏的位置。我說的就是這種對槍械過於漫不經心的態度。

每個人都要接受指導。等等，為什麼佩查爾還要上步槍課？他可是一位教育班長、一位經驗豐富的射擊手，以及世界頂尖的槍械專家。他上課的理由和職業高爾夫協會（PGA）高手聘請揮桿教練，以及大聯盟（MLB）球員在顛峰時期的每場球賽都要接受指導一樣。好射手必需經由不斷的訓練和無止盡的練習才能超凡入聖。這是一生一世的歷程。

許多重要的議題其實無關緊要。獵人和射手（槍械作家就更不用說了）會丟出許多熱議的話題，例如最理想的子彈和最好的槍等等。本書頁面也會出現這類題目。這樣也好，讓射手有話題可以討論，讓槍械廠商有些事情可以做，也是一件有趣的事。槍械的世界有太多值得我們探究的奇妙事物，例如彈道、產品和歷史，一輩子也忙不完。去吧，這些都是槍迷在乎的事情。但請不要把真正重要的事情和有趣的事混為一談。你能拿著子彈隨便亂射嗎？其他事情都是次要。

這不是心臟手術。槍和槍的安全性，基本上都是極為嚴肅的事情，但除此之外我們也需要快樂活潑。別忘了這原本就是一件快樂的事情。如果朋友的彈群比你集中，讓你每失手一次就嘟著嘴罵一次的話－這樣做只會讓你不開心，讓你的射擊每下愈況，也會讓你變成射擊俱樂部和狩獵營裡面**最不受歡迎的人**。在你不得不採取激烈手段之前－比如說開始賣槍或是學打高爾夫球之類的，請開心一點！

我有幸從佩查爾和布傑利身上學到以上的教誨，內容不一而足，相信你也辦得到。拿在你手上的書，是一本經驗總和超過70年的精華，文字通情達理，廢話

不多，內容俱是兩位作者專為《田野與溪流》所作的一切事情，無論它出自於雜誌裡的故事、線上的部落格，還是電視節目。我們還招募了一群攝影師、插畫家、設計師和編輯，共同編輯本書。我們認為，在槍械與射擊的出版品當中，這是有史以來最完整，也最有趣的一本書。

當天，佩查爾在辦公室對我說的最後一句忠告，就是要我向華倫·佩吉（Warren Page）這位傳奇人物多多學習，他是《田野與溪流》最偉大的射擊編輯之一。他原本已經準備要接手釣魚主編的位置，但後來卻轉為美國最頂尖的步槍專家。佩吉曾經告訴佩查爾，在他的成長過程當中，「每晚抱著槍械書籍入夢」占了非常重要的地位。佩查爾給了我一份書單，希望我能做同樣的事。只希望屆時這本《槍械操作聖經》已經問世了。

《田野與溪流》主編

安東尼·利卡達（Anthony Licata）

THE GUN NUTS CODE
槍迷特徵

- 剛擊發的紙彈殼所冒出來的煙，是世界上最好聞的味道。
- 只有兩件事比為了子彈爭吵更加有趣，但是兩件事都犯法。
- 參觀槍展時，最怕因為看到一把用過的舊槍而淚奔。
- 你最想跟三個人握手：約翰．韋恩（John Wayne）、卻爾登．希斯頓（Charlton Heston），以及狙擊手卡洛斯．海斯卡克（Carlos Hathcock），但是再也握不到了。
- 你會用打獵的次數來度量過去的歲月：女兒在你獵到第一隻大角麋鹿那年離婚，否則你會忘記。
- 你不會批評其他獵人的狗，即使狗主人是好朋友也一樣，但是你會拿他的槍開玩笑。
- 有人說你沒打中目標時，你不會把它當一回事，只會禮貌性的點著頭。但如果他告訴你為什麼會沒打中，你就會仔細的聆聽。
- 你會留下糖果鳥*給其他人打。
- 如果槍械作家對你最喜歡的槍械彈藥提出批評，你會希望和他大吵一架。
- 對你來說，地上的紙彈殼或銅彈殼都是錢，不是垃圾。
- 你走了之後，你會好奇誰會接手你的槍，他們會不會像你一樣的照顧它。
- 談到非洲，你會想知道：打非洲水牛時我該做些什麼？
- 《猛虎過山》和《捍衛遊俠》永遠是你最喜歡的電影。
- 你好奇艾爾瑪．凱斯（Elmer Keith）這種人為何已成絕響。
- 搬家時，你最在乎住家附近有沒有練靶場。
- 舊槍都是精品：它有過往的故事，通常也有好價錢，而且更有前一任槍主人幫你承擔新槍出現第一道刮痕的痛苦。
- 你永遠搞不懂為何女人總是射得比你好。
- 如果你是女人，不用想就知道你射得比男人好。
- 如果你有狗，死去的朋友往往比不上死去的狗更讓你懷念。
- 你早已經不期待新聞播報員能懂些什麼槍。
- 你不是裝闊的玩槍草包，但是你認為上山打鳥一定要穿戴整齊，換句話說就是不用合成槍托，也不穿迷彩裝。
- 如果你年紀夠大，你會知道小孩能帶槍上學的年代還比現在安全，現在連身上穿的T恤出現槍的圖案都會被送進校長室。
- 槍無法回報你的愛，但反過來說它也不會死。

＊糖果鳥是指最容易打中的目標。

DAVE PETZAL 大衛．佩查爾

從15歲起，我就開始閱讀槍械書籍，但是感覺很糟，因為照理說我應該花時間唸上大學的書才對。我還有幾本當年的舊書，它們都已經破損不堪，無一倖免，連書角都捲起來了。我一而再，再而三的讀它們，因為它們很有價值。但它們不是我唯一的老師。獵人、射擊比賽選手、散彈槍射手和協會裡面的其他成員都是我最好的老師。

閱讀毛瑟槍（Mauser）槍機如何動作是一回事，看著槍匠操作展示又是另一回事。閱讀如何射擊是一回事，而看著別人用自己的方法射擊也是另一回事。

這是一本好書，事實上也是一本了不起的書，但是它不可能包含全部的槍械知識。它可以指點你，讓你找到好老師。在知識交流這方面，所有的射手都是世界上最大方的朋友。你可以學到很多，或許某一天你也可以寫出一本自己的書。

PHIL BOURJAILY 菲爾．布傑利

最忠誠的信徒就是皈依者。除了偶爾打幾個鐵罐子之外，從小到大我從來沒想過射擊這回事。直到我剛上大學那年，我才隨著父親和他的朋友出去打獵，因為聖誕節放假待在家裡太無聊了。那一年有很多鳥，我們三個人不斷的狂射，但是一隻也沒打中。

快結束時，有一隻雉雞飛到了我跟前。牠在35碼外從左邊飛到右邊，遠比我一整天都沒打到的鳥更難射。我扣下扳機，牠就像車輪一樣翻轉，最後掉進了長長的草叢裡。從那天起，我就一心就只想著要打獵。三十年過後，我覺得我很幸運，因為我的工作就是為《田野和溪流》撰寫散彈槍文章。

上面說的就是我，現在我們來談談這本書：

我最近參加一門課程，準備成為合格的美國運動飛靶協會教師。我們老師說，他會把學生分成分解型和統合型兩大類。他說，分解型學生會希望你拆解他們的射擊動作，然後告訴他們功效原理。統合型學生不太在乎原理，只要能達到功效就好。我承認我屬於分解型，然而本書卻包含了大量訣竅，有一些屬於分解型，有一些屬於統合型，還有一些純粹只是娛樂而已。希望你會喜歡。

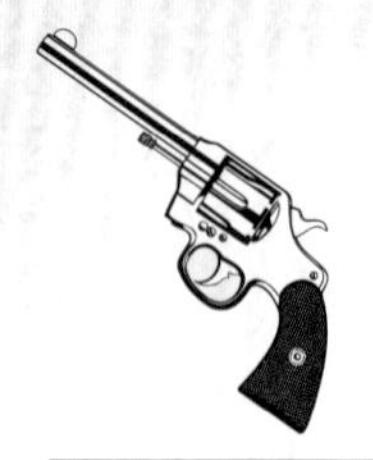

槍械簡史

A BRIEF HISTORY OF FIREARMS

第9世紀　火藥
發明於中國。

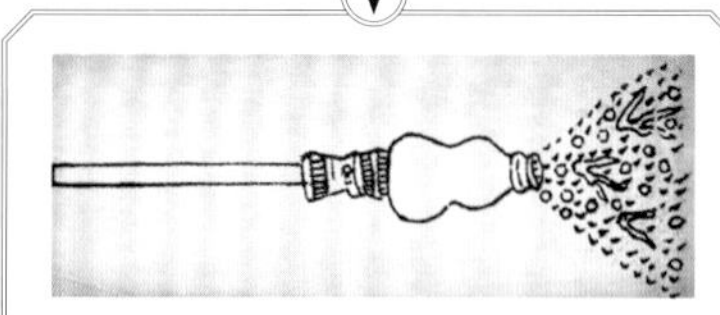

第10世紀　火矛
竹筒內藏火藥發射投射體，首度用於中國。

1360年
歐洲第一支由肩膀發射的火槍。

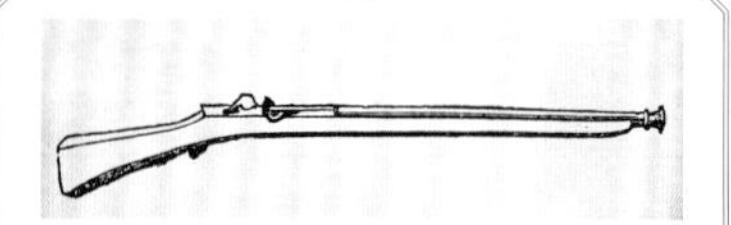

1475年　火繩槍
第一支使用扳機的槍，能讓燃燒的火繩接觸到火藥。

1498年
德國發明了步槍射擊原理，但到了下個世紀它才獲得有效的應用。

1509年 簧輪槍
扭緊彈簧產生火花，效能遠勝於火繩槍，再也不需要有一枝永遠在燃燒的火苗。

1630年　燧發槍
具有更可靠的點火系統以及更快的閉鎖時間。這種槍已經能射飛鳥。

17世紀末　步槍
尤指德國的燧發散彈槍。這款槍在歐洲打獵十分風行，尤其打大型獵物。

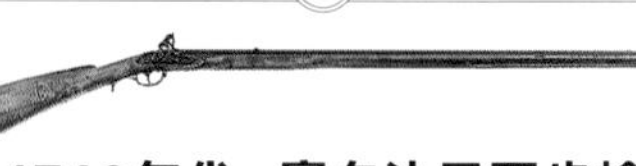

1740年代　賓夕法尼亞步槍
美洲的德國槍匠所設計的步槍，這種長槍已經成為殖民地時代狩獵及軍事武器的表徵。

1776年 據詹姆斯·菲尼莫爾·庫珀所述，「散彈槍」一詞來自於美國肯塔基的拓荒者。

1836年　柯爾特左輪手槍
薩姆爾·柯爾特發明了帕特森柯爾特左輪手槍，並取得專利。這種槍由撞擊帽擊發，掀起了手槍的革命。

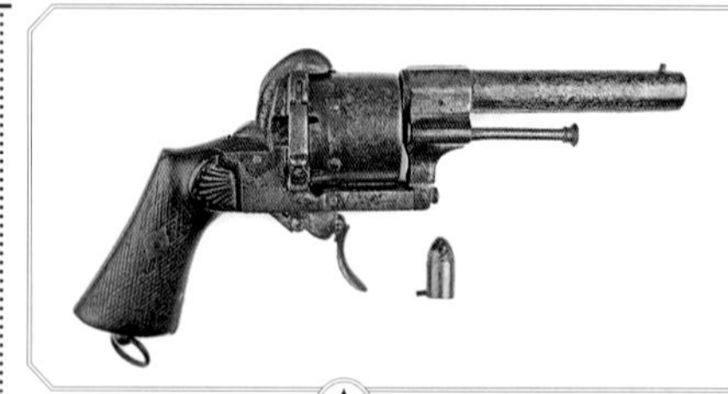

1836年　針式底火子彈
法國槍匠卡西米爾·勒佛修（CASIMIR LEFAUCHEUX）發明了針式底火子彈，此為最早期的現代化有殼子彈。

1857年 史密斯威森左輪1號手槍 賀拉斯·史密斯與丹尼爾·威森做出了第一把史密斯威森左輪手槍，裝填第史上一款.22邊緣底火彈，也就是.22短彈。

1874年
M1873溫徹斯特步槍
以「打下西部」聞名的步槍。

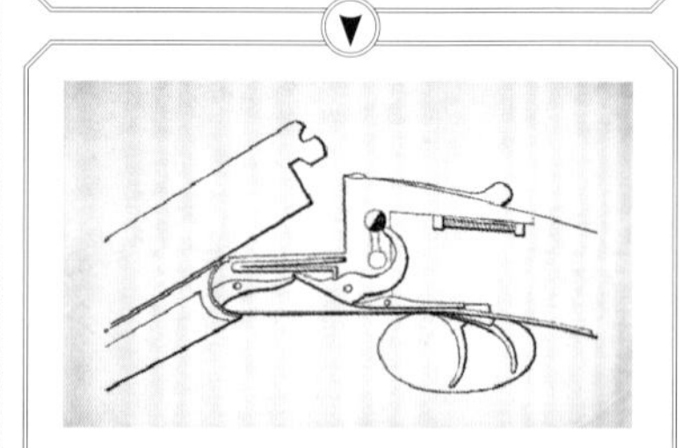

1875年　盒式閉鎖槍機
安森和迪利兩位英國槍匠合力創造的無撞針散彈槍設計，至今仍應用在槍上。

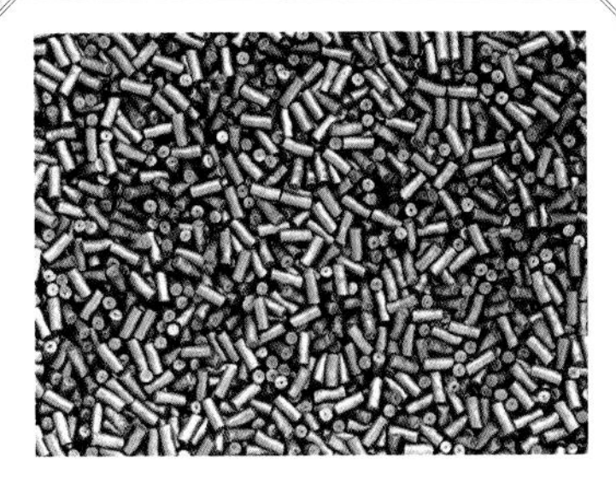

1880年代　無煙火藥

無煙火藥為長槍子彈帶來了革命性進展，讓黑色火藥彈的速度變成兩倍。小口徑子彈不再不切實際，其射程也大幅的增加。

1882年　壓動式散彈槍

克里斯多福·史賓塞所設計的第一款壓動式散彈槍。他也是美國內戰時期史賓塞連環槍的發明人。

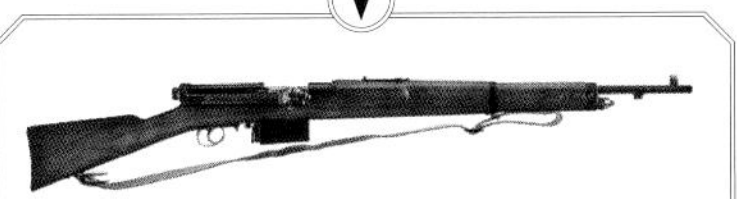

1887年　蒙德拉貢步槍

墨西哥將軍曼努耶爾·蒙德拉貢（MANUEL　MONDRAGON）獲得第一把全自動步槍的專利。

1898年　1898型毛瑟槍

彼得·鮑爾·毛瑟改良了98型栓塞式槍機；這是一款用了50年的軍事武器，作為運動用途至今依舊無可匹敵。

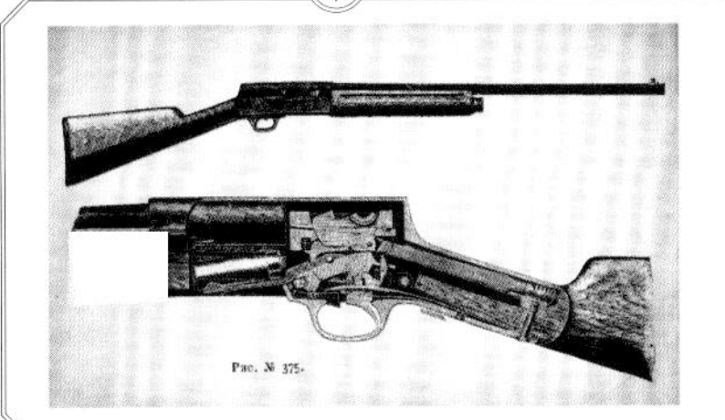

1900年　AUTO　5

槍械設計師約翰·白朗寧為他第一款成功的半自動散彈槍取得了專利。

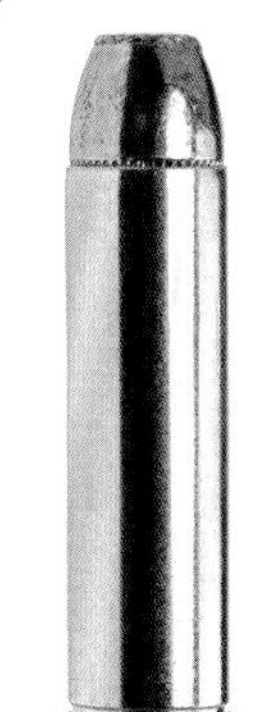

1934年
.357麥格農彈

本圖的.357子彈是第一款麥格農手槍子彈。.357的火力絕冠群倫，到了1955年才被.44麥格農打敗。（麥格農原意為大酒瓶，本詞彙於槍械領域專指火力強大之大型子彈，或是能使用麥格農子彈的槍。）

1936年　溫徹斯特M70

這款栓塞式槍機的運動型長槍，普遍認為是有史以來最好用的散彈槍之一。

1947年　AK　47

卡拉什尼科夫的AK-47是蘇聯軍隊配槍，它一直是最受歡迎而且最有效率的軍用步槍。

1950年　雷明頓870

這款滑套式槍機的散彈槍是有史以來最受歡迎的槍，至今已銷售超過一千萬支。

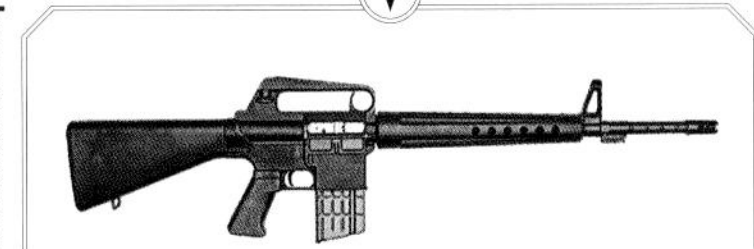

1955年　AR　10

此為美軍制式步槍AR-15/M16的前身，由軍事武器設計師尤金·史東納設計。

1956年
.44麥格農子彈

史密斯威森推出29型左輪手槍，可裝填革命性的.44麥格農。

1963年　雷明頓M1100

這是第一款穩健的壓動式半自動散彈槍，柔軟的後座力讓它迅速成為獵人和飛靶射擊手的最愛。

1985年　內嵌式前膛槍

密蘇里州的槍匠東尼·奈特所造的槍。這把槍吸引了無以計數的新獵人開始使用黑色火藥，因為它十分可靠而且容易維修。

1990年代

單頭彈和膛線槍管為單頭彈散彈槍掀起了一場革命，至今其精準度仍不斷在提升。

GUN BASICS

1 遵守基本安全守則

如果你曾經射擊過，並接受過適當的教育（此處泛指任何形式的教育，舉凡槍械認證課程，或是做了蠢事遭到老大敲頭，全部都算在內），你應該知道這些守則。我們會在這裡提醒你，是因為提醒不會造成傷害，而且一起讀它是一個很棒的開始，它讓你可以和孩子或是其他新射手共同討論安全問題。

假定每一把槍都已經裝上了子彈 每當你看到一把槍、拾起一把槍或是用槍瞄準時，你必須永遠假定它已經上了子彈，然後一切按照規矩來。

安全的攜槍 隨時隨地確認你已經上了保險。持槍走路或運送槍枝時，也要讓槍口朝下。唯一的例外是帶狗打獵，請參見第220條目。

確認你的目標 嚴格確認你要射的是動物而不是人，而且要射的動物附近也沒有其他人。絕對不要向聲音或移動的影子開槍。

正確的著裝 至少要穿上足量的橘色，免得你成為其他獵人的目標。

確認獵物死亡 確認所有的動物均已死亡之後，再把牠們裝進或關進你的車子。

別當傻孩子 別帶小孩去打獵。等你的小孩夠大，能夠了解並遵守這些守則之後，再帶他們去打獵。

小心攀爬 爬樹或是翻牆時，千萬不要帶著已經上膛的槍。

移開手指 確認你的手指不在扳機上，除非你已經準備要射擊。

不要喝酒開槍 這是普通常識。把啤酒留到晚上。

不要忘記射程 射擊之前先要看清楚目標後方。大火力的子彈可以飛到三英哩外打死人。

結伴而行 帶好朋友一起去打獵。不成的話，至少讓人知道你要去哪裡，什麼時候回來。

繫好安全帶 如果要用樹架打獵，別忘了繫好安全帶。諸多打獵受傷的案例都是從樹架上掉下來。你也不會想告訴同事你的手是怎麼斷的。

仔細檢查 在新一輪獵季開始之前，或者要使用新裝備或借來的裝備之前，都要確實清點每一項物品，同時也要確認每個物件都能正常運作。打獵會用到的物品，事前均應詳細了解其操作原理。

安全保管 子彈和槍必須分開運送保管。不用的時候，每一件物品都要上鎖。

2 別像那位仁兄

一切準備就緒。手上提著最新、最好的裝備，背上背著最新、最好的步槍或散彈槍，準備出發到森林裡給動物們一點顏色瞧瞧。但在你出門打獵之前，先停下來，看看你是否幹了什麼蠢事。

挑選正確的迷彩 我們穿上了蘆笛迷彩裝。但這全是南部的裝扮－南部的沼澤、南部的橡樹、南部的藤葛，以及南部高速公路上的垃圾。你在懷俄明州找不到狄士摩沼澤好嗎？穿成這樣，只會讓動物偷偷笑你。

去掉亮光 全世界都在瘋迷彩裝，誰還會買閃閃發亮的長槍？或許你喜歡亮光，但是動物見到亮光之後，就會想：「我還能跑，幹嘛站著等死？」

忘掉「透氣裝」 這件帥氣的服裝看起來的確不錯，但一開始忙碌之後，你就要用汗水烤自己了。羽絨衣、人造纖維保暖衣，以及油布雨衣，效果相當於一座荷蘭烤爐。

聞聞看 一大堆廣告在說人造纖維內衣「經過防臭防菌處理」。完全不要相信它，別浪費錢。

再聞一下 對弓箭獵人來說，鹿香水具有吸引雄鹿的功效，因為他們需要接近牠。但對於我們拿槍的人來說，那樣做很愚蠢。

手藝勝過科技 獵人通常是指一位擁有各式技藝的人，他要花費大量的時間在森林裡，用手藝辛勤的工作。但到了今天，我敢說只要你肯花錢，你就可以跳過許多程序。但這些東西依舊無法取代你的知識，所以還是去森林裡學吧。

尊重獵物 殺戮是打獵的一部分，但打獵不單只是殺戮而已。你只能用一種方法看待你剛殺死的動物，那就是慈悲心。厭惡打獵的人，既不相信也不了解這點，但有誰真正在乎呢？

— 大衛・佩查爾

3 學動物走路的樣子

人類穿越叢林的聲音會嚇跑獵物，也會讓森林變得沉默。你必須留意你的腳步、走路的步調，以及兩腳所擺放的位置，才能看到更多的獵物。

放慢速度 從容選擇你的路線，無聲無息的前進，並留意四周的情況。放慢腳步能讓你聽見更多的聲音；你的腳步可能會蓋過松鼠摘松果的聲音，或是火雞咕咕叫的聲音。不時的回頭看，也能助你在傍晚找到回家的路。

變換步法 固定不變的走路節拍，等於通知動物有**人**進到森林裡面了。每走幾步就要停下來觀察一下，聽聽聲音。如果你打算逗留一陣子，要先確認附近有大樹幹或樹叢等等能夠讓你隱蔽的物體。

看好再走 無論是金花鼠還是白尾鹿，所有的動物走到倒落的樹旁都會快速離開。向前跨步的時候，把大部分重量放在後腳，然後小心翼翼的放下你的腳，讓腳跟先著地。

繞開障礙物 由阻礙最小的道路穿越森林。大多數獵人都不喜歡看不到腳踩在哪裡，所以他們會站到倒落的樹木上頭，尤其是蛇很多的國家。老實說，除非萬不得已，否則最好的策略就是繞過障礙物，並壓低身體。

如果不是要追趕兔子或披肩松雞的話，請避開叢林，因為它會鉤住你的衣服，弄出奇怪的聲響。如果你和朋友一起走，請排成一直線走路。兩人之間要保持幾步的距離，以免後面的人被樹枝打到臉。

— 菲爾・布傑利

4 練好身體去打獵

小時候我們都聽過運動時心臟砰砰跳的聲音。我們都太過於熟悉這種聲音了，打獵時如果戴上心跳監測器的話，結果可能會讓你嚇一跳。不用花太多力氣，我們就能讓心跳加速到臉紅的程度，因此在非獵季時你一定要勤練身體，讓你在打獵時有較好的身手以及全面性的健康生活。

從壓力測試做起 跑步機和心電圖可以看出你有沒有心律不整和動脈阻塞的毛病，它們都是心臟病的風險因子。如果你已經診斷出心臟疾病，你的醫生可以幫你作正確的處置，讓你在未來幾年還能打獵。為了保險起見，在野外時你可以帶一些散裝的阿斯匹靈在口袋裡。沒有所謂的準備過度這回事。

多走路 如果醫生放行，允許你去打獵，則要定期適度的做有氧運動，讓你保持好身材。身體越好，就能和心臟一起做困難的工作。每週三天至少20分鐘的運動，讓心跳達到最高速率的65%至85%，就能良好改善你的體力。當下或許不會有什麼感覺，但是當你要把60磅的大角麋鹿肉打包回家時，你一定可以感受到進步。

— 大衛・佩查爾

5 找一個朋友

依據我們對原始人的研究，如果一個人獨自在野外一年沒死，就算非常的幸運。如果四周沒有人幫忙，一件小事就會要你的命。阿拉斯加/安克拉治有一位嚮導也回應相同的守則：「不要單獨在阿拉斯加打獵。」

我曾經和一位19歲的壯碩嚮導在魁北克北方打馴鹿。我打到一頭馴鹿後，就循原路走回船上，而他則把重量估計有150磅的馴鹿吊掛在前額。在離船不遠的地方，他突然一腳踩進一個沼洞，泥漿深陷到他的頸部。他遇上了大麻煩，因為我們兩人必須合力才能把他拉出沼洞，讓他重獲自由。我們都很幸運。如果他是自己一個人，可能早就已經死了。

另一件意外發生在一名技術相當好的牛仔身上。他會在冬天施放陷繩。有一天，他不知何故從馬鞍上跌了下來，但有一隻腳還掛在馬蹬上。馬跑了25英哩回到農場，一路上慢慢的把他拖行至死。如果有人在旁邊的話，他頂多受點皮肉傷和頭痛而已，一定逃得掉。慎選你的朋友。如果你要到野外，帶他們一起去。

—大衛．佩查爾

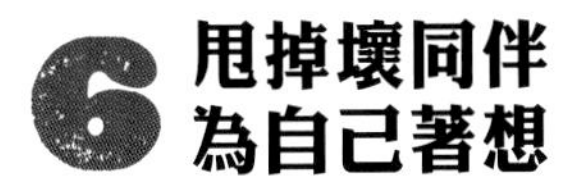

6 甩掉壞同伴 為自己著想

有一些射手和獵人很不安全，自始至終都很危險。無論他們是愚蠢、注意力不集中，還是個性不穩都一樣，一旦發現他們在場就走人。馬上離開，不用找藉口，雖然找個離開的理由或許會好一點。無論如何，拿起東西掉頭就走，像軍事行動一樣，學聰明點。

這種事我至少做了四次。有一次是在不用注冊的不定向飛靶射擊場，當時有一位新手擠在老手的隊伍裡，站在我旁邊。他很急躁的在我前方一英呎的地上射了一發子彈。我立刻離開那個隊伍。第二次是在南德克薩斯州獵鵪鶉，當時大約有十幾個獵人同時朝各個方向打獵，而且彼此的距離非常近。第三次是在南德克薩斯州獵藍牛羚，當時那位白痴的野外用品供應商命令我們六個獵人站成六邊形，再向逃跑的獸群開火。站在我後面的人就朝我頭旁邊開了一槍。第四次是在蒙大拿州獵白尾鹿，當時有一個獵人的兒子在我們四周亂跑，完全不受控制。

在理想世界裡，每個帶槍的人都是安全的。不過這世界並不理想。所以離開吧，立刻離開！

—大衛．佩查爾

7 買一把槍給孩子

觀察小孩打電動，就可以輕易了解為什麼我會推薦.22單發散彈槍作為小孩的第一把用槍。這種槍多半是栓塞式槍機，它對你和你的子孫都很好用。不過你必須考慮以下幾件事。

保持穩定　槍不是用來製造一大堆彈殼的機器而已。單發散彈槍迫使他一次只能用一顆子彈，讓他養成靶場上不浪費子彈的好習慣。

認識你的靶　給我一個能用大彈匣射擊.22子彈的孩子，我就能讓他用彈匣裡的每一顆子彈打中目標。如果你能在一個範圍內發射數十發子彈，還需要瞄準嗎？教會他每一發子彈都要思考。

省錢　一盒.22子彈不用花太多的錢。但是孩子使用第一把槍所養成的習慣，卻會跟著他一輩子。要教他不可浪費。

尊重槍枝　槍不是玩具。你的任務就是教會他這項事實。槍沒有「重來」的按鈕，失誤可能會致人於死。

雙重任務　.22單發散彈槍對於靶場基礎練習和實彈射擊都很好用。多數青少年在野外都是先從小獵物打起，.22口徑當然是首選。

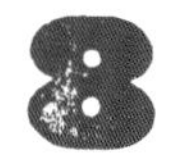

為青少年選購散彈槍

20號散彈槍是現今最好的孩童用第一把槍。這種槍又輕又細，子彈也裝得下足夠的彈丸，所以這種鉛徑最容易打中目標。.410口徑不容易打中目標，而28號的子彈又太貴，而且買不到鉛製彈丸。

壓動式散彈槍　對小孩來說，便宜的壓動式散彈槍很容易操作，因為大多數自動填彈的拉柄要用很大的力氣才拉得動。此外，壓動式散彈槍也比自動或雙管獵槍來得安全，因為你必須壓動槍機才能讓第二發子彈上膛－除非你一次只裝一發子彈。

半自動散彈槍　青少年壓動式散彈槍的重量較輕，但是後座力相當大。因此對於練習次數較多的兒童來說，後座力較小的壓動式半自動散彈槍是最好的選擇。如果一次只裝一發子彈，半自動散彈槍就和壓動式散彈槍一樣安全。第一次在野外讓小孩把三發子彈全裝進半自動散彈槍裡，你就會發現他每次都會把彈匣清空，但是打不到任何東西。

雙管獵槍　折開式槍機的好處是安全。槍管折開時完全無法射擊，很容易理解。因此你可以把它折開，窺視槍管，確認裡面沒有任何障礙物。不過它也結合了壓動式和半自動散彈槍的缺點：雙管獵槍結合了壓動式散彈槍的後座力，以及半自動散彈槍重複裝填/浪費子彈的特性。

──菲爾・布傑利

9 在家裡建一個槍械工作枱

雖然我會把主要的工作留給槍匠去做，但我還是喜歡自己拆卸、組合槍枝，為槍安裝望瞄準鏡、更換槍托墊片等等。我的槍械工作枱會有下列裝備：

基本裝備

- 一個固定槍械的支架，讓我能騰出雙手在上面工作。
- 十字螺絲起子，用來卸開緩衝墊。
- 大號一字螺絲起子，用來拆卸槍托螺栓。
- 小號的十字及一字螺絲起子。
- 含延長柄的套筒扳手，用來卸除無槽頭的槍托螺栓。
- 固定扳手，用來卸除壓動式前托。
- 一組滾針沖頭。
- 一組可換頭的槍匠專用螺絲起子，以免扭壞螺絲。
- 安裝瞄準鏡的Loctite專用藍膠。
- 瞄準鏡水平儀。
- 內六角扳手及梅花扳手，用來安裝瞄準鏡。
- 黃銅/尼龍鎚子，輕敲時不會產生凹痕。
- 大力鉗，用來夾住卡得很緊的物體，或是夾住我們要加工的小物件。除此之外拔牙也很好用。
- 一組錶匠螺絲起子，專用於很小的螺絲。
- Leatherman Wave多功能工具鉗，最常用的是它的尖嘴鉗。
- 全套六角扳手。
- 扳機拉力計。

我最想要有：

- 含軟墊之Brownell彈匣蓋專用老虎鉗。
- Hawkeye 槍管視鏡。它能接到電視螢幕，讓我能夠檢視槍管內部。

我總是缺少：

- 壓縮氣體噴罐。
- Birchwood Casey洗槍劑。

清潔潤滑器材

- 全套尺規的通槍條，含磷銅刷毛和羊毛刷布（10號刷子可以擦拭12號槍的膛室）。
- 舊牙刷。
- 圓形刷子。
- 塑膠挑鈎（看起來像牙籤）。
- 小布片。
- 抹布。
- 0000號鋼絲絨。
- 鉸鍊銷及彈匣蓋螺紋之Shooter's Choice專用油。
- Birchwood Casey縮喉管油脂。
- 散裝槍油（非WD-40）。
- 徹底清洗槍機的Birchwood Casey洗槍劑或液體扳手。
- 清潔槍管專用噴霧罐或火藥溶劑。
- 一盒棉花棒。
- 一罐打火機油，可以小幅度去除油脂。
- 一罐鏡頭清潔劑及拭鏡布，用來清潔瞄準鏡頭。
- 一罐Brownell槍機潤滑油（和縮喉管油脂差不多是同種東西）。
- 一瓶透明指甲油，用來固定扳機螺絲。
- 多罐J-B無研磨劑殘留通槍劑。
- Shooter's Choice火藥溶劑。

BIRCHWOOD CASEY
Gun Scrubber
Easy To Use • Fast
Non-Flammable
Synthetic Gun Oil
Barricade
Rust Protection
Choke Tube Lube
PREMIUM
LENS TISSUE
LENS BRUSH

10 用手槍保護你的家

雖然手槍是現今美國最通用的家庭防衛武器，但也是最難命中的槍。要在紙靶上打出高分已經很不容易了，更何況是命懸一線的場合？據說紐約市警局是經過高度實戰射擊訓練的單位，但他們平均也要花上74發子彈才能擊中一個人。

步槍如何？差勁的選擇。極遠的射程加上極大的穿透力，除了壞人以外它還會傷到其他人，而且命中力比手槍好不到哪裡去。最好的選擇是一把短管散彈槍，請參見第11條目的討論。九發00號單頭彈，威力相當於同等數量的9㎜子彈，幾乎沒有擋不下來的人。散彈槍是很棒的威嚇武器，往往連一槍都不用開就能解決你的問題。少有人膽敢蔑視散彈槍的槍口。

如果要用手槍，則必須考慮以下幾件事：家用槍和隨身暗持的武器完全不同，因為長管槍（5或6英吋）比短管槍更容易命中。左輪手槍比自動手槍更容易操作，但是自動手槍可以裝填兩倍的子彈。如果你的手槍沒有夜光準星，就去裝一個。手槍能用的最小子彈是.22 LR（Long Rifle長步槍彈），最大子彈是.45 ACP（柯爾特自動手槍彈）和.357麥格農，兩款子彈的後座力都很大。.38特殊彈、9㎜，和.40 S&W子彈是最佳的選擇。

最後請記住，手槍射擊是一種容易退化的技能。拼命練習，宛如你的生命需要依賴它，不過事實上也是如此。

—菲爾・布傑利

11 用散彈槍自衛

鹿彈不會把牆壁打掉，也不會把人打飛，和你在電影裡看到的不一樣。儘管如此，散彈槍仍是具有高度殺傷力的近距離防衛武器。依據哈里斯/美國射擊運動基金會新完成的調查顯示：「居家防衛」是美國人購買槍械的首要理由，所以聯邦、雷明頓和溫徹斯特等廠商會開發全新的家庭防衛子彈，並不令人意外，從.410和00號鳥彈一直到12號單頭彈，種類一應俱全。

「居家防衛」彈能做什麼？專為為室內使用設計的子彈，必須有開放的彈群分布，以便擊中近距離目標。子彈必須能夠阻擋、癱瘓或者嚇阻攻擊者；在理想的情況下，未擊中目標的彈丸不應穿透牆壁，以免傷害家人及鄰居。由於居家防衛射擊多半發生在5至7碼，所以我用這個距離來測試居家防衛子彈的彈群分布，外加少數幾次距離較長的10至15碼射擊。以下是我的結論：

以上的子彈都會射穿牆壁 鳥彈可輕易射穿兩層牆板；鹿彈可射穿六層。幾年前，我曾用7½號散彈阻止黃鼠狼入侵雞舍，沒想到卻把雞舍外牆轟出一個洞。

膛線和鹿彈不可混用 膛線會讓彈丸旋轉，讓它的分布變成一個大甜甜圈。我用獵鹿人（Deerslayer）散彈槍在七步的距離射擊，射了兩次，結果00號鹿彈的每一顆彈丸都打不中14×16英吋的目標。

散彈槍不是大面積武器 在五到七步的典型居家防衛距離下，即使無縮喉的槍所射出來的彈群分布也只有6到7英吋寬而已。也就是說，單以瞄準誤差來說，散彈不會比步槍彈好多少。但是當你用6英吋的彈群分布射偏7英吋時，還是有少數彈丸能射中要害。

畫出散彈槍的彈群分布 無縮喉而且槍管截短的散彈槍，理應有最大的彈群分布。我沒有把我的伯奈利（Belleni）散彈槍鋸短，而是旋進一支單純的圓筒套管（Cylinder），然後測試聯邦4號鹿彈和000號鹿彈。結果令人吃驚：圓筒套管竟然在5碼射出了一團3英吋的緊密彈群分布。若使用加強型圓筒縮喉（Improved Cylinder，縮寫為IC），彈群分布就會擴大到6英吋。依據我的結果，我建議使用定向飛靶專用縮喉或是IC縮喉。不過在你把生命託付給這把槍之前，不應該先弄清楚它是怎麼射的嗎？

—菲爾・布傑利

RIFLES
AND HANDGUNS

12 了解步槍的分解構造

步槍的構造極為簡單，零件非常少。不過它也有專門的術語，如同電腦或汽車那般，想學就得先熟悉它。本頁是基本名詞介紹。學會它，下次如果聽到有人說：「閉鎖、槍托和槍管」，你就能說明它的來源，不值得嗎？

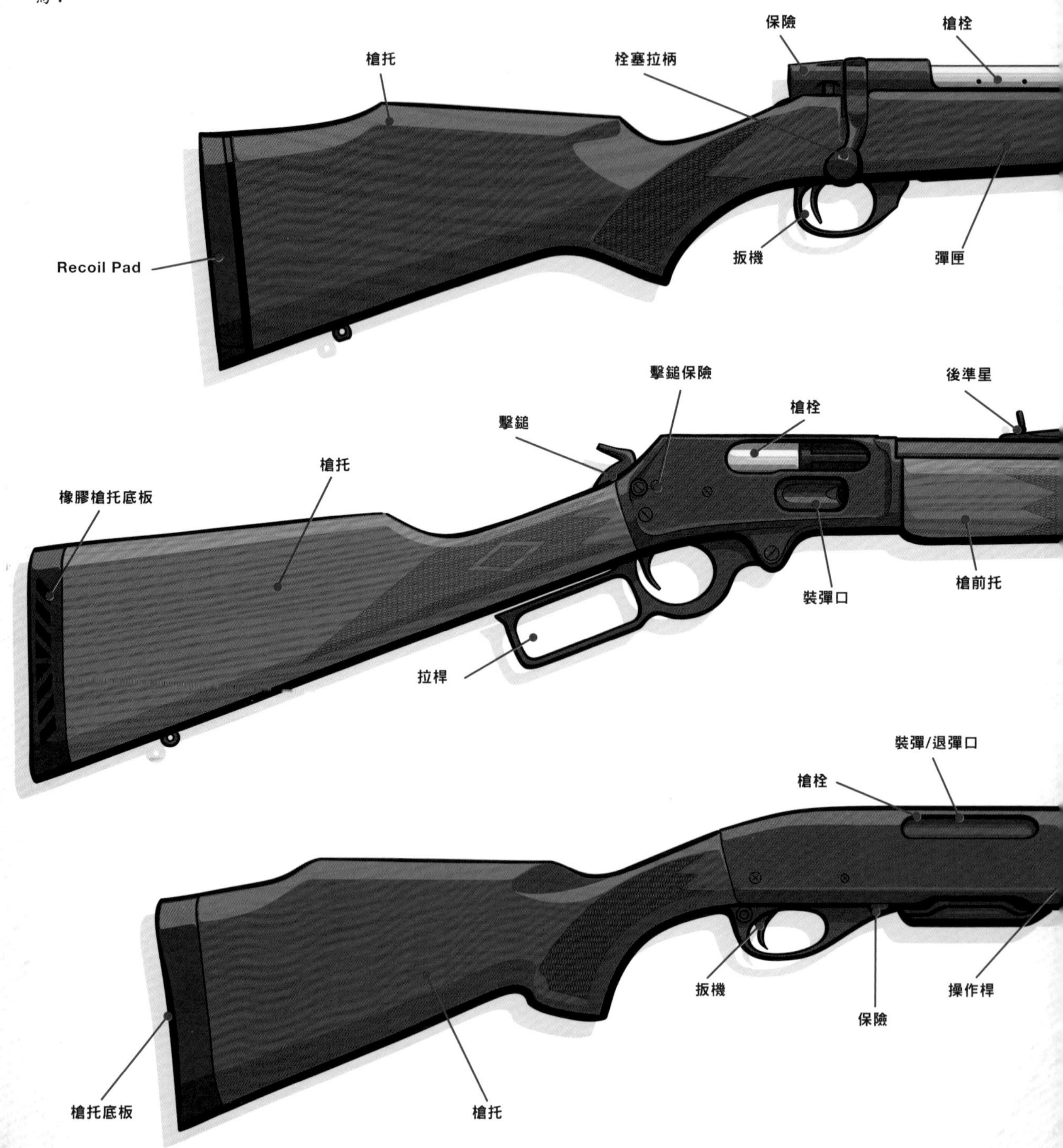

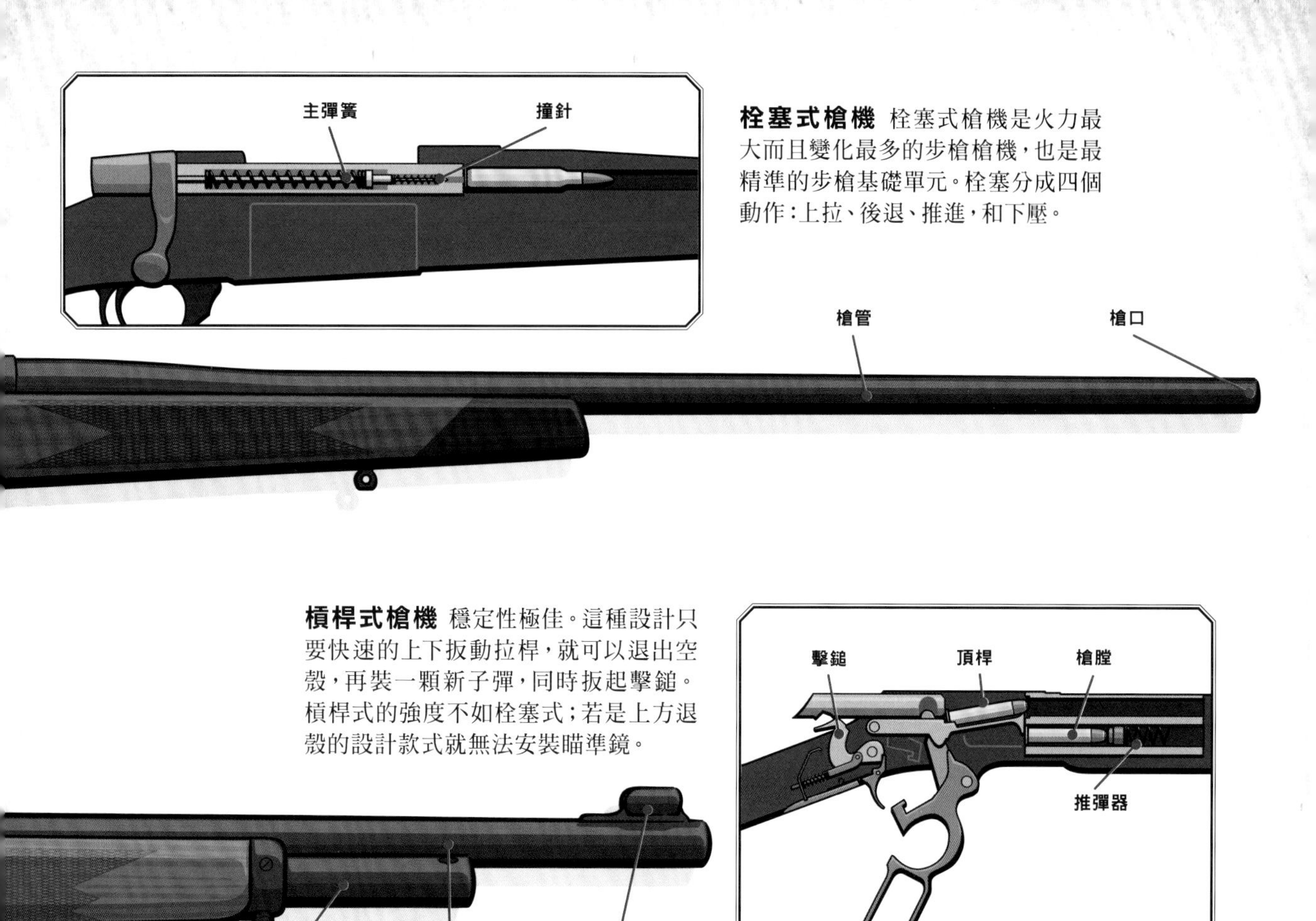

栓塞式槍機 栓塞式槍機是火力最大而且變化最多的步槍槍機，也是最精準的步槍基礎單元。栓塞分成四個動作：上拉、後退、推進，和下壓。

槓桿式槍機 穩定性極佳。這種設計只要快速的上下扳動拉桿，就可以退出空殼，再裝一顆新子彈，同時扳起擊鎚。槓桿式的強度不如栓塞式；若是上方退殼的設計款式就無法安裝瞄準鏡。

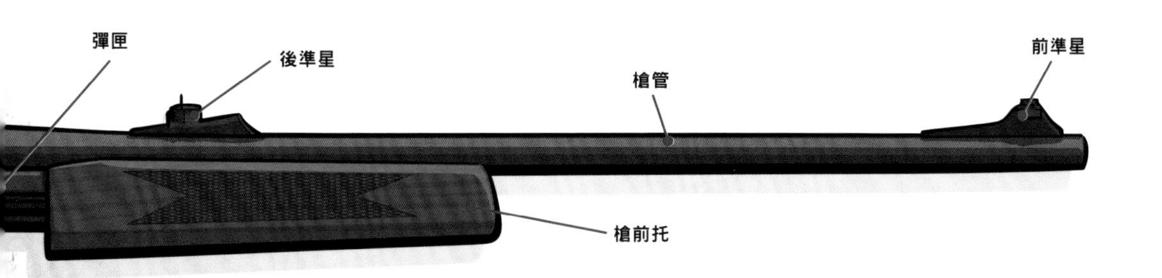

壓動式槍機 壓動式槍機或稱滑套式槍機，其速度與簡易性和槓桿式槍機平分秋色，但是它堅固得多。除此之外，它和現代化彈匣以及瞄準鏡都很容易搭配。使用時只需要把槍前托往後拉，再猛力往前推就可以再度射擊。

13 錢要花在刀口上

買槍時，只要遵守三種理性的做法即可：

第一，如果買不起昂貴的槍，就挑一把便宜的好槍，必要時做一次扳機整修，其餘的就順其自然。

第二，如果要買一把漂亮的槍，但又湊不出上千元美金去買一把真正客製化的槍，就開始存錢吧。等存到一半錢，就去買金柏M84（Kimber Model 84）、威瑟比Mark V（Weatherby Mark V）、諾斯勒M48戰利品等級（Nosler Model 48 Trophy Grade），或是沙科M85（Sako Model 85）。還有其他三、四種我一時想不起來。步槍一般的售價大約是800元美金，而這些槍比一般的步槍還要貴上兩倍，值得嗎？當然值得。你還會想拿這些槍去「改」嗎？除非你的腦袋有問題。

第三，如果想要一步到位，想在達西艾科爾（D'Arcy Echols）、新超輕武器（New Ultra Light Arms）、蒙大拿步槍（Montana Rifles），或是雷明頓客製商店買一把長槍，或是挑一把頂級槍廠的好槍，都要先經過慎重思考再開始存錢。你所買的槍有很多細節難以明察，我們會在往後其他條目詳細說明。

14 試著扣扳機

弄清楚扳機的好壞並非難事。任何扳機在拉動時都有三個重要的環節：

扳機前置行程 扳機行進至扳機擊發、鬆開扳機簧片及撞針之前的行程。扳機應該完全沒有前置行程：一扣就應該擊發。

扳機拉力 係指扳機之擊發壓力磅數。

扳機後行程 扳機擊發後的移動距離。如果後行程過長，則會干擾你射擊的後續動作。

15 為何短一點比較好

大型獵物步槍的槍管，我認為22英吋最為實用。如果你用麥格農彈，最佳的長度是24英吋，23英吋也堪用——除非你用的是7㎜ STW（Shooting Times Westerner，西方人射擊時代）之類的子彈。

長度超過24英吋的槍管，我發現它所獲得的彈道優勢無論多少都會被長度和重量的增加所抵消。差不多一年前，我漸漸受不了.338雷明頓遠程麥格農700型子彈的26英吋槍管，所以我把它切短，變成23½英吋。雖然子彈裝填了大量慢速火藥，但我還是損失了38 fps（英呎/秒），不過精度卻是大幅增加（截短槍管之後往往都是如此，但也有例外）。

我只有兩支26英吋槍管的步槍。其中一支使用.220斯威夫特（Swift）子彈，因為我希望達到全速，其他考量為次要。另一支使用.300威瑟比子彈，保留作為長程射擊或不射擊的場合使用，但是我不常帶它出門。

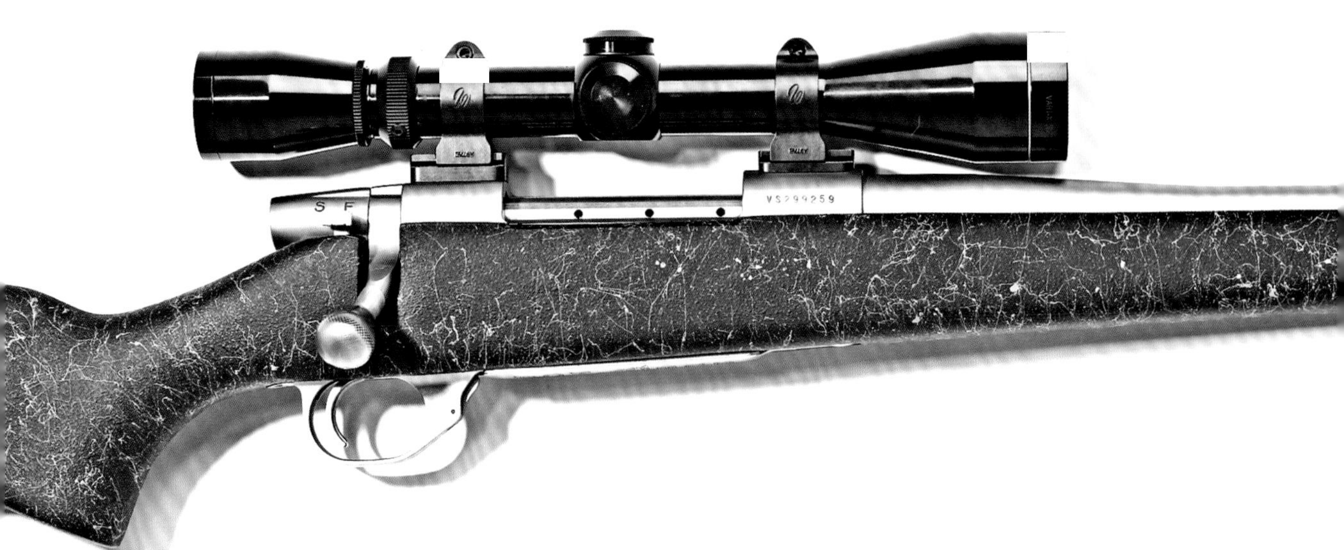

16 選擇槍托

槍托有三種基本選擇。以下是它們的疊合方式：

複合材料 複合材料槍托多半由玻璃纖維製成，再用石墨或凱維拉（Kevlar）等材料加以強化。它們一向很貴，因為用手工一次只能做一個，但它們也是極為出色的槍托。少數幾種用凱維拉和石墨所製成的複合材料，是世界上最輕而且最堅固的槍托，它們絕對非常的貴。

玻璃纖維 早已不流行的飛釣竿材料，但是做出來的槍托卻非常的出色。它很堅固、很輕、極為穩固，但是價錢仍比少數夢幻級槍托低一些。你甚至可以把顏料「整合」到玻璃纖維裡，也就是說用細鋼絲絨就可以把刮痕 亮。陸、海軍狙擊槍所用的就是玻璃纖維槍托。

膠合木 非常堅固，如果貼工仔細的話也非常穩固。膠合木可用同一種木料或數種不同的木料製成，也可以保留原色或上漆。有些槍托外表很好看。把「塑膠」槍托當成毒蛇猛獸，同時又要求強度和穩定的射手，通常偏愛這種槍托。

17 權衡你的選項

步槍的設計，每一件事情都是取捨。減輕重量能讓步槍便於攜帶，但也會讓它變得不穩，不過有些時候我們又極度需要穩定。好幾年以前，我在科羅拉多州海拔8,000英呎的高度獵麋鹿時，發現前方山頭有一隻5x5雄鹿。（此為獵人用語，5x5表示鹿角左右兩邊各有五個分岔，6x6表示各有六個，依此類推。）要打到那隻可憐的鹿，唯一的辦法就是往前跑40碼衝上一座小山丘。

對我來說，要在海平面衝刺4碼就已經很困難了，更何況現在？因此，當我擺好射擊姿勢時，我差點心臟病發作。所幸我帶的是9¼磅的.338步槍，它還能夠讓我瞄準。拖著槍跑步並不輕鬆，不過它還是很穩，即使我的胸膛已經鼓得像個大汽球。

後座力也容易受重量影響。輕步槍裝上後座力大的子彈之後，它就會往你身上撞。要避免這種現象，唯一的辦法就是使用槍口制動器（俗稱防火帽或減震器），不過它也會衍生其他問題，包括長度和重量的增加，以及震耳欲聾的槍口爆炸聲。

依據我個人經驗，加上瞄準鏡的大型獵物步槍，其重量應有如下的概略標準：

.243至.270口徑：
6½至7磅

.30/60至.30麥格農：
7½至9磅

.338溫徹斯特、.338雷明頓遠程麥格農、.340威瑟比，.375H&H：
9至10磅

.416雷明頓以上：
9½至12磅

18 檢查基本項目

恭喜你有了一把新槍，預祝你未來和它相處愉快。相信你買的槍不會閃閃發亮、不會太重、太輕，而且後座力也不會大到讓你抓不住。如果一切狀況良好，下一步就是了解它的射擊是否順暢。

首先，你要用彈簧拉力計來測量扳機，或是讓槍匠幫你測。擊發的拉力不應小於3磅，也不應大於4磅。許多優良的現代化廠製扳機可以免除這些作業，但裡面有問題的也不少。如果扳機有異音，就去找槍匠，沒有投機取巧的方法。不良的扳機就像車子方向盤不良一樣。

到了靶場，裝上彈匣檢視步槍餵彈是否正常。不良的比例相當驚人，尤其是裝了肥、短的子彈。如果你用的是栓塞式槍機，不要嬌氣的拉槍機，要用力把它來回扳，因為這就是它原本的設計使用方式。它必須經過上膛、開火、退膛和拋殼四大動作，不能有故障。若非如此，把它退回原廠或拿給槍匠。否則你就只能拿它去打獵，再拜託它一切正常而已。

接下來，你會希望測試它的精準度。先確認瞄準鏡底座和座床螺絲已經確實上緊。安裝這些部位的多半是漫不經心的時薪工作者。用螺絲起子轉上幾圈，就可以省卻許多傷痛。

我要痛心疾首的說，如果你不知道如何正確安裝瞄準鏡，就不要裝。它的問題太多了。我認識兩個槍匠，他們拒賣不是由他們親手裝上瞄準鏡的槍。讓槍匠做這件事。

瞄得越準，打得越準。基本上，你至少要用8X，但我個人愛用9X，10X更好。狐鼠槍至少要20X以上。確認你的瞄準鏡能確實的正常工作。

我曾經不止一次發現我的槍不太正常，但實際上卻是瞄準鏡出了毛病。調校不良或是十字線破損的槍不難檢測：它的彈著點不會同時偏上偏下，或偏左偏右。把槍裝在槍架上，彈群也不會集中。只要瞄準鏡正常，彈群不集中的槍少見──無論有多麼的不準。

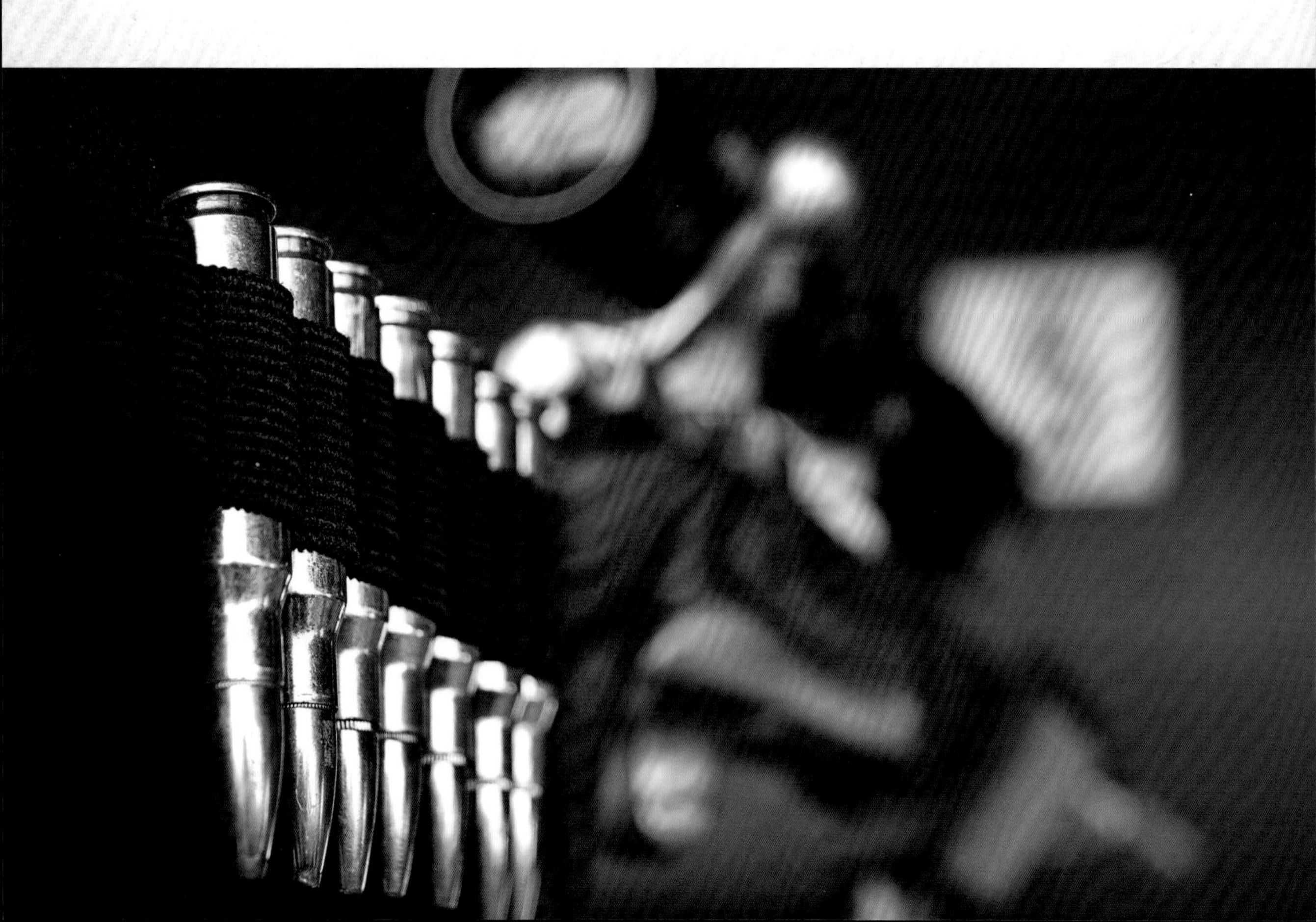

快速上手

19 好的開始

從製造商拿一把槍來測試時，我做的第一件事就是清槍管。槍廠接獲通知要運一把槍給我時，無論哪一家槍廠都會在槍管裡面灌一些鼻涕、煤油、核廢料、污泥，和金屬屑，然後再送進烤箱烤一烤。我從別人手上拿到的槍沒有一支是乾淨的，所以第一步就是用通槍條把槍管好好的通一遍。

20 開始試靶

確認槍的基本功能正常之後，你就想裝上子彈試試。以.270的槍來說，你可以選用130、140或150格令的彈頭（格令是英制重量單位，1格令等於1/7000磅）。不過更重要的是彈頭的類型：你想用堅硬的優質彈頭打強壯的野獸，還是用軟一點的標準彈頭打弱小的動物？決定好之後，把各種重量的適用彈頭各買一盒，然後觀察何種彈頭能給你最好的彈群。

射擊時，儘可能挑選白天早一點或晚一點的時間。陽光越大，幻影越多。要避免強風。在100碼的距離，除了狂風以外，大型獵物彈頭幾乎完全不受影響。但是強烈氣流對邊緣底火彈的精度卻有致命性的影響。如果是彈群很小的狐鼠槍，那就沒救了。

如果在公共靶場射擊，千萬不要把射擊台選在一個自以為是藍波的蠢蛋旁邊，免得他用半自動步槍狂射時讓空彈殼打到你。如果是我遇到這種情況，我會在襯衫別上「我是痲瘋病人」的標籤。所有人很快就會走光。

別讓槍管熱到手都握不住。如果找得到電源插孔，就隨身帶一支風扇，然後把槍立在風扇前面吹幾分鐘，不然就是找個陰涼的地方把槍放下來，讓槍口朝上。它會涼得很快。每打20發就要清一次槍管。

你的目標：

- 如果是大型獵物步槍，至少連續三次三連射（如果你疑神疑鬼，就射五次吧），彈群不可以超過1½英吋。對於狐鼠槍或是.22步槍來說，五連射的彈群不可以超過½英吋。請在100碼射擊，但是邊緣底火彈除外，它應該在25碼射擊。優良的大型獵物步槍，其彈著點應該小於1英吋，而狐鼠槍則應接近¼英吋。
- 附近不能有飛鳥，牠們會造成非射手本身的失誤。
- 所有的彈群應該打在靶的同一個位置。

我說完了。如果要用一句話總結以上的建議，我會說：「先搞定難搞的事，」就會一切順利。我好奇有多少人從沒遇過麻煩。

21 挑選合適的槍機

槓桿式槍機 美國西部牛仔常見的用槍，其桿槓式槍機的動作，是把設在扳機上的拉桿往下拉，然後再把它回復到閉鎖的位置。這種槍越來越受歡迎，因為現今它的圓筒彈匣已經能夠使用全新設計的氣動力學塑膠彈頭。

栓塞式槍機 迄今為止最受獵人歡迎的槍機。栓塞式槍機步槍是用手推拉類似門把的拉柄來完成開鎖及閉鎖的動作。新子彈會從槍機下方的彈匣頂進來，關閉栓塞之後就能讓子彈上膛。栓塞式槍機堅固、可靠，而且非常精準。

現代化運動步槍 採用M-16外型設計，基本上是一款半自動步槍。它擁有人體工學槍托，以及長久以來制式軍事武器所用的突出型彈匣。該步槍亦稱為AR（阿馬利特（ARMALITE）在60年代所製的第一型步槍）。這些武器都不是全自動。

壓動式步槍 壓動式步槍的操作方式是把槍前托滑至後方，讓已擊發之彈殼彈出，再讓它滑行到前方，同時裝填一發新子彈。壓動式步槍受歡迎程度不如自動填彈步槍，但仍有大量追隨者，尤其是賓州，因為當地以自動填彈步槍打獵違法。

半自動步槍 半自動步槍是利用火藥燃燒所產生的少量氣體，讓每一次拉動扳機時能夠完成自動退殼及上膛。該步槍亦稱「自動填彈步槍」，能夠連續快速射擊，無須射手操作拉柄或拉桿。

單發步槍 單發步槍每次射擊都要重新裝彈。折開式步槍裝填新子彈需要開啟後膛。其他類型尚包括起落式（FALLING BLOCK）單發槍機，這種槍的後膛係由槍下方所設的槓桿之移動而開啟。單發步槍操作時非常安全、非常準，而且非常堅固。

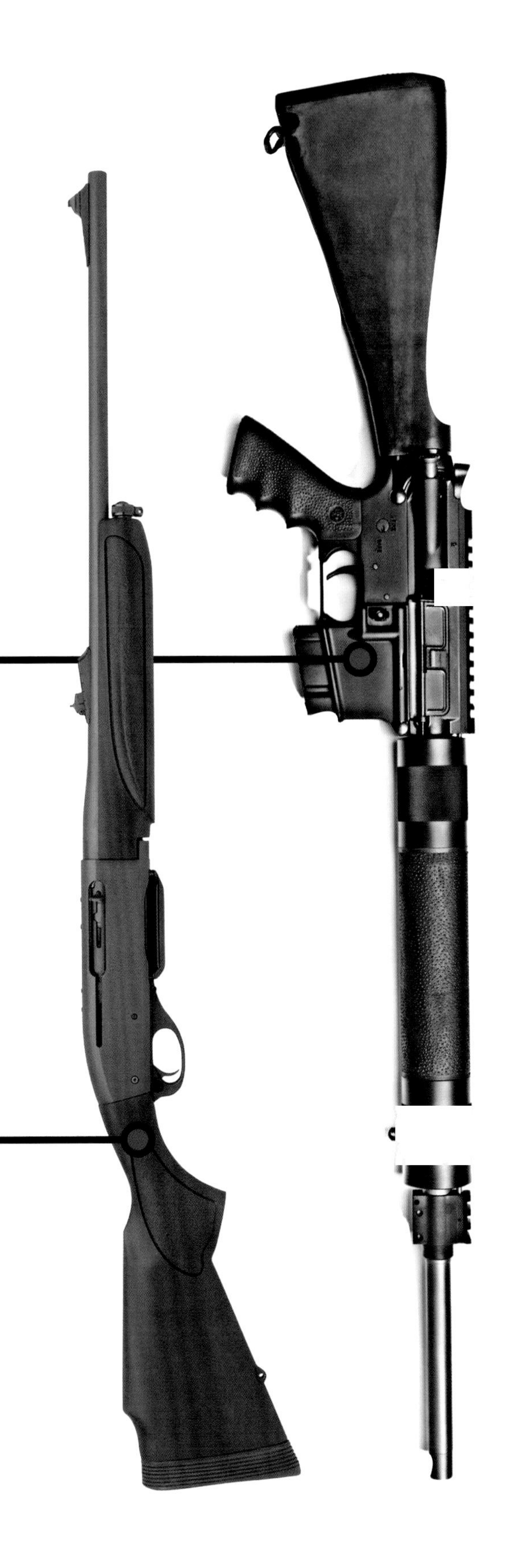

22 認識史上最好的15款步槍

❶ 溫徹斯特M70（1964年之前）

1936年問世，溫徹斯特打的廣告詞是「槍手之槍」。這是一把專為大型獵物設計的狩獵用槍，火力強大而且效率佳，至今仍負盛名。

❷ 毛瑟M98

分成軍用型及運動型兩款。幾乎所有栓塞式槍機均以98型槍機為基礎設計。毛瑟槍是一把成功的武器，堅固耐用，即使在最嚴酷的環境下槍機仍能操作。

❸ 溫徹斯特M94

這把槍質輕、射速快，而且穩定。雖然射程相當短，但是後座力不大，而且攜帶方便。最受偏愛的子彈為.30/30口徑，這把槍已成「鹿槍」的代名詞。

❹ 雷明頓M700

M700步槍係以二次戰後的M721為基礎設計，首見於1962年。這把槍是簡單的設計、優良的扳機，以及超級精準度的完美結合。

❺ 儒格10/22（Ruger 10/22）

自1964年起，邊緣底火步槍曾經一度成為最受歡迎而且最常客製化的槍。10/22可以改裝成各式槍款，下至鐵罐射擊槍，上至高級靶槍。

❻ 春田M1903（Springfield Model 1903）

'03型為第一次世界大戰的士兵配槍，優雅而精準。第一把運動槍款是在1909年專為美國羅斯福總統打造的槍枝，由軍用槍款改裝而成。

❼ 雷明頓尼龍66（Remington Nylon 66）

首見於1959年，槍托採用全新的合成材料齊特爾（Zytel）。66型步槍質輕而精準，為日後的合成材料槍托開闢了一條康莊大道。

❽ 新超輕武器20型

這款.308口徑步槍，加上瞄準鏡後僅有5.5磅，槍托材質為1磅重的凱維拉，精準度不輸其他重很多的步槍。

❾ 薩維奇M110（Savage Model 110）

1958年開始生產的第一批M110並不受歡迎。但是它便宜又精準，今日仍可買到各式各樣的變化型款。

❿ 馬林M336（Marlin Model 336）

1948年開始銷售，是溫徹斯特94型步槍之外另一把超優質的獵鹿槍。它輕、短，快而可靠，側邊退殼的設計讓它得以安裝瞄準鏡。

⓫ 馬林M39A

自1939年起，這款.22口徑的邊緣底火步槍即以各種變形不斷的生產，認真的槍迷幾乎人手一把。

⓬ 溫徹斯特M52運動者

此為M70的邊緣底火版本。在1934至1958年間生產，擁有無以倫比的美麗外型及精準度，至今依舊如此。

⓭ 儒格1號

自1966年問世後，這款槍獨力挽回了單發步槍的命運。

⓮ 塔爾亨特RSG-12（Tar-Hunt RSG-12）

1990年問世至今依舊無與倫比。這款拴塞式槍機的膛線單頭彈步槍，可以在100碼精準的射擊。

⓯ 薩維奇M99

近乎整個20世紀所出產的槍枝當中，我個人認為它是史上最出色的槓桿式槍機步槍。它太耗手工了，因為成本過高而無法量產。

23 為何短一點比較好 第二部分

別想歪了，我指的是槍管。在過去滿身臭汗扛著肯塔基步槍走路的年代，長管步槍是最佳的選擇，標準長度大約是44英吋。它可以降低瞄準誤差，而且把重量移到前面還可以讓無依托射擊變得更加容易。

到了山區拓荒者時代（他們聞起來更臭），才演變成槍管較短的霍肯步槍（Hawken Rifle，26至38英吋），因為人們發現，不論長管槍多麼好用，騎在馬背上打獵都是一件難以攜帶的累贅。

就算不在馬背上打獵，它還是一件難以攜帶的笨重物品。因此，我認為最實用的大型獵物步槍槍管是22英吋。如果你用的是麥格農步槍，最佳的長度是24英吋，23英吋也堪用，只要你用的不是7㎜ STW一類的子彈即可。對於狐鼠槍來說26英吋亦可。若你想用單手步槍，裝填.257羅勃茲子彈（.257 Roberts）、.260、.308，或是7㎜/08之類的小口徑子彈，20英吋的槍管也能湊合著用。

25 挑選金屬

不鏽鋼和鉻鉬鋼都可以做出好槍管。鉻鉬鋼能夠烤藍，但是不鏽鋼不行。不鏽鋼價格稍貴，但是壽命比較長，因為它對火藥燃燒氣體的耐蝕性較佳。但無論槍管是用什麼金屬做的，都要保持槍管清潔。你的思想可以骯髒污穢，但是槍管必須一塵不染。

24 客製槍管

客製化槍管多半採用50年代所發展出來的模頭擠壓法（button rifling）來製做膛線。它的製做速度很快，但還是趕不上錘鍛法（hammering）。模頭擠壓法係採用外緣與膛線溝槽陰陽相反的碳化鎢模頭，以液壓的方式把它擠進平滑槍管內。如果小心的操作，緩慢的進行，這種工法可以做出真正完美的槍管。

有一些客製化槍管製造商，例如Douglas、Shaw和McCowen等等，他們能製做高單價的槍管，品質比槍廠出產的還要好。這類槍管我用過很多，裡面最差的就已經好得不得了，而最好的會讓你瞠目結舌，精準得讓你無法呼吸。這種等級的槍管是狩獵用步槍的最佳選擇，因為昂貴的槍管所能獲得的精準度，都是野外所無法實現的。其製做費用包括開膛、拉膛線、拋光和烤藍（由槍匠施工），加起來大約數百美元。

26 把錢花在槍管

前不久我和查德・狄克森（Chad Dixon）曾經交談過。他為達科他武器公司（Dakota Arms）製作彎刀戰術步槍（Scimitar tactical rifle）。彎刀在出廠前必須連續射擊5次10連發射擊，彈著群必須小於½英吋，所以查德應該懂得精準度的訣竅。以下是他說的話：「如果有人要我為他做一把精準的步槍，我會問他打算花多少錢。我會把八成的錢花在槍管上，剩下的錢我會隨興改善。把你的錢花在槍管上。」

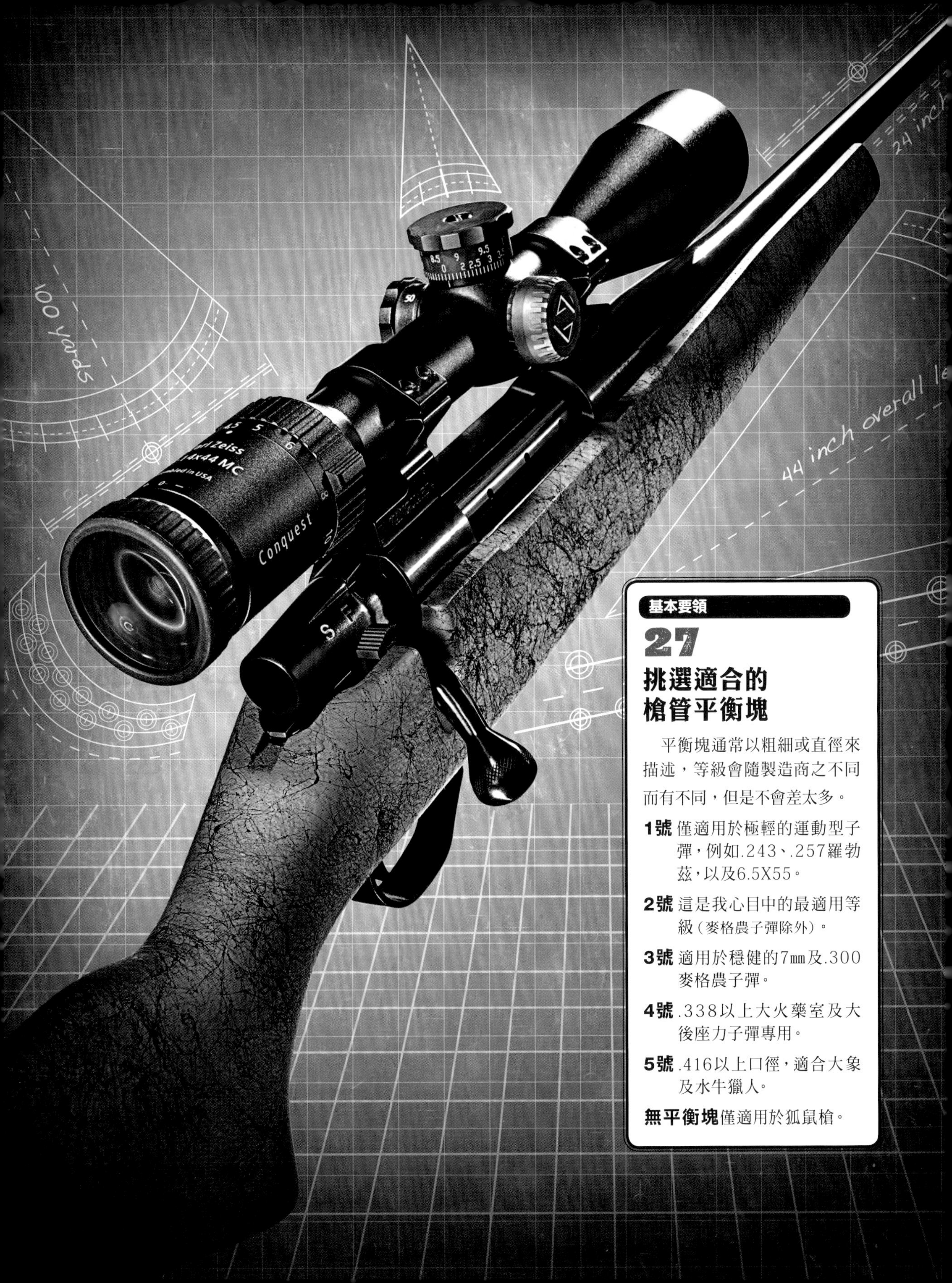

基本要領

27 挑選適合的槍管平衡塊

平衡塊通常以粗細或直徑來描述，等級會隨製造商之不同而有不同，但是不會差太多。

1號 僅適用於極輕的運動型子彈，例如.243、.257羅勃茲，以及6.5X55。

2號 這是我心目中的最適用等級（麥格農子彈除外）。

3號 適用於穩健的7㎜及.300麥格農子彈。

4號 .338以上大火藥室及大後座力子彈專用。

5號 .416以上口徑，適合大象及水牛獵人。

無平衡塊僅適用於狐鼠槍。

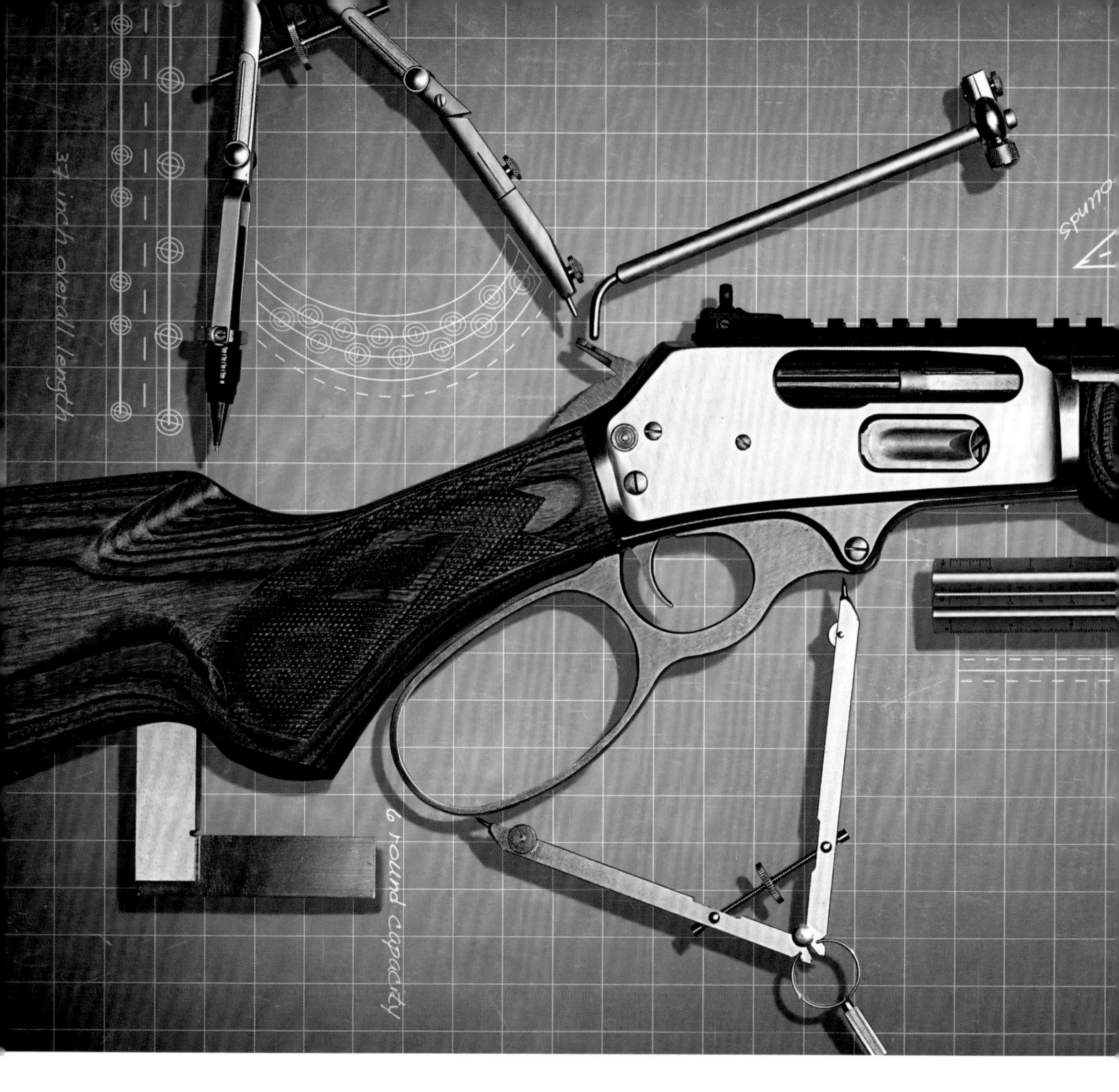

28 尊重你的扳機

扳機之於步槍，猶如方向盤之於汽車一般。如果方向盤太重、搖晃，或者讓你對路面沒有感覺，你的車子就會在柏油路上晃來晃去。讓我引述**美國士兵野戰手冊23-10節**關於狙擊兵訓練的一句話：「扳機控制是狙擊手基本要領當中最重要的項目。其定義為：步槍於準星圖像最佳位置，**但又不造成步槍晃動**之開火時機（大意如此，非原文）。」如果你要用力才能扣發扳機，肯定打不準，因為你的槍會搖晃。

如果扳機表現不佳，你只有兩條路走：讓槍匠修理，或者換一個新的。如果扳機仍舊堪用，修理費一般約為50元美金。

有一些扳機的構造會讓你無法修理，此時你就必須換一個新的。市場上可以買到許多品質非常好的扳機，例如Timney、Jewell或Rifle Basix等商店。

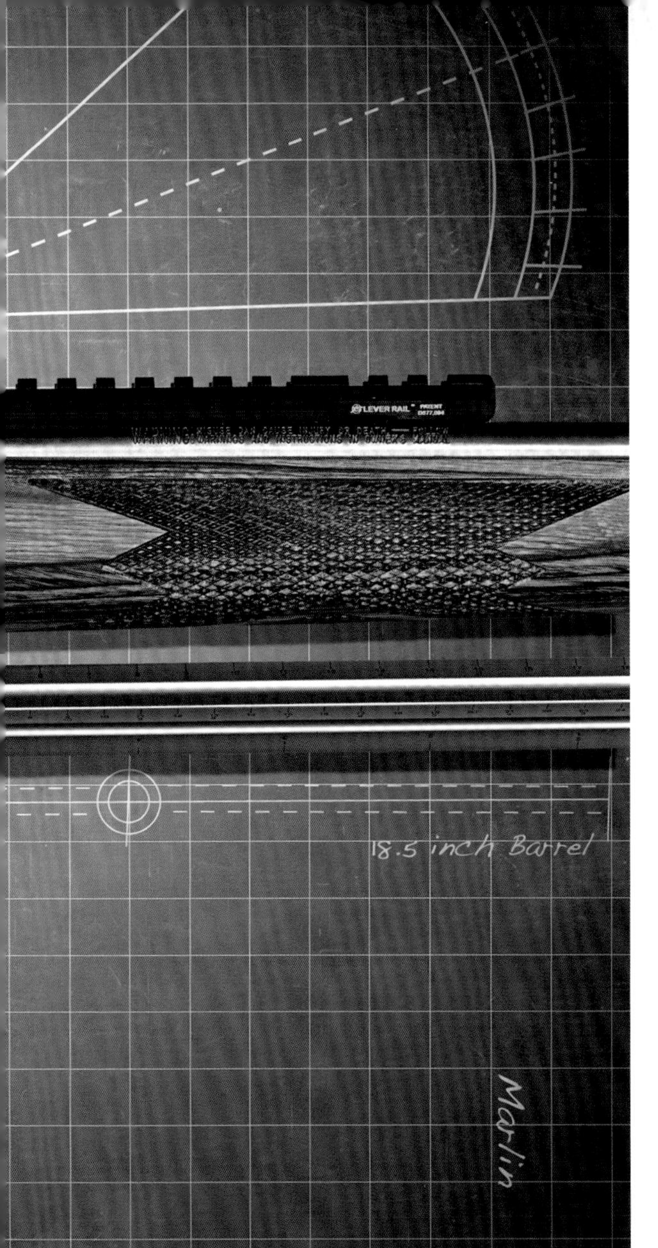

像專業人士一樣扣扳機

手指的技巧 扳機以食指第一個關節扣發為佳，切勿使用柔軟的指尖扣發。指尖「天生」不容易知道步槍何時擊發。因此，能讓食指關節伸進去的細長扳機，比食指伸不進去的寬扳機好。

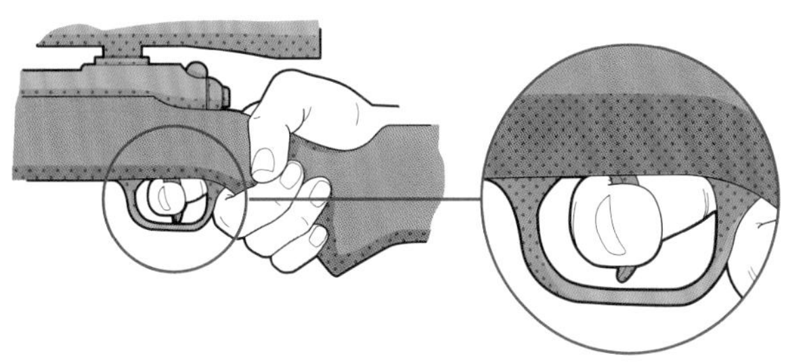

力道很重要 力道應該要多大？有一位讀者見到傑瑞簽名槍（Jarrett Signature rifle）把扳機拉力設定在1½磅時，遂問我該力道是否適用於一般狩獵用步槍。我回答說：「不行！」因為傑瑞是一款特殊的槍。對於一般的步槍來說，低於3磅的力道都是自找罪受。

如果你容易激動、或者你的手是冰的、或是你戴手套，或者以上三樣的各種組合，低於 3 磅的扳機拉力最後都會帶來麻煩，步槍會在你還沒準備好之前就已經擊發了。專打危險獵物的步槍，扳機會設在 4 到 5 磅，但我也拉過比它更重的扳機。

減輕力道 如果你不得不使用輕的拉力，有一些後裝市場的扳機可以讓力道小到2盎司，但是你必須多加練習，因為控制如此輕的扳機不僅需要思考，也要下工夫。

照顧你的扳機

扳機有兩種天敵──水和油。放任它潮濕好幾天，它會生鏽；如果對它澆上潤滑油，它也會卡住。有一種好辦法可以同時應付兩大問題。如果你的槍連續泡過幾次水，請把槍栓取下來，然後在扳機上面加幾滴打火機油，讓它順著機構流進去。這種方法清除鏽蝕相當有效。在每個獵季來臨前，把槍機連同槍管一起從槍托上取下來，再把整個槍機澆上大量打火機油，就可以徹底清潔槍機。

如果槍機因為天氣太冷而卡住，也有好幾種解決辦法。把槍機連同槍管一起從槍托上取下來，再用燈煤油或熱開水灌進扳機，如此便能清除卡住槍機的黏塊。

請記住，沒有槍機可以永遠保持在調好的狀態，它終究需要調校。如果前置行程或後行程變大，抑或行為異常的話，就要送給槍匠修理。如果你的朋友說能幫你調，而他不是槍匠的話，就換個新朋友。

31 避免麻煩

買舊槍的第一條守則，就是找能退換的商家購買，或是找可以信任的熟人購買。不要在槍展向只有一張桌子的傢伙買槍，除非你是武器行家。隔天他帶著你的錢跑了，而你卻必須找槍匠修理他賣給你的爛槍。除此之外，下列事項也應避免：

- 有明顯遭到破壞或棄置的痕跡：生鏽、損壞的槍栓，或是大面積的藍漆脫落。不論價錢好壞，請放過它。
- 有自行修理過的痕跡。只有兩種人會自己修理槍：一種是了解槍的人，一種是笨蛋。半調子的業餘玩家不僅能搞壞一把槍，也很危險。
- 槍管或槍膛生鏽。這把槍的射擊再也不可能變得順暢，你要做的工作至少是換槍管。
- 好得難以置信的槍，要討價還價。如果有人提出遠低於其價值的折扣，他可能急需現金，再不然就是贓貨。以通則來說，如果你看到一把槍的狀況極佳，但是售價不到新槍的三分之一，就應該要懷疑。
- 使用知名品牌或雜牌客製化子彈的步槍。你的子彈貨源會有問題，除非你是手工裝藥的高手。等到最後你火冒三丈時，你會發覺它幾乎賣不掉。

32 分辨好貨與爛貨

守則一 如果槍的狀況很糟，千萬別買。買爛槍的唯一理由是要它的零件。

守則二 如果要沒看到現貨，必須堅持要有試用期，期間只要你不滿意，就可以退槍換回押金。

守則三 許多舊槍都是委託販售。但時間一久，上面積了點灰塵之後，價錢就有可能軟化。此時你就能跳出來，把支票本拿在手上。

守則四 高價並不代表槍枝一定沒問題。

守則五 特別留意骯髒的槍。遭銅屑污染的槍膛時常會有凹洞。等你把髒東西清掉後，你可能會發現你需要一支新槍管。

守則六 花一點錢修理可以讓你撿到大便宜。如果賣家肯讓你把槍拿給槍匠評估修理費用，你可能會驚訝，費用怎會那麼低。

33 檢視十大交易失敗原因

第一 槍膛骯髒，或是槍膛有銅條痕。誰知道下面還會有什麼？

第二 槍口有缺角或凹陷。這些缺陷會破壞精準度，槍口必須重新整修。

第三 生鏽，無論數量多寡或出現在何處。不用狡辯。

第四 槍托有裂痕。

第五 槍機表面有凹點。此為底火噴濺的結果，表示有人在槍裡面用過不恰當的手工裝藥子彈。

第六 開火時槍機會往前下方衝擊的槍。它的扳機簧片嚙合力不足，非常危險。

第七 扳機過重、過輕、前置行程太長，或是有人修理過的痕跡。

第八 扳起擊鎚，上保險，扣扳機，再把保險鬆開後仍能擊發的槍。

第九 槍膛已經嚴重磨損，此為通槍條使用不當所致，表示這把槍已經射不準了。

第十 槍管後方的膛線有燒焦的痕跡，此為壽命將盡的前兆。

34 鑑定槍枝等級

如果你想買舊槍，首先需要知道舊槍可以依槍況分成六級。

劣等 槍已經生鏽凹陷，可能無法正常使用，射擊也可能不安全。忘掉它吧！

尚可 能正常工作，射擊也安全，但已經嚴重受損。唯有價錢賤到谷底才考慮買它，或是你不在乎花錢送修、或想自己修，或是你只想買一把槍來玩玩而已。

良好 工作狀況良好，但是可能需要修理或更換零件。它必須是八成新。

非常好 這把槍必須有九成新，工作狀況良好，沒有零件需要更換，但或許需要小修。

優良 比全新的槍差一點，僅有不起眼的磨損及使用痕跡。

原廠未開封(NEW IN BOX，NIB) 宛如剛出廠的槍，標籤、貼紙、標記及其他配件俱在。收藏家比射手更愛這種等級。

35 了解步槍的出售原因

有人拿槍出來賣，你當然會想槍一定是出了什麼毛病。但是通常未必如此，它們會流入二手槍市場，多半是基於以下的理由：

後座力太大 槍主人聽信廣告買槍，射過一次之後就把它賣掉，準備換一把後座力小一點的。

死亡 槍主人過世，兒孫對射擊沒有興趣，遂把槍拿出來賣。

無趣 槍主人因為種種原因不再熱衷射擊。

愚蠢 槍主人出售槍枝，以換取槍械作家所寫的某種物品。（這是最糟糕的賣槍理由）

貧窮 槍主人財務出現困難，賣槍換現金。

搬家 槍主人要搬到不歡迎槍枝的新地點。槍枝必須在搬家之前脫手。

離婚 夫婦鬧上法院，法官聽完兩造說詞之後說：「財產全部給她。」槍迷必須支付和解金。

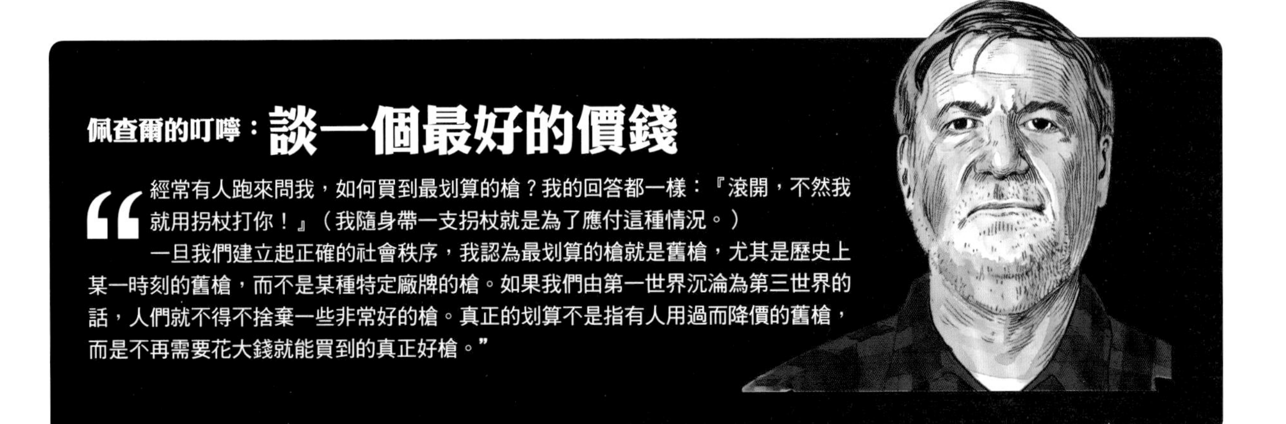

佩查爾的叮嚀：談一個最好的價錢

“經常有人跑來問我，如何買到最划算的槍？我的回答都一樣：『滾開，不然我就用拐杖打你！』（我隨身帶一支拐杖就是為了應付這種情況。）

一旦我們建立起正確的社會秩序，我認為最划算的槍就是舊槍，尤其是歷史上某一時刻的舊槍，而不是某種特定廠牌的槍。如果我們由第一世界沉淪為第三世界的話，人們就不得不捨棄一些非常好的槍。真正的划算不是指有人用過而降價的舊槍，而是不再需要花大錢就能買到的真正好槍。”

36 買得合情合理

訂做一把客製化的槍，不需要合乎邏輯的理由。我愛客製化，也幾乎只用客製化的槍，而客製槍所能辦到的事，好的槍廠沒有辦不到的。因此，有什麼好煩心的？你真正想買的是什麼？

專業 砸下所有的錢，你真正買到的就是造槍師的想法和技能。如果你買到一把馬文·福布斯（Marvin Forbes）的超輕型步槍（Ultra Lights），你就等於買到20年專門修理槍枝的鄉村槍匠經驗，外加兩年他自己開業擔任商店指導員的經驗——當時他設計了一款步槍，加上瞄準鏡之後重量不到5磅。

完美 客製化步槍離開店家之後，它的操作必須是非常完美——不只是「很好」、「已經夠好了」，而是「完美」。若非如此，他們也一定想盡辦法讓它完美。

唯一 在野外營地裡，不是每個老王都會帶一把馬克·班斯納（Mark Bansner）、諾斯勒，或是肯尼·傑瑞（Kenny Jarrett）所打造的槍。許多人重視它的程度遠超過你的想像。

性能 你買的是最頂級——也就是說，用錢所能買到的最後1%。廠製的扳機扣起來不會跟鑽石一樣，廠製的槍管也不會像利利亞（Lilja）、施奈德（Schneider），或是帕克諾（Pac-Nor）那樣的勻稱——我只講三家就好。廠製槍托也不用輕得可怕的材料和高科技強化材料。如果以上一種或數種因素對你來說很重要，開始存錢吧！

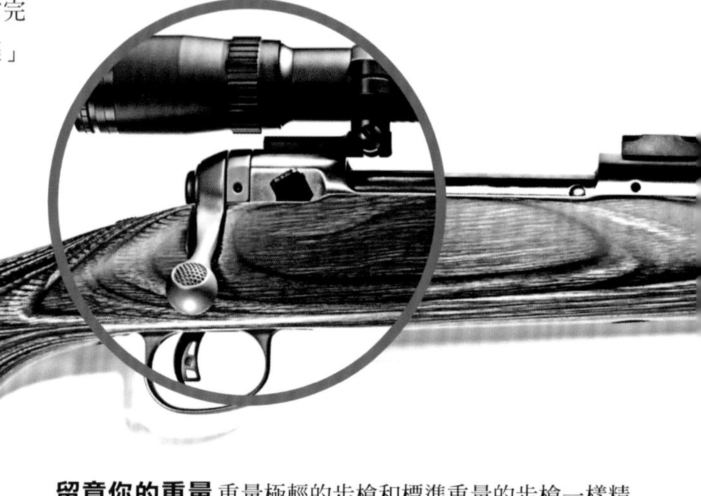

37 打造合適的槍

第一條守則就是順從你的槍匠。也就是說，你必須有基本想法，知道你想要什麼，不要什麼。你的首要之務就是別讓它變成廉價品，要有花幾千元美金打造一把好槍的心理準備。如果有某人願意用幾百美元幫你打造一支「馬馬虎虎」的槍，快逃命吧！以下是你必須優先考慮的幾個重要事項。

木料還是化學材料？ 如果要找一把好用的槍，毫無疑問的我會選擇合成槍托，而這也是現今許多客製槍匠所用的材料。有些槍匠會提供膠合木，這也是不錯的折衷方案，尤其是一些需要有一點重量的大口徑步槍。

留意你的重量 重量極輕的步槍和標準重量的步槍一樣精準，但是不容易抓牢，尤其是風大或心情激動的時候。以標準口徑步槍來說，含瞄準鏡的重量不應小於7磅。大口徑步槍如果重量不足，就會變得無法控制。我不會買一把重量小於9磅的.338步槍，或是重量小於8磅半的.300麥格農步槍。

笨蛋，這是槍管 步槍最重要的元件莫過於槍管，因為它決定了你的槍射得好不好。造槍師多半認為使用優質槍管是天經地義的事，如果你的槍管不是，就再花幾百元美金訂做一個。

閉嘴，專心聽話 關於瞄準鏡及其安裝要如何達到最佳的工作效能，幾乎每個客製化槍匠都有很強烈的意見，你應該閉嘴並尊重他們的專業。多數槍匠會堅持親手安裝瞄準鏡，因為他們讓客人自行安裝之後，已經積了滿腹的苦水。

38 別傻了

你可是花了大錢訂製一把客製化步槍，別搞砸了。無論你現在是否知道你想要的槍是什麼，以下的守則都能幫你達成目標。

別走偏門 幾年前，Abercrombie & Fitch公司在拍賣一把高度鐫刻的重槍管狐鼠槍。我認為它躺在紐約分店應該有十年了，但不知道最後有沒有賣掉。道理很簡單，沒有人會去買一把有鐫刻的狐鼠槍。如果有那麼一天你必須和你的客製槍分手，但是那把槍又過於奇特，你就無法回收任何的投資，至少十年內辦不到。

留意革命性的想法 幾年前曾經流行用玻璃纖維纏繞細鋼線襯裡做的槍管。它的好處說不完，但最後有人指出，如果玻璃纖維有些微裂縫，你的槍管可能會解體。從此以後，其他更激烈的改善手法也迅速消失。

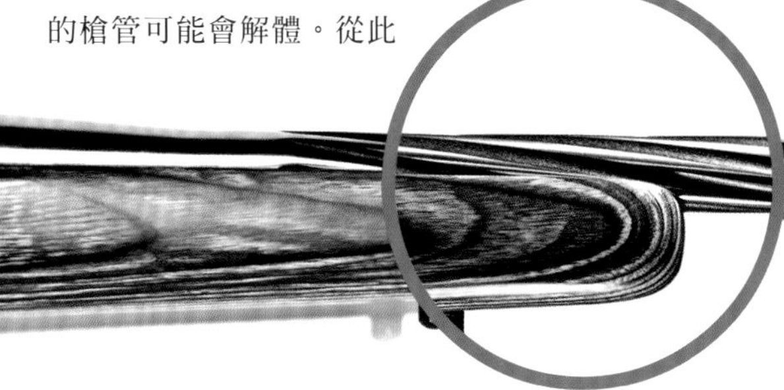

火力小一點 如果你要用.300麥格農之類的子彈，就選用.30/06。如果非用7㎜麥格農子彈不可，就選用.280或.270。如果是獵鹿槍的話，可以考慮7㎜/08、.260雷明頓，或是6.5x55瑞典彈。後座力越小，你就射得越順；射得越順，狩獵收獲就越多。

挑選穩健的子彈 客製化步槍製造師普遍認為，最聰明的客戶都用最遲鈍、最老舊的子彈：7x57毛瑟彈、.30/06、.270，和.375H&H等等，這些子彈都已經出現很長一段時間了，也歷經了世世代代的洗鍊，所以它們也不會騙你。為什麼裝填.30/416伊爾·路登子彈（Eargesplitten Loudenboomer）的槍很少人做？就是這個道理。

不要盲目追求精準度 能射出一個分角的大型獵物步槍，瞄到哪裡都是必殺。難道說，能射出半個分角（分角為角度單位，1分角＝1/60度）的步槍就不是必殺？結果，你所追求的極致性能都是讓你射得更好，但同時也讓你握不住。你應該把「一致性」放在第一位，要讓每一次的射擊都打在同一個位置。

了解你的槍 世界上最好的槍不會把差勁的射擊變成好的射擊，也不會把平凡的射擊變成精良的射擊。拿到一把新槍，總要先燒掉一批子彈。

39 認識你的槍匠

有一些造槍師傅會帶著微笑收你的錢，然後精確完成你的指令，無論你的指令有多麼奇怪。有些師傅會告訴你，說你根本在胡說八道。你要的師傅是後者。稍有一點自尊的造槍師傅都不願意出售爛武器，而且上面還刻著自己的名字。

要找一位合適的造槍師傅之前，先向六、七位客戶打聽他的名聲，問他們是否喜歡自己手上的槍。你要仔細聆聽，因為有些人是長期的不滿，有些人則有不切實際的期待。如果有人槍法爛到極點，他們也不是良好的指標，你不能用他來評量彈群保證半個分角以內的造槍師傅。事實上頂尖的造槍師傅會在出貨之前先行試射，才知道槍準不準，而他們也願意向拿不到槍的客戶說抱歉。

找到造槍師傅之後，一定要先告訴他這把槍的用途。

我最近取得一把6.5×55瑞典步槍，但是忘記告訴造槍師傅我要使用長而重的彈頭。他以為我是趕流行使用質輕快速的彈頭，所以他給了我一把纏距1:10½的槍管；這種槍管對輕彈頭很好用，但對於較重的彈頭一無是處。我只好把槍退回去，換一支新槍管。整件事都是我的錯。

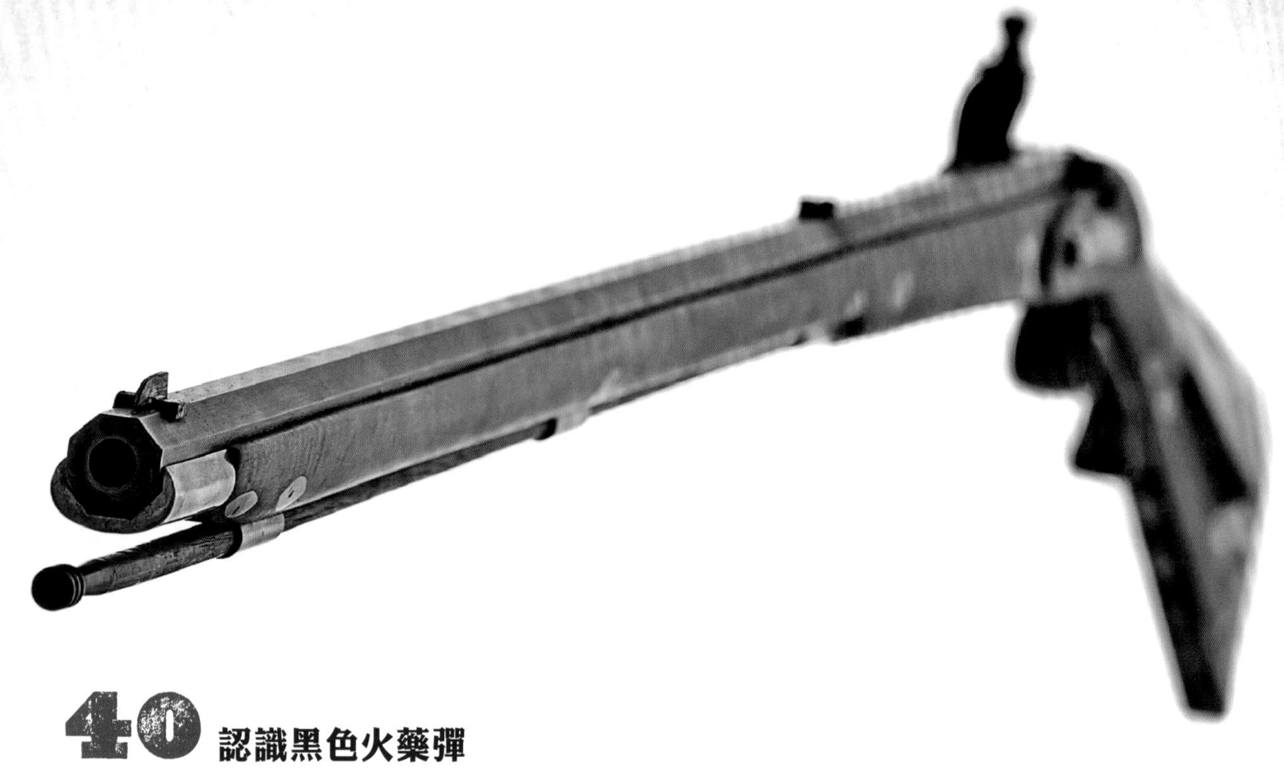

40 認識黑色火藥彈

本條目介紹前膛槍最常用的彈頭。用於大型獵物的口徑有.54、.50或.45，用於小型獵物的則有.40、.36和.32。

紙包彈丸（Patched Round Ball）理論上，彈丸的彈道很差勁，但是100碼之內的殺傷力卻比預期的好。包裹彈丸的外衣能密封膛管，與膛線密合。彈丸之射擊基本上以膛線纏距較慢的傳統步槍為佳，大概是1:60。

錐形彈頭 打擊力更強、更平直，而且更容易裝填。湯普生中心武器公司（Thompson/Center）的馬克西彈丸（Maxi-Ball）即為現代狩獵專用錐形彈頭之首例。錐形彈頭之射擊以纏距較快的槍管為優。

軟殼彈頭 可以讓大槍管射出小一點的彈頭，讓它產生較高的速度。高品質狩獵專用銅殼彈頭套上軟殼是最佳的選擇，其穿透力和擴張力堪比中央底火步槍彈頭，至少不會遜色太多。（軟殼彈頭原文為Saboted Bullets，直譯為「穿鞋子的彈頭」，也就是在子彈外部套上一件軟殼或「鞋子」。）

火力腰帶 性能介於錐形彈頭和軟殼彈頭之間，是一種具有塑膠底座的滿膛管投射體。它的底座會膨大塞滿膛管，然後在飛行途中脫落。火力腰帶可以輕易滑進槍膛，快速填彈，與大多數軟殼彈不同。

紙包彈丸

錐形彈頭

軟殼彈頭

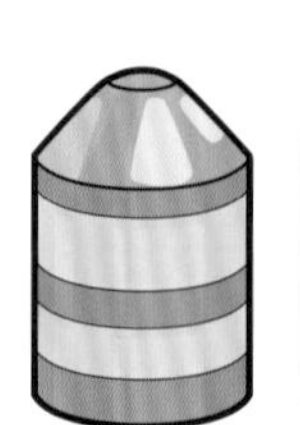

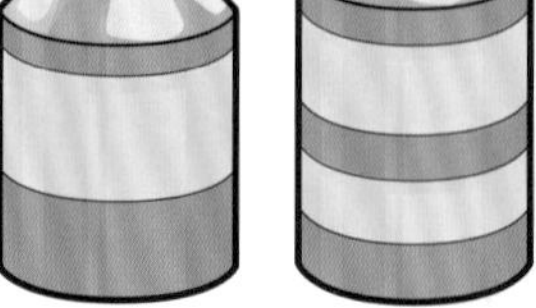

火力腰帶

41 清洗前膛槍

單身漢會在浴缸裡放滿熱肥皂水來清洗前膛槍，其他人會用水桶。滴上幾滴洗碗精，然後加滿熱水。把槍管取下來放進水桶。通槍條裝上清潔頭或清潔布，然後上下抽動，把水吸進槍管內。用乾布通槍管，直到乾淨為止，然後用輕微上油的布為槍管上油。

如果內嵌式前膛槍具有可拆卸的後膛塞，就可以像中央底火步槍那般由後膛來清洗。任何形式的槍，只要具有可拆卸的鈕就把它拿下來，加以清潔，讓它乾透。最後，加一片乾布在通槍條上，讓它通到槍管底部。把通槍條留在槍內，然後撞擊火帽。如果布會燃燒就表示點火通道已經清潔了。

42 保持火藥乾燥

不太了解這句話的人也會拿它做為標語，不是沒有道理的。保持火藥乾燥是常識，因為潮濕的底火就算能點燃，也無法預期它的行為。以下是四個方便的提示：

用膠帶封住 下雨天或下雪天用膠帶把槍口封住。

抹上蜂蠟 擊發後，在火帽底部抹上一圈蜂蠟，防止水氣入侵。

裝進袋子 把火帽裝在夾鏈袋裡。

保持冷卻 在天冷的日子進屋吃飯時，把槍留在屋外直接進去吃，以免槍管結露弄濕火藥。

基本要領

43 裝填黑色火藥

步驟一 用火藥量斗把火藥灌進槍管，確保火藥的數量恰當。如果你的火藥是彈丸的形狀，就丟適當的數量進去。

步驟二 裝彈頭。如果是彈丸，就在膛口放一張紙，然後把子彈塞進去。你需要一支彈丸舂杆（Ball Starter）來把它頂進去。少量潤滑液就有很大的幫助；在靶場的話，用口水就夠了。在野外就用酥油（Crisco）或是專用潤滑油。錐形彈頭和火力腰帶很容易裝填。軟殼彈頭有可能塞不進去，此時潤滑油就有很大的幫助。

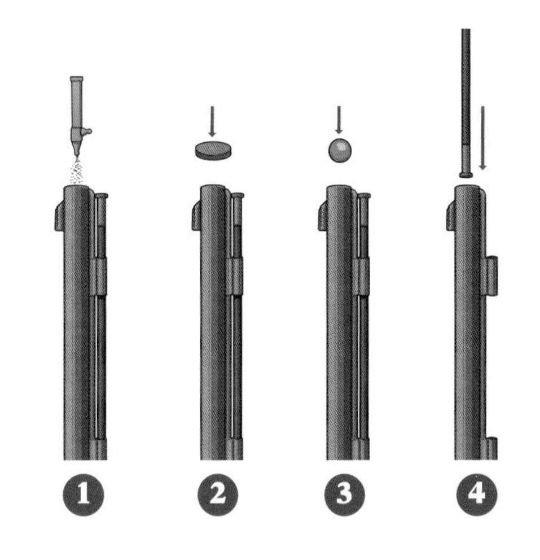

步驟三 把彈頭往內塞，再用通槍條把它搗到最底部。最後，把通槍條留在裡面，然後畫一個記號，顯示其裝填深度。你也可以用這個記號來測知彈頭是否已經裝填完畢。

步驟四 如果你的黑色火藥步槍是雷管槍（Percussion type），就放底火帽上去，如果是燧發槍就把藥鍋填上火藥。在你想要扣扳機之前，記得把通槍條拿出來，因為唯一要射的東西只有子彈。

44 迎接現代化運動步槍

AR步槍（最初型號為AR-15）是美軍在1964年年底以M-16為名首度發行的步槍，也是在美軍服役時間最長的標準步兵配槍。以重量、構造，以及它所採用的小口徑高射速子彈來說，這是一把真正顛覆傳統的槍。

雖然在軍事上大成功，但它侵入平民射手的領域卻相當緩慢，直到21世紀交替之際，不穿軍服的人民才發覺AR是一把相當優異的槍（亦稱為現代化運動步槍，或MSR）。

真正的模組化 AR的拆、裝非常簡單，可以搭配各式各樣的配件重新組合，達成百變的功能。這是第一把百變組合槍，不需要任何技術，使用的工具也很少。因為它的模組化，你可以換掉扳機和準星（望遠鏡準星、紅點準星、雷射準星及 準星，而且可以安裝在任何你想要的位置，因為槍上面有皮卡丁尼軌道（Picatinny Rail）底座）、彈匣、槍托及槍前托，然後裝上一支垂直前托握柄，讓它更加的符合人體工學。你可以用不同的彈匣換來換去，問題都不大。

柔軟的後座力 AR最初所用的子彈就是輕後座力。AR和舊式步槍不一樣，它的後座力直接往後打，讓震動避開無法承受衝擊的頭部，轉向能承受衝擊的肩膀。它的氣動操作系統和槍栓的彈簧緩衝器還能消減更多的後座力。

多款便宜的子彈 這個優點可以讓你射得很愉快。不過你還是必須知道，MSR只能裝填小型子彈（.223，或是同一款的軍用5.56㎜子彈，而.308則是現今最流行的子彈）；雖然這種子彈能打的動物已經相當廣泛，但是在美國你不可能用它來通吃所有的獵物。

極度耐用 拜託，它可是一把軍事武器！

S&W M&P15卡賓槍

45 自己做研究

曾幾何時，現代化運動步槍已經從純粹軍事武器演變成平民市場的大宗商品。由於它和其他槍械的差異過大，所以AR擁有自成一格的知識系統，無論你對傳統步槍多麼熟悉，在這塊領域都不會有太大幫助。

還沒弄清楚自己到底在幹什麼以前，先別急著花錢去買。MSR並不便宜，你也不一定買得到無窮無盡的系列配件。要買這把槍做些什麼，請三思過後再詳細研究。你可能要下單訂製；但是不用擔心沒有造槍師傅接單。

盡情享受吧，畢竟是它好玩的東西，忘記樂趣了嗎？

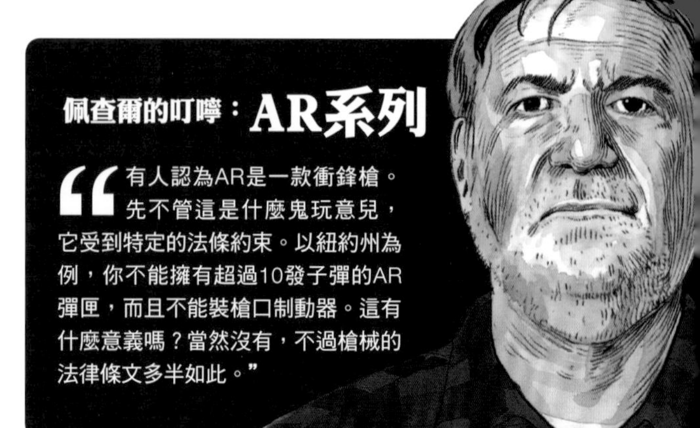

佩查爾的叮嚀：AR系列

“有人認為AR是一款衝鋒槍。先不管這是什麼鬼玩意兒，它受到特定的法條約束。以紐約州為例，你不能擁有超過10發子彈的AR彈匣，而且不能裝槍口制動器。這有什麼意義嗎？當然沒有，不過槍械的法律條文多半如此。”

46 靶場射擊

提醒你一句：AR基本上可以讓你恣意的快速射擊，讓你忘卻步槍原本是一把輸送瞄準火力的裝備。然而這把槍的真正價值，卻在於它能輕鬆進行多次瞄準射擊，而不是在於多快丟出10發或20發子彈。

此外，回想一下構造不太一樣的平民武器，它拋出來的彈殼或多或少還能控制，但是AR的空彈殼卻會亂飛。滾燙的銅彈殼真的會飛到空中，如果它打到射擊台或是鄰座的脖子，他一定不會給你好臉色看。

最後，牢記你的步槍能夠自動填彈，每扣一次扳機都會把槍膛裡的另一發子彈射出去──除非你把槍鎖住或彈匣是空的。請多加留意！

47 聰明的選用子彈

AR有三種不同的槍膛。軍用武器的槍膛幾乎可以使用任一種5.56mm子彈，因為它的容許度寬鬆，但是它也無法產生最佳的精準度。口徑吻合的槍膛可以達到最佳的精準度，但有些子彈就無法使用。懷爾德槍膛（Wylde Chamber）是最佳的折衷方案，它是一位名為懷爾德的槍匠所設計的，在以上兩種條件都能正常運作。

軍用球形彈丸很便宜，不過容易跳彈，而且用來狩獵也不太人道。曳光彈很好玩，但是會損失一點射程，因為它會燃燒。平民子彈可以買到多種優良的射擊比賽專用彈、狐鼠專用彈、大型獵物專用彈，以及練靶專用彈，我只用這些子彈。

48 了解AR步槍的分解構造

❶ **槍托** AR步槍販售時多半搭配折疊式望遠鏡槍托或固定槍托。後裝市場的選擇性非常多。

❷ **下機匣**（LOWER RECEIVER）包括扳機組、彈匣井、彈匣、彈匣釋放鈕及卡榫、射擊模式選擇器、槍機榫（BOLT STOP）和手槍握把。

❸ **推進輔助器**（FORWARD ASSIST）AR後期型款的添加物，但是某些現代型款已經移除；當正常填彈無法讓子彈完全進入槍膛時，它能幫你把槍栓往前推。

❹ **手槍握把**

❺ **槍機拉柄**（CHARGING HANDLE）用來打開槍栓，或由槍栓關閉的位置裝填子彈。

❻ **上機匣**（UPPER RECEIVER）收納槍栓機組座，並與槍管連接。

❼ **後準星** 分成下翻式或固定式準星，樣式繁多。此為預設兩件式鐵準星之其中一件。

❽ **扳機**

❾ **彈匣釋放鈕** 釋放彈匣卡榫之按鈕，讓彈匣得以脫離彈匣井。

❿ **拋殼口** 拋出用完彈殼的位置點。

⓫ **彈匣** 存放子彈的外部匣子，能在射擊循環時把子彈餵進槍內。

⓬ **配件軌道安裝系統** 皮卡丁尼軍工廠所發展出來的皮卡丁尼軌道，是一種非常簡單而且強固的準星安裝基座。有多種AR步槍設有多重軌道，可以用來安裝特殊的準星。

⓭ **槍前托** 包括單件式及外接式軌道兩種，可以加裝雷射、戰術探照燈或其他配件。

⓮ **槍管**

⓯ **前準星座** 通常是簡單的鐵製前準星，但也可以包括光線不足時所用的夜光準星。

⓰ **防火帽** 用來分散火藥燃燒的氣體及槍口的閃光，讓射手的位置不容易被發現。

本圖不包括：

槍機卡榫（BOLT CATCH）在空彈匣上把槍機往回拉時，能啟動槍機卡榫，加快填彈速度。

射擊模式選擇器 此為步槍的保險開關；半自動步槍只有一個簡單的開關：保險或射擊。軍用或警用版本可能還包括三連發的選項，或是全自動火力的設定。

滅音器 吸收並導引氣體，使其轉向後方。

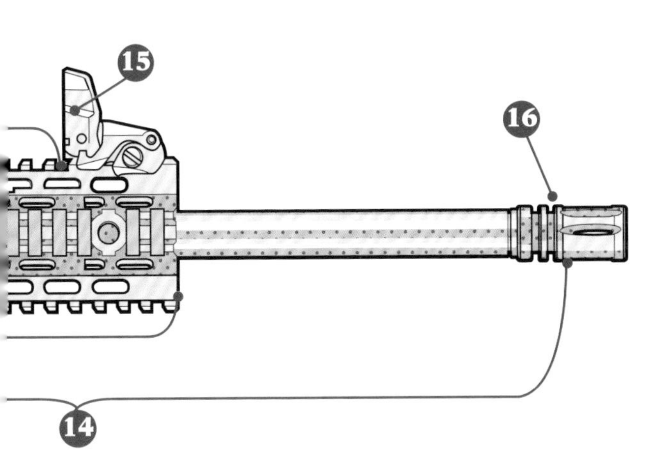

49 排除卡彈

每隔一段時間你的AR步槍就會卡彈一次，尤其容易發生在射出大量子彈或是快速射擊的時候。你必須正確、安全的排除它，以下就是排除方法。

第一次遇到槍枝故障，務必記得**拍、拉、看、放、敲、擠**的口訣。

拍 拍打彈匣底部，確保彈匣已經正確、完整的塞進機匣裡。

拉 把槍機拉柄完全拉到後方，然後握住它。此時槍機應該會後退，露出槍膛。

看 查看拋殼口，看槍機拉柄往後拉時是彈出一顆未擊發的子彈，還是有一顆空彈殼阻礙了槍機的運作。

放 釋放槍機拉柄。如果卡彈已經排除，這個動作就會把槍機往前方鎖住，然後裝填一顆新子彈。

敲 敲打推進輔助器。這個動作可以確保槍機已經完全閉鎖。槍機閉鎖之後，把槍機拉柄略微往後拉，然後檢查子彈，確保新子彈已經到了定位。鬆開它，讓它能夠完全嚙合。記得讓槍口隨時朝下。

擠 擠壓扳機。找一個目標，試著擊發一顆子彈。

如果上述步驟無法排除卡彈，或是槍機拉柄已經拉不出來，你的卡彈問題就比較嚴重，這時候就應該帶去給專業的槍匠處理。

50 排除卡彈之安全守則

任何步槍都有可能發生卡彈，但是AR步槍似乎更常發生。AR步槍的使用說明書會教你如何排除卡住的彈殼或是未擊發的子彈，但是還有一條更重要的至尊原則：在處理它之前，必須確保萬一擊發時槍口所指的方向能讓子彈立刻停下來。

讓步槍保持水平，把槍口指向擋牆或土堆或任何安全的東西，保持視野良好。槍口抬高45度的步槍，可以讓子彈飛行3英哩以上，然後在它的旅行終點奪取一條人命。

用通槍條把未擊發的子彈從槍膛上敲下來必須非常小心。曾經發生過兩個案例，他們用這種方法排除卡彈時，火藥突然引爆，讓彈殼由槍管衝出來，結果把站在槍後面的人打死。敲打子彈必須非常的溫柔。如果你還有疑慮，把槍機鎖在開啟的位置，然後把它拿給槍匠。

51 快樂的扣扳機

多數人都可以安靜的走進靶場，拿起手槍瞄準槍靶，然後射出一發子彈。不過，子彈能否飛到你想讓它飛去的地方，則是另一回事。能做到良好的平衡姿勢就有六十分，但是如果不知道如何控制扳機上的手指，你把槍砸向槍靶的次數可能比射擊的次數還多。

如果用單發射擊模式射擊半自動手槍，正確的握把方式是把食指肉墊放在扳機的中央，也就是說最後一節關節前方的肉墊。如果是二連發模式，擺放的位置就不再是肉墊，而是第一個關節。請注意，手指不要放在扳機下方太低的位置，因為你沿著扳機護弓拉動扳機時，會把射在靶上的子彈拉低。

拉動扳機時，要用平順、均勻的力量壓扳機，直到射出一發子彈為止。不要用手指在橫向推、拉扳機，這是讓你射不準的常見錯誤。此外，要確認施加在扳機上的壓力是直接朝向後方。

52 正確的瞄準

若無法瞄準，你絕對不可能打中目標，除非運氣超好。要讓子彈打到你想打的地方，最重要的事情就是了解瞄準圖像。良好的瞄準圖像分成兩個部分：對正和聚焦。（「對正」的原文為Alignment，意思是移動槍桿，讓槍桿和視線調整到同一個方向。）

方法很簡單，把前準星調整到後準星的槽口中心點即可。前準星必須與後準星的頂端切齊，而前準星兩旁的光線亮度必須均等。此時，你的視線應該聚焦在靶心的位置下方。

如果一切順利，而你還是沒打中目標的話，則可能是聚焦在錯誤的準星。確認你的焦點是在前準星，而不是在後準星或目標物。射手為了要讓目標物進入焦點，往往會讓前準星圖像變得模糊。這種方法不好。請記住：準星要清楚，目標物要模糊。

基本要領

53 立姿

要讓子彈打中目標，必須從姿勢做起。遇上自衛的場合，讓你抓時間考量雙腳如何擺放的機會微乎其微。你所能做的只是瞄準、射擊，以及保護自己而已。反過來說，如果是射靶的場合，密集的彈著群更為重要，所以正確的姿勢就是你成功的關鍵。

首先，把較弱的腳——也就是非射擊側的腳放在前面。如果你是右手射擊，就把左腳跨到前面。而如果是左手射擊，你應該懂我的意思。雙腳張開與肩膀同寬，讓非射擊側的膝蓋略微彎曲。這種姿勢能讓你有一個穩固、平衡的基礎。頭抬高，讓肩膀與目標物垂直。

用雙手射擊的話，姿勢也相同，但是非射擊手的手指要放在握把的另一側，而且要把握槍的手指包住。注意你拇指的擺放位置。

此處最重要的關鍵，就是不要把弱側的拇指放在射擊手臂的拇指上方。如果你不常射擊半自動手槍，不用過於在意滑套後退時所造成的後座力。

正確的握槍法，是把射擊的手掌放在手槍握把背部。扣扳機的手指要沿著扳機護弓外緣伸展，但唯有完成射擊準備之後，才把手指放在扳機上。射擊的手儘可能和手腕及手槍形成一直線。手指握住整個槍把，前後都要用力。

不要讓手槍和射擊的手被弱側的手掌心包住，因為射擊時它會讓槍轉動，造成彈著點的偏差。

54 來點不一樣的

用手槍打過一次鹿後，我強烈推薦這種極度刺激的槍枝狩獵法。眼見一隻巨大雌鹿即將進入射程，準備射擊時，我的心臟就開始砰砰的狂跳，宛如我用弓箭打獵一般。

去年夏秋兩季我都用.357左輪手槍來練習。作為一名手槍新手，我會不斷的練習，直到每一次都能在30至40碼的距離射中一張紙板為止。這就是我的最大射程，它的危險性比拿著頂級複合弓的弓箭獵人還要小。

射程的限制讓打獵變得更加刺激。雌鹿走進了70碼外的空地──這對於我常用的瞄準鏡內嵌式步槍來說已經是很輕鬆的目標。但我仍須耐心的等待（我所謂的「耐心」是指「內心激動，但是外表試圖保持冷靜」），等牠更近一點。我在樹後方幾乎站了一輩子，雌鹿才讓我有機會以35步的距離射擊牠的側面。我把左輪手槍架在樹架的射擊滑軌上，把焦點壓低，讓它正好在肩膀下方。讓我射中心臟的鹿跑了50碼之後才倒下。

我用的左輪手槍是S&W 627，購自展示店，槍上安裝了精良的伯利斯快火反射式瞄準鏡，子彈是聯邦優質彈裝

載140格令的巴恩斯擴口銅彈頭。我在遠端的鹿皮下方找到了子彈，它在秤盤上的重量是138.2格令，相當接近廣告詞所宣稱的百分之百重量維持率。對我來說，這是底線嗎？如果你已經厭煩用步槍打鹿，就改用手槍吧。──菲爾．布傑利。

55 破解「呎磅」的迷思

挑選第一把狩獵用手槍時，我選了.375麥格農手槍。我會選它是因為後座力較小而不是槍管大，而且.357的槍膛還能裝填.38特殊彈，也就是說我可以立刻去買便宜而且後座力較小的練習彈來練習。我發現大槍的射擊不佳，完全輸給彈著分布良好的小口徑武器。

.375口徑是否足夠打白尾鹿，看法分歧。很多人認為.375口徑加上5英吋的槍管對於中型獵物來說有點吃緊，尤其舊式標準又建議至少要有1,000呎磅（子彈飛行能量的單位）才能乾淨俐落的殺鹿。

對於.44麥格農手槍來說，每個人都同意它足夠獵殺白尾鹿，但是它也達不到1,000呎磅的下限。因此，手槍對鹿是一種不人道的武器嗎？不太可能。

在50碼的距離，.375的子彈就能刺穿遠端的鹿皮。而狩獵用手槍越來越多人使用的優質子彈，它的效率更好。我的問題並非：「手槍是獵鹿的有效武器嗎？」而是：「有誰真正了解1,000呎磅？」我猜是有某位作家曾經立下這個觀點，而過去幾年我們都是口耳相傳而已，就好像我們都會傳誦叉角羚羊的視力可達8X的「事實」，但是沒有人真的為叉角羚羊做過視力測驗。

──菲爾．布傑利

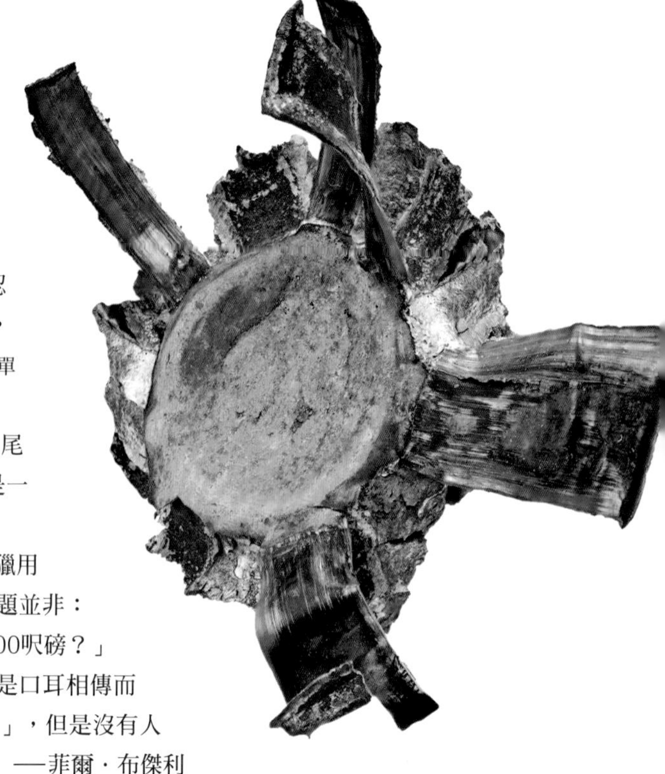

56 獵鹿彈的選擇

手槍獵鹿已經逐漸成為射擊運動的主流項目之一。它的挑戰非常大，即使裝上瞄準鏡，你的左輪手槍仍舊是一把短射程武器。（請注意：用於手槍的步槍子彈不包括在內，例如7mm/08之類的，因為手槍就是手槍）

首選：.44麥格農

這種子彈讓我們對手槍的看法完全改觀。對於實力一般的射手，這是你所能找到的最佳大型獵物子彈。.44口徑結合了巨大的火力和後座力，稍加練習之後任何人幾乎都能操控自如。它能廣泛裝載各式彈頭，包括有外套和無外套的彈頭在內，但是240格令的硬質鉛彈很難打出1,200fps的速度。

最佳彈頭：溫徹斯特優質子彈250格令隔間金彈。

第二選擇：.480儒格子彈

這種子彈的火力比.44麥格農還高出一級，且沒有.454卡蘇爾子彈（Casull）會把關節打壞的後座力。它有兩種彈頭：速度1,350fps的325格令彈頭，以及1,200fps的400格令彈頭。如果這還不夠，或許你該改用步槍了。

最佳彈頭：霍爾納迪（Hornady）325或400格令彈頭。

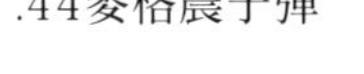
.44麥格農子彈

優選子彈：.45柯爾特長彈

沒錯，就是厄爾普用來幹掉克蘭頓和麥克勞瑞斯的同一款子彈（西部電影《龍虎大決戰》裡的人物）。如果你對後座力真的很敏感，這款子彈在50碼內都可以把你伺候得很好。手工填藥者可以加大.45柯爾特長彈的火力，但廠製子彈在極限範圍內就已經很好用了。

最佳彈頭：溫徹斯特225格令中空銀頭彈。

——菲爾．布傑利

57 駕馭 .44口徑麥格農

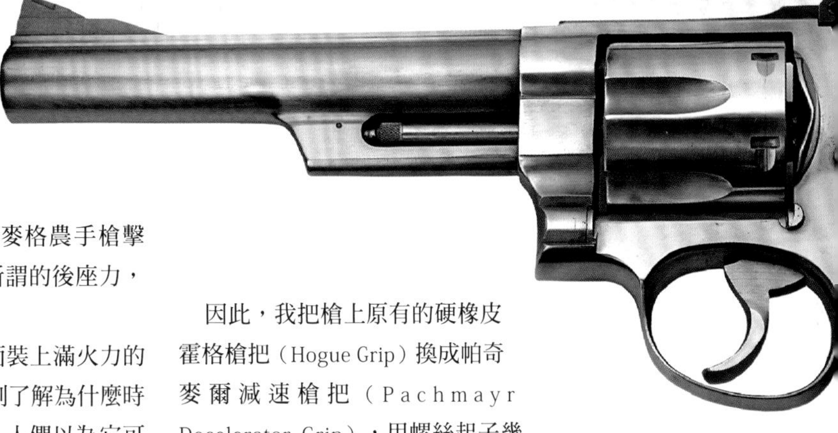

一旦熟悉手槍射擊以及.375麥格農的手槍狩獵之後，我發覺我已經到頂了，所以我把手槍換成.44麥格農。

第一次到靶場時，我用.44特殊彈來熟悉槍的感覺，因為它可以安全的由.44麥格農手槍擊發。.44特殊彈用在重型手槍上面不會有所謂的後座力，它可以愉快的射擊。

但我用.44麥格農狩獵，所以我在槍裡面裝上滿火力的麥格農子彈。當我扣下扳機的瞬間，我立刻了解為什麼時常有人在拋售近乎全新的.44麥格農手槍。人們以為它可以射得很愉快，後來才發現.44口徑的後座力很強。它的後座力不會很可怕，但是打在掌根的力道很強勁，只要練靶的時間越長，彈著群就越大，不會變小。

我的第一個念頭是回到.357口徑。它的後座力小很多，而且在我所射的近距離內非常有效，但我拒絕如此，因為連我自己都覺過於懦弱。

因此，我把槍上原有的硬橡皮霍格槍把（Hogue Grip）換成帕奇麥爾減速槍把（Pachmayr Decelerator Grip），用螺絲起子幾分鐘就可以換好。我還找到一些有軟墊的射擊專用手套。後來我再去靶場，發現它的後座力有巨大的差異，而我的彈著群也立刻縮小。

如果你也買了.44手槍，又覺得它難以駕馭的話，不要灰心，只要有足夠的墊子，你就能馴服它，讓它百依百順。

——菲爾．布傑利

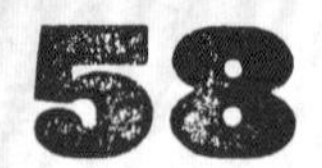

認識15款最具代表性的手槍

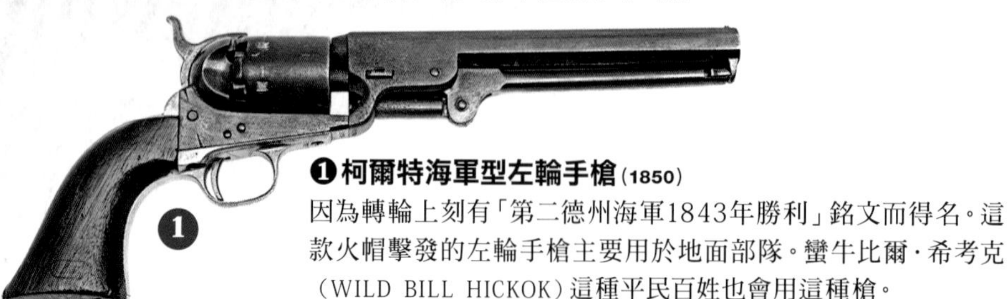

❶柯爾特海軍型左輪手槍(1850)

因為轉輪上刻有「第二德州海軍1843年勝利」銘文而得名。這款火帽擊發的左輪手槍主要用於地面部隊。蠻牛比爾·希考克(WILD BILL HICKOK)這種平民百姓也會用這種槍。

❷柯爾特1873單動式手槍(1873)

被譽為「和平創造者」的1873 SAA手槍,是19世紀美國拓荒者最為流行的手槍之一。它是史上量產最多的手槍,而且在它問世超過137年的今天,柯爾特公司仍在生產這款經典手槍。

❸毛瑟C96(1899)

這款半自動手槍的特徵包括:扳機前方一體成型的盒式彈匣、長槍管、可兼作槍皮套或手提箱使用的木質肩托(木質肩托未在本圖繪出,)以及掃帚柄形狀的握把。C96也是韓·蘇洛(《星際大戰》裡的角色)手持的爆破武器。

❹柯爾特1911A1(1911)

這是第一款成功的軍用半自動手槍,它是美軍標準配槍,歷經四次大戰以及無以計數的警察行動。它受歡迎的程度不輸往昔,現今許多執法人員以及無以計數的平民百姓仍在配帶。它是有史以來最常客製化的手槍,也是比賽選手的主流武器。

❺瓦爾特PPK(1935)

這款半自動手槍最初是為德國警察開發設計,時間為1930年代。但是它的穩定性及隱蔽性反而讓它在民間迅速流傳。PPK在文學界及電影界俱負盛名,連詹姆士·龐德也用過這把槍。

❻S&W.38 M36型手槍(1950)

這把左輪手槍是S&W公司於戰後開發的第一批槍械之一,它是專為警官打造的小型手槍,能使用.30特殊彈。外號為「長官專用手槍」。

❼柯爾特蛇.375麥格農手槍(1955)

蟒蛇手槍是柯爾特所能做到的頂級手槍，就像M29是S&M所能達到的最精良左輪手槍那般。它是一把造型美麗的.375麥格農手槍，擁有6英吋及4英吋槍管兩種版本。瞄準準星、散熱肋條槍管，以及高價位是它的三大特色。現今已經沒有人這麼做了。

❽S&W .44 M29型手槍(1955)

沒錯，這把槍就是骯髒哈利所用的槍(骯髒哈利是電影《緊急追捕令》裡面的角色，由克林伊斯威特飾演)，但這不是重點。M29.44麥格農手槍是少數幾把讓我們對槍械性能重新定義的槍。.44麥格農手槍不僅能讓手槍獵人獵殺大型獵物，還可以在步槍的射程擊中牠。

❾S&W .38 M60型長官專用手槍(1965)

M60不過就是M36型.38特殊版的不鏽鋼版本而已。但是它依舊是開山鼻祖，因為它是第一款成功使用不鏽鋼的手槍，向手槍工業展示了這種材料應該如何使用。

❿貝瑞塔92 9㎜(1975)

貝瑞塔92的特色是「雙層」大容量彈匣。這款手槍的M9軍用版本至今仍為美軍配槍。

⓫克拉克G17(1979)

塑膠殼的克拉克G17剛問世時飽受爭議，但是歷史終究還給了它公道。作為第一款成功的塑膠殼手槍，它讓手槍工業產生了巨大的變革。現今幾乎所有主要手槍製造商都會推出塑膠殼手槍，而且廣受歡迎。

⓬沙漠之鷹(1982)

這款.50口徑的氣動式半自動手槍原為美國設計，但是到了1995年才由以色列兵工廠生產。它的動作原理採用步槍的設計，包括氣動機制以及旋轉槍機在內俱與M16步槍神似。

⓭自由武器M83型 .454卡蘇爾手槍(1983)

在手槍的狩獵領域裡，.44麥格農手槍曾經獨領風騷數年，但若追求更大的火力，.454卡蘇爾子彈就成了唯一的選擇。現今的手槍多半無法使用這種子彈，不過它卻找到了一個好歸宿—自由武器單動式左輪手槍。這把手槍結實而精準，它同時也為手槍的狩獵開啟了一個新時代。(「自由武器」是美國武器製造商名稱。)

⓮西格&紹爾P229(1984)

P229是一把全尺寸的軍用手槍，由瑞士西格公司設計，德國紹爾公司生產，其衍生型款用於全世界多個執法機關及軍事組織，包括美國海豹部隊在內。

⓯S&W M500型(2003)

這把雙動式左輪手槍在2003年問世，它是4½磅的怪獸，比50年前問世的M29型手槍躍進了一大步。極端強大而且非常昂貴的M500左輪手槍，射起來卻是意外的輕鬆，難以想像它的火力有多大。凡是你要打的目標，M500沒有打不倒的，無論是鹿或是非洲水牛都一樣。

59 子彈結構分解

❶ 彈頭 投射體的結構，它是影響子彈效能的主要因素。

❷ 頸部 用來夾住彈頭以及對準膛線。

❸ 肩部 現代彈殼肩部至少有30度，比舊型子彈更為傾斜。設計的主要考量點是讓火藥燃燒得更乾淨、更有效率。

❹ 彈殼 黃銅或鋼製的子彈外殼，內裝火藥和底火。

❺ 火藥 分成球形及長條形兩種，依其燃燒速度亦分成快燃及慢燃兩種，種類由彈頭重量、彈殼容量，以及彈殼形狀而定。

❻ 錐度 現代化彈殼的彈身錐度非常小，但舊型彈殼就比較大。低錐度可以加大火藥的容量，但是更大的錐度也代表子彈的裝填較為穩定。

❼ 底邊 無邊緣彈殼的底邊幾乎不會超出抽取槽口之外。有邊緣的彈殼就有寬大的底邊，但是沒有槽口。

❽ 底板 彈殼底板內含底火包和標印，標印打上了口徑及製造商名稱。

❾ 底火 由底火杯、擊砧，以及少量爆裂物所組成。底火有多種尺寸，某些種類的燃燒焰火較長，專用於麥格農子彈的慢燃火藥。

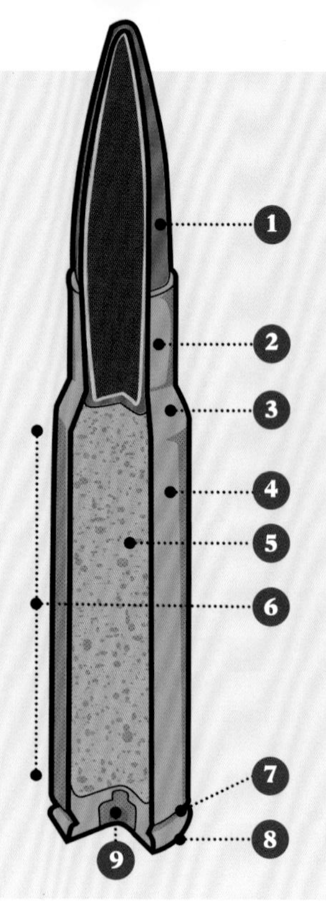

60 認識當今最好的子彈

在倍受壓抑的50年代，它是最為流行的大型獵物子彈，也是現今最受歡迎的子彈，而且未來20年它依舊可能還是最受歡迎的子彈。這款子彈採用開發年號來命名，時間落在萊特兄弟於基蒂霍克（Kitty Hawk）上空飛行後三年。現今稱為.30/06的子彈，原本的名稱是「美國1903型子彈」，裝載220格令的慢速彈頭，它的包裝是專為春田M1903型栓塞式步槍而設計。

但是好日子只過了兩年。到了1905年，德意志帝國軍推出一款8㎜（.323）口徑的子彈，使用較輕、較快的彈頭，性能遠遠超過'03型子彈。美軍不甘落於人後，遂改良'03型子彈，裝載150格令的彈頭，同時改名為「美國1906型子彈」。由於唸起來饒舌，一般人都稱之為.30/06。

美軍在'06型子彈達成的目標，是讓它的火力和後座力達成巧妙的平衡。它幾乎可以獵殺北美任何一頭大型獵物，但是後座力幾乎任何人都可以掌控。'06型子彈所能裝載的彈頭重量範圍比其他子彈還要廣泛。最輕的極限下至110格令，上限也可以達到220格令的單頭彈。無論小老鼠還是大麋鹿都能打。

由於'06型子彈能用的彈頭實在太多了，一般人使用時都是含糊不清。以下是簡要的說明：

125和130格令 這種輕彈頭適合用來打狐鼠，但是大量射擊的話，'06型子彈的後座力太大，宛如用大鎚子在打蒼蠅一般。

150格令 如果要省錢的話，這是用來獵鹿的最佳重量，它的飛行速度快，爆開的力道猛，幾乎可以萬無一失的讓牠們倒在途中。

165格令 許多內行的射手認為這是最佳的彈頭重量，它結合了高度的射速和足夠的重量，幾乎沒有打不倒的獵物。

180格令 普遍來說這是最受歡迎的重量。良好、質硬的180格令彈頭很少遇到不能用的場合。

200格令 大型獵物專用。200格令，.30口徑的彈頭不是最快的，但是抗風力強，在射擊方向保有大量衝擊力，而且擁有難以想像的刺穿力。如果要打麋鹿、大角麋鹿、熊，或是非洲平原大型獵物，我會選用這種彈頭。

61 認識彈道水牛

1970年代優良的子彈不多，反倒有一大堆劣質子彈。當時我和學識豐富的槍械作家鮑伯．哈格爾（Bob Hagel）通信，他建議我應該自行測試單頭彈，了解它的刺穿及收斂能力，再用它來打獵。以下的靶是根據哈格爾所用的測試靶製成的，目的是讓脆弱的彈頭裂開。唯有強健的彈頭，才能在彈道水牛測試中存活。

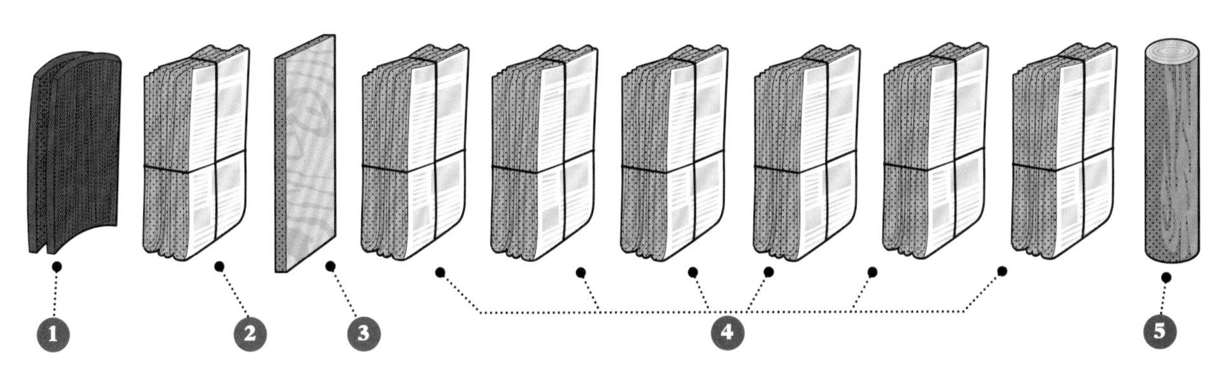

製做怪獸：在前端黏貼兩片舊卡車內胎❶。你可以在任何一家輪胎店免費取得這種內胎。後方放一疊濕報紙❷，之後再放一片半英吋膠合板，面積為11×14英吋❸。膠合板後方再放好幾疊濕報紙❹，厚度加起來要有2英呎。如果你要測試非常硬的彈頭（通常不需要），可以在後面多放幾片膠合板。我會在最後面立一根柱子❺或是用樹幹來架住所有的東西。

緩衝墊內部：在輪胎左上方畫上橘色靶心，然後在50碼外開一槍。接下來跑到水牛這裡，小心翼翼的把報紙掀開，查看子彈到底穿透多深，記錄破孔的大小及形狀，以及刺穿的深度。找到子彈以後用鉗子把它夾出來，因為它燙得像火爐一樣。

秤重：把單頭彈放到手工填藥專用秤上。把秤得的結果除以彈頭原有的重量，就可以算出重量維持率。自己做一遍，就可以知道你的彈頭可以穿透多深、打出多大的洞，以及在飛行當中的存活力。

挑選合適的步槍口徑

談到最好的子彈，幾乎每個獵人都有自己的看法，不過大多數的看法都不正確。為什麼？因為多數人對於子彈的看法都是來自於瑣碎的小事、假消息、廣告詞，以及朋友們胡亂指點的錯誤觀念。如果你想了解單純的事實，有時候甚至是極為醜陋的真面目，請繼續讀下去。這種子彈不會讓差勁的射手變好，但是可以幫助一個好射手變得更好。

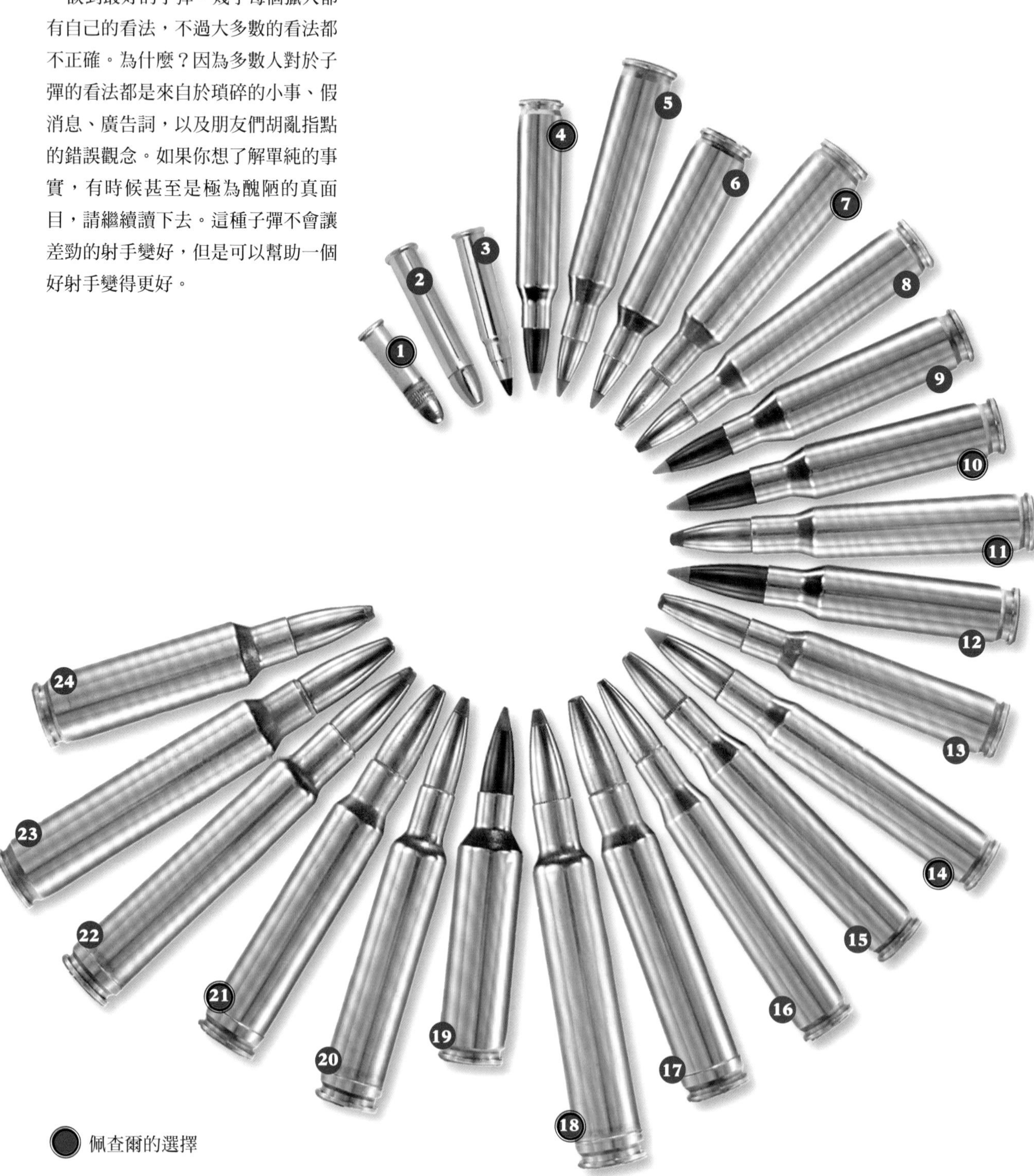

佩查爾的選擇

小型獵物 這種邊緣底火彈是打松鼠和兔子的最佳選擇。它的後座力小，可以輕易放進口袋。它也能用在短射程的狐鼠槍上。

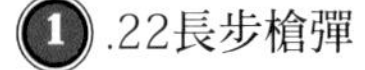

1. .22長步槍彈
2. .22溫徹斯特麥格農邊緣底火彈
3. .17霍爾納迪麥格農邊緣底火彈

狐鼠 長射程、平射，以及高度精準的口徑，後座力小。

4. .223雷明頓子彈
5. .220斯威夫特子彈
6. .22/250雷明頓子彈

狐鼠及大型獵物 用較重的彈頭取代單純的狐鼠彈，即使獵鹿人也可以選用。

7. 6mm雷明頓子彈
8. .257羅勃茲子彈
9. .243溫徹斯特子彈

大型獵物：小後座力 這種口徑的火力足以讓鹿倒在途中，而且重量夠輕，能讓你充分射擊，讓你練到足夠精準為止。

10. 7×57毛瑟子彈
11. 7mm/08雷明頓子彈
12. .308溫徹斯特子彈
13. 6.5×55瑞典子彈

大型獵物：綜合型子彈 介於羚羊和大角麋鹿之間的所有獵物，用這種口徑都很出色。

14. .30/06春田子彈
15. .270溫徹斯特子彈
16. .280雷明頓子彈
17. .338溫徹斯特麥格農子彈

長距離大型獵物 依據彈道學理論，這種子彈能在四個足球場外殺死麋鹿和熊，但扣扳機的人也需要有相對的能力。

18. .300威瑟比麥格農子彈
19. .270溫徹斯特麥格農短彈
20. 7mm威瑟比麥格農子彈

重型獵物或北美危險獵物 這些巨大的子彈專用於巨大、強壯的獵物。請注意：它的後座力也很大。

21. .338溫徹斯特麥格農子彈
22. .338雷明頓超級麥格農
23. .340威瑟比子彈
24. .325溫徹斯特麥格農短彈

63 這些子彈勝出的原因

我答應過要說醜陋的真面目，其中最為醜陋的事實就是：子彈的選擇對於能否成為一名成功的獵人來說，幾乎完全不重要。如果你是一位好射手，用什麼子彈都不會差太多；但反過來說，如果你選錯了子彈，百分之百會把你搞砸。以下就是我對各種類別的首選，牢記它們的優缺點，就能了解我為何選它。

小型獵物

.22長步槍彈 這種槍沒有膛線，評價相對溫和，雖然毀滅力道不足，但是超級精準—以上就是打小型獵物的基本訴求。你可以挑選一般射速、高射速，以及超高射速的彈頭，除此之外也有實心彈和空心彈兩種選擇。我會排除超高射速（因為破壞力太強，而且不夠精準），剩下的一般射速和高射速，兩種都不錯。我偏好空心彈，因為它必殺的程度勝過實心彈。

最佳彈頭

溫徹斯特高速空心彈頭。

狐鼠

.223雷明頓子彈 以軍用5.56㎜子彈知名。這種廣受歡迎的子彈，若裝載50格令的彈頭可以射出3,300fps的槍口射速。以軍用子彈來說，它的評價不高，但如果是打狐鼠（依據現代人的口語習慣，基本上就是指土撥鼠），它就非常出色。低後座力是它的優點之一——這點非常重要，因為你的準星圖像不應該受到干擾。它讓槍管變熱的程度遠小於體型更大的.22中央底火彈，而且精準度不輸當前任何一種子彈。此外還有一項額外的好處——到處都能買到便宜的.223子彈。

最佳彈頭

溫徹斯特50格令彈道優化銀頭彈。

狐鼠及大型獵物

6㎜雷明頓子彈 6㎜子彈受歡迎的程度不如.243，但問題不是出在它本身。儘管如此，它仍是一款優良的子彈。兩種子彈我都用了好幾年，但最後發現6㎜子彈總能打出最好的射速。打狐鼠最好用的廠製彈頭是標示射速為3,500fps的80格令彈頭；若是打鹿，則是3,100fps的100格令彈頭。（用典型的22英吋槍管搭配6㎜子彈，你會發現這樣的搭配非常完美）15年前，我曾說6㎜的彈頭太小，對於大型獵物來說不一定必殺，但是現今的彈頭已經比以前好得太多，所以這種觀點已經不成立。

最佳彈頭

雷明頓100格令Core-Lokt。

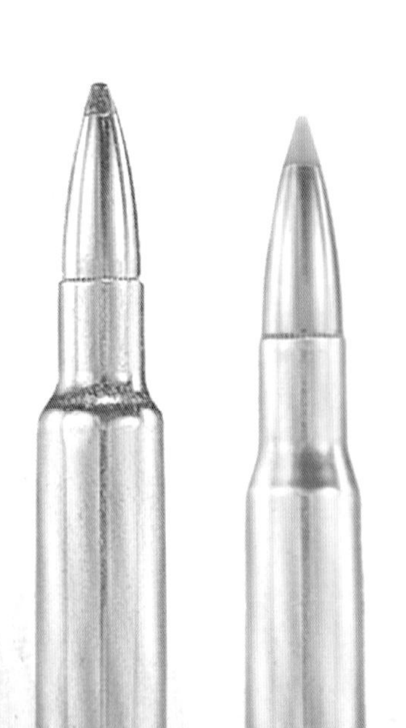
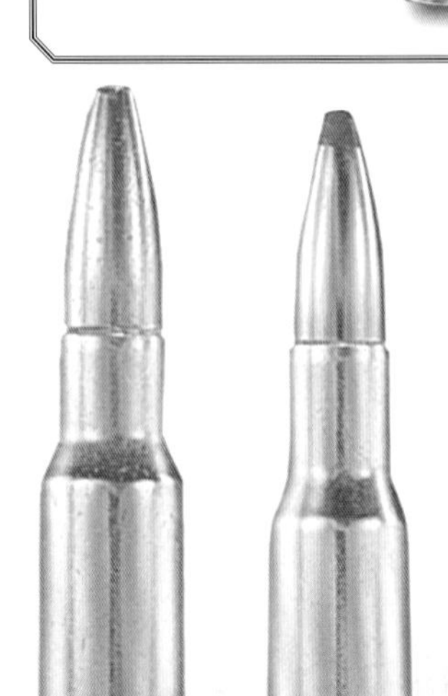

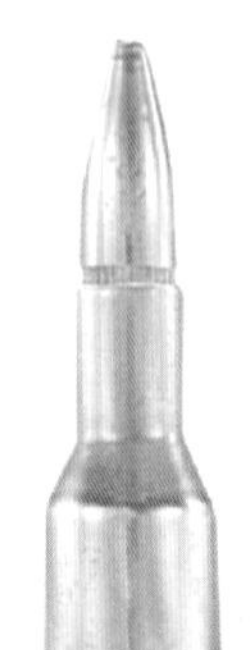

大型獵物：小後座力

7×57毛瑟子彈，以及7㎜/08雷明頓子彈

為何選兩種？雖然其中一種非常的古老（7×57），而另一種相當的新，但是兩者的彈道幾乎一模一樣（140或150格令的彈頭，射速為2,700fps，差距頂多1~2英呎）。市面上已能買到多款7㎜/08步槍子彈，而7×57更是多到如山似海。這種子彈的後座力不會大得嚇人，加裝槍口制動器之後也不會讓你耳聾。如果要把它用在較短、較輕的步槍，它的後座力也不會太過悲慘。它能在合理射程內擊殺任何大型獵物，而且一擊斃命。

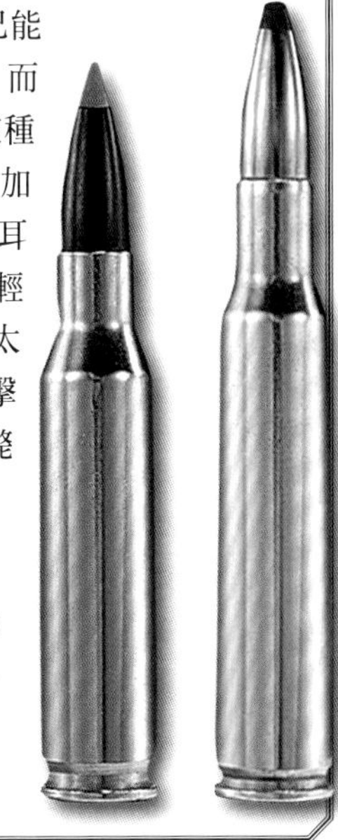

最佳彈頭

7×57聯邦Power-Shok 140格令彈頭，斯培爾Hot-Cor特殊彈7㎜/0，及溫徹斯特頂級140格令彈道優化銀頭彈。

大型獵物：綜合型子彈

.30/06春田子彈 你以為我在打什麼歪主意，讓人把我轟出槍械作家協會，然後下半輩子像犯人一樣過著躲躲藏藏的生活？對不起，沒有。'06絕對是萬用型子彈第一名。'06子彈誕生101年後的今天，它已經能夠裝載125格令至220格令的彈頭，而其中最為常用的是150格令射速2,900fps的子彈、160格令2,800fps的子彈，以及180格令2,700fps的子彈。到處都可以買到各式各樣便宜的軍用子彈。手工裝藥者都知道一項秘密：小心裝填慢燃火藥，就能大幅改善廠製子彈的彈道。手工裝藥者也都知道，200格令單頭彈是'06子彈最好用的彈頭之一，但是你買不到廠製品。

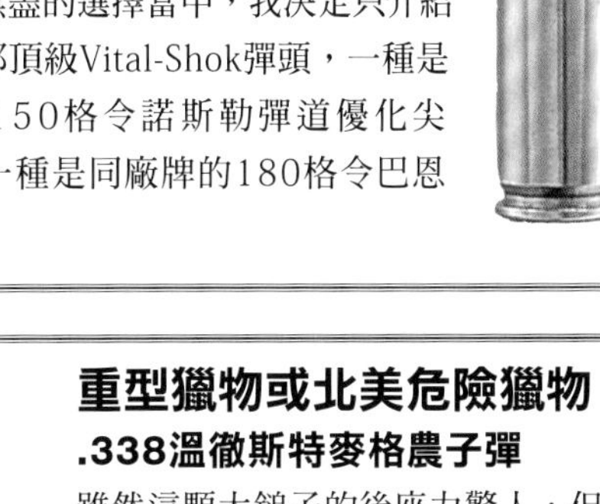

最佳彈頭

在無窮無盡的選擇當中，我決定只介紹兩種聯邦頂級Vital-Shok彈頭，一種是圖示的150格令諾斯勒彈道優化尖彈，另一種是同廠牌的180格令巴恩斯TSX。

長距離大型獵物

.300威瑟比麥格農子彈

我必須先聲明，雷明頓、拉澤羅尼及達科他公司所製造的各種.30子彈也做得到這樣的性能，但威瑟比是最早問世的，其狩獵成績也是其他子彈難以企及的。如果你想在很遠、很遠的距離打死某種動物，尤其是大型動物，就用這種子彈。.300威瑟比可裝載自150格令（射速為3,500fps）至220格令（2,850fps）的彈頭。不過只要考慮兩種就夠了：射速為3,150的180格令彈頭，以及射速為3,000或略低一點的200格令彈頭。較重的單頭彈拿起來和較輕的彈頭沒差多少，但前者的抗風力強，且不會把動物打成一堆爛肉。它的後座力和槍口爆聲只有射擊老手受得了，僅記這點。

最佳彈頭

威瑟比180或200格令諾斯勒隔間彈頭。

重型獵物或北美危險獵物

.338溫徹斯特麥格農子彈

雖然這顆大鎚子的後座力驚人，但是相當受歡迎，因為用途多到目不暇給。若使用200或210格令的彈頭（速度約為2,900fps），這種可怕的長距離子彈就能把鹿打倒。若使用225至250格令的單頭彈，它可以從容自若的打倒巨獸。強力的250克.338單頭彈可以打出其他彈頭所見不到的強大穿透力。想要打穿麋鹿的肩膀嗎？它就是你要的子彈。它的後座力強勁無比，如果你的.338步槍加上瞄準鏡小於9磅，你一定會後悔。

最佳彈頭

雷明頓優質彈225格令斯威夫特A形彈頭。

64 認識狩獵子彈的種類

狩獵用子彈分成三種類型，狐鼠彈、獵鹿彈，以及可控制擴張彈。

狐鼠彈 非常精準，但是容易碎裂。它的目的是造成最大傷害而非彈跳。使用中空彈頭、極薄的銅外殼，以及軟鉛核心，就可以達到該目的。

獵鹿彈 它的結構融合了合理的穿透力以及快速的擴張性，所有的子彈俱有以下全部或部分的要素：鉛製核心、鼻薄底厚的銅核心外殼、「車削」（子彈外殼內部的車削線，能保證彈頭的快速擴張），以及與核心鍵結在一起的外殼──這種設計只有高級子彈才有，它能保證子彈裂開時還是連在一起。

可控制擴張彈 它能適度擴張，即使是打進厚皮或是堅硬的骨頭和肌肉，它還是能維持近乎全部的重量。獵鹿彈打進動物身體之後，約能維持百分之五十的重量，但是可控制擴張彈可以維持百分之九十以上的重量，而且它的質量較大，幾乎沒有無法穿透的東西。可控制擴張彈也分成兩種：傳統擴張彈，以及新型擴張彈。傳統擴張彈採用鉛核心黏合厚重的銅外殼，而新型擴張彈則採用全銅或合金銅。雖然這種子彈很貴（銅比鉛還要貴），但是效率極佳，而且精準度往往高得嚇人。

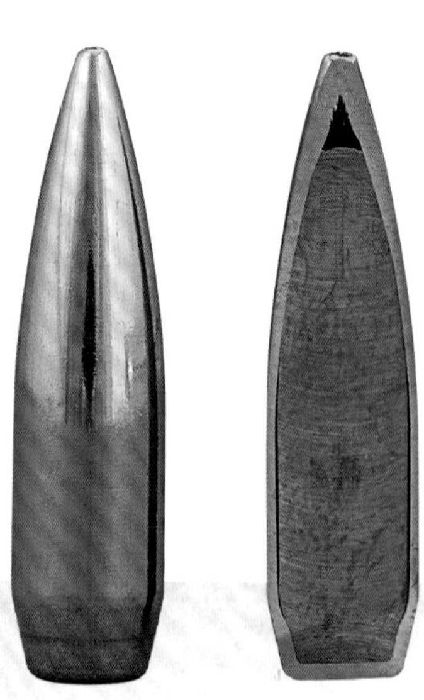

狐鼠彈

獵鹿彈

65 認識彈頭形狀

尖頭彈 比圓頭彈更具流線型，但是結構不夠堅固。所有的長距離專用彈頭都是尖頭彈，所有的軍用彈頭也是如此。

圓頭彈 鼻端做成圓型的彈頭。圓頭彈主要用途為危險獵物彈頭，以及應用於管狀的彈匣，因為尖頭彈可能會觸發排在前方的子彈之底火。

半尖頭彈 外形介於以上兩者之間，但也結合了兩者的優點及缺點。

平底彈 底部沒有錐度的彈頭。無氣動力學設計，但是非常堅固。

船尾彈 底部錐度縮小的彈頭，由上方看去宛如船尾。船尾和尖頭兩種形狀往往結合在一起。

縮緣船尾彈 向內彎的船尾型彈頭，其底板直徑明顯小於彈頭本身之直徑。它比簡單的船尾彈更具流線型。

極低風阻彈（Very Low Drag, VLD） 是一種極端流線型的彈頭，它的頭非常尖，有很長的錐線以及縮緣的船尾。

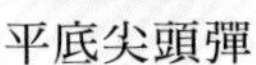

平底尖頭彈

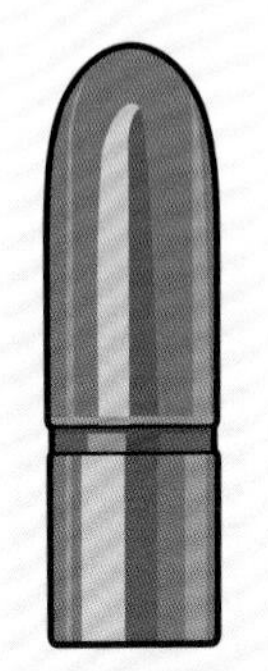

平底圓頭彈

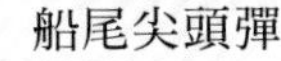

船尾尖頭彈

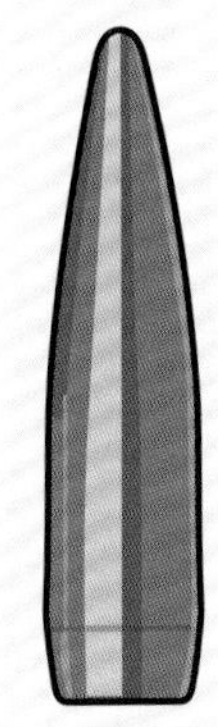

VLD

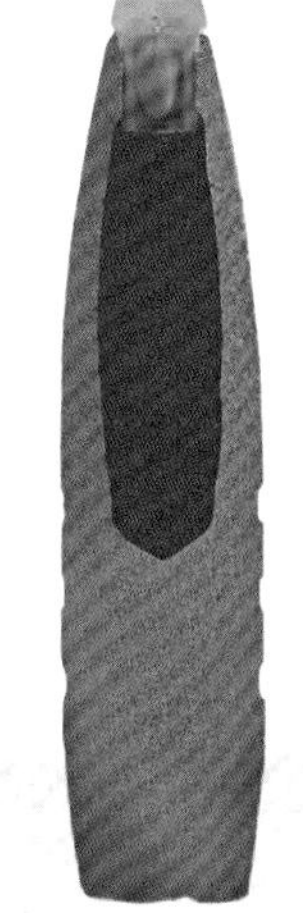

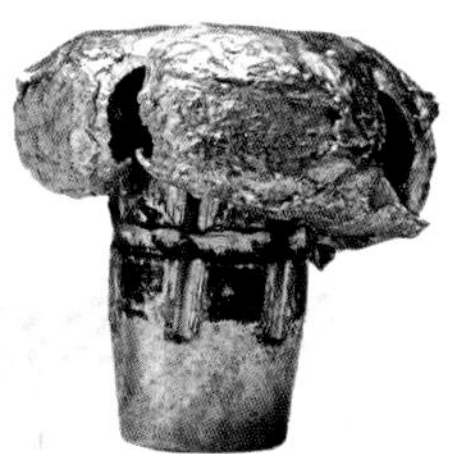

傳統可控制擴張彈

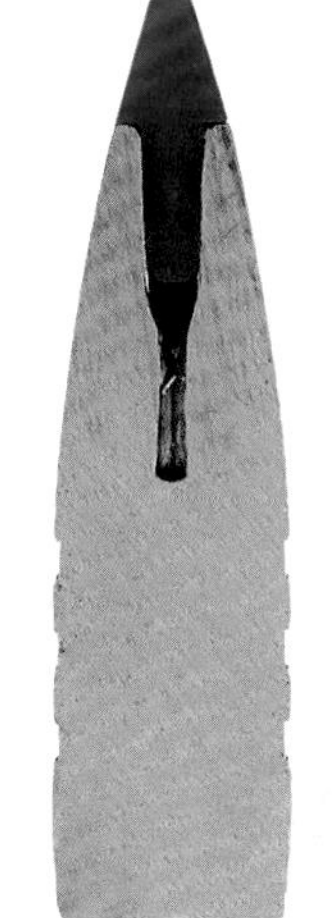

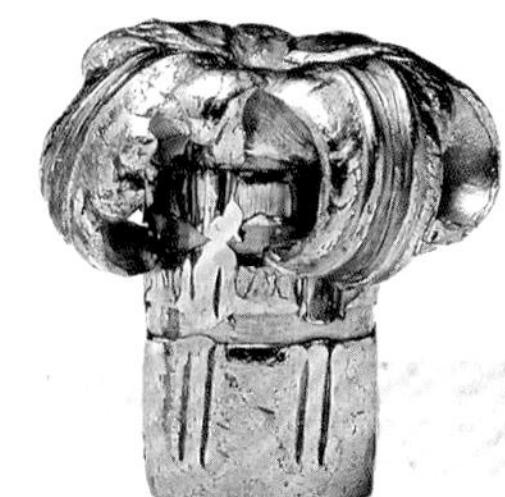

全銅可控制擴張彈

66 不要被超高速誤導

每隔十年，子彈都會增大一點，槍口射速也會提高一點。或許現在是你發問的最好時機。你的確能用.250/3000或.22長步槍彈殺死一隻老虎（我會去監獄裡看你），但這只是噱頭。比標準速度還要快的高速本身無法殺死任何東西。起初我完全相信速度，但是40年來我射過各種體型的動物，而且幾乎都是一槍斃命之後，我依舊無法找出彈頭速度和動物立即死亡的關係。我能夠得出正確的比較結果，是因為我曾經在南卡羅萊納州獵殺白尾鹿15年，而那裡有無窮無盡的鹿可以殺。我用的最小子彈是.257羅勃茲，但有些年裡我也會用.270溫徹斯特、.257威瑟比，以及7㎜威瑟比。無論上述哪一種，都不會比其他子彈殺得更快或更有殺傷力。.338和.340威瑟比，或是.338雷明頓超級麥格農也是如此，而這三種子彈我也用得很多。依據統計數據，後二者比前者多了250到300fps，但是野獸不會倒得快一點。除此之外還必須考慮下列因素：

後座力 裝載高速子彈的步槍會產生28至40呎磅的後座力，這種後座力只有射擊老手和犯法的瘋子才能忍受。除此之外，槍口爆聲也會等量增加。

衝擊力 如果你能把子彈射到3,000fps或更高的速度（有時候甚至高出很多），無論打到什麼東西都會把它打爛，即使是最硬或最緩慢的子彈裂塊也一樣——除非目標物夠長，能讓子彈的速度減緩。如果你是紀念品獵人，不在乎一整塊田地掉滿了獵物的漢堡肉，那我沒話說。但如果你喜歡打野味，而浪費食物對你來說是困擾的話，這就是個問題。

槍管壽命 使用超高速的子彈，槍管壽命會比一般速度的子彈少非常多。一支照顧良好的槍管，使用.30/06的子彈（每顆子彈約有60格令的火藥）可以讓你打出5,000發一級水準的精確度。但無論哪一種超級.30子彈（80格令的火藥），大約1,500發之後槍管就開始退化了。你得到的是昂貴的高速。

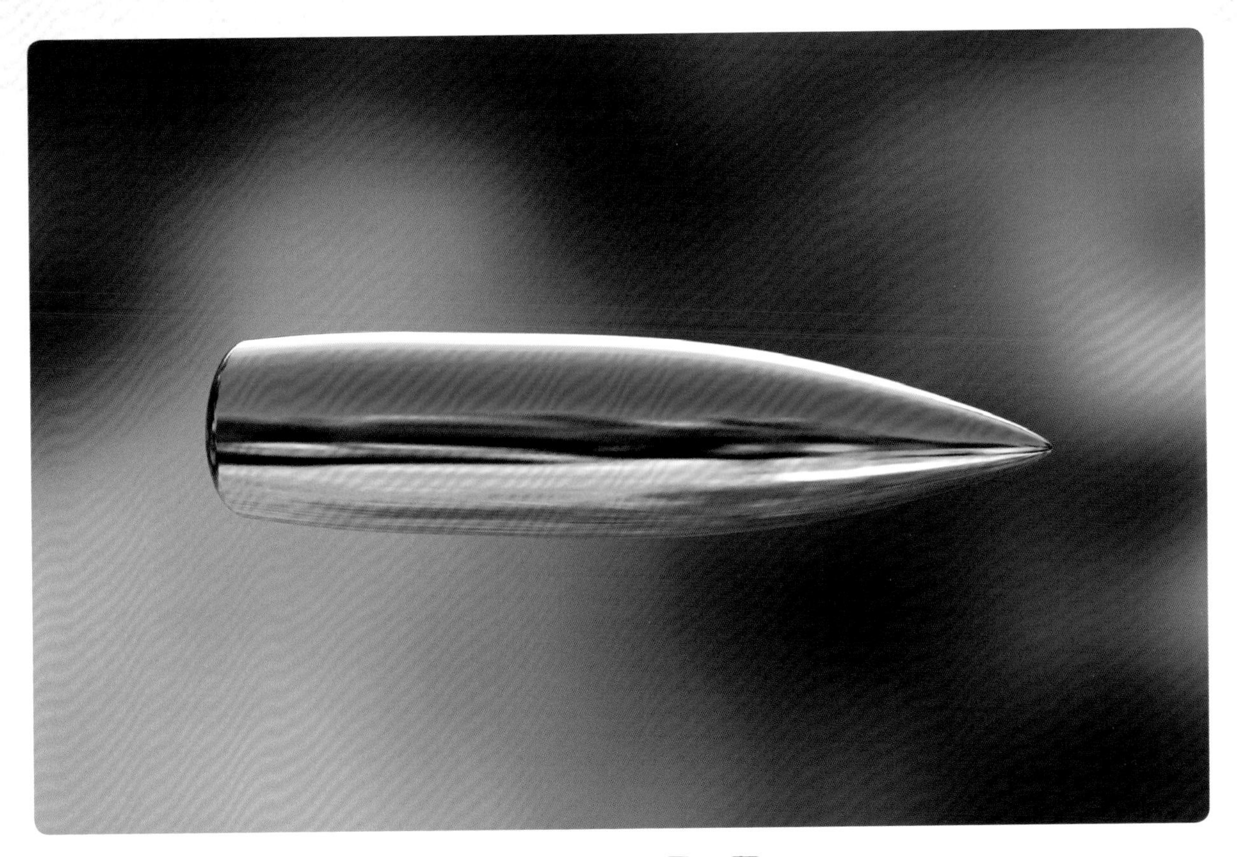

67 高速的正確操作法

為何高速子彈的速度不斷提高，而恐怖的超級子彈也不斷出現？因為要打長距離目標，最好的辦法莫過於每秒再增加幾英呎。如果你要打300碼以上的目標，高速是你最好的朋友。

但是高速本身仍無法解決打中長距離目標的所有問題。你仍需抵擋風飄和衝力，也就是說要讓子彈具有保持速度的能力。要達到這個目的，你就不能選太輕的子彈，免得它達不到最高的慣性速度。你只能以現有的口徑選擇最重的單頭彈，而且要選流線型的彈頭。

譬如說你有7㎜的麥格農子彈，使用160格令彈頭會比140或150格令好。如果你的步槍是把真正的7㎜大怪獸，你會發現175格令才是王道。如果是.30口徑，不要選180格令以下的彈頭，依此類推。彈頭要選尖頭（以聚碳酸酯為優）及船尾彈，這兩種形狀都能增加彈頭的彈道係數。

所謂的高速其實是好壞參半。但如果你的目標物只是遠方一個小點，它的致命程度已經直逼霍亂。

68 懷念比利・狄克森

1870年代，有一群水牛獵人被印第安科曼奇戰士圍困在德州阿多布瓦一座廢棄的佈道所內，印第安人打算把他們剖腸剮肚。就在情況危急之際，比利・狄克森卻以接近一英哩的距離射殺了科曼奇首領，其他敵人則是一哄而散。狄克森用的是.50夏普斯水牛步槍，該槍能以1,200fps左右的速度擊出笨重的500格令彈頭。他沒有瞄準鏡，用的是一種稱之為游標準星的覘孔式準星。測距儀？沒有。彈道計算程式？沒有。射擊經驗？很多。誘因？責任。他辦得到，你也可以。

熟能生巧

我在1965年首次進行手工填藥。我走進靶場，膽怯的坐在步槍後方五分鐘之後才鼓起勇氣扣下扳機。我相信我在射擊線上必然是忐忑不安。打了幾千發手工彈之後，我還是個新手。但我也省下了大量的金錢，讓我蛻變成為一名更好的射手，並由成堆的射擊獲得極佳的精準度。

我認識很多傑出的步槍射擊手，他們都是自己填藥，無一例外。道理就在於你要多射才能射得好，而負擔大量射擊費用的唯一辦法就是賺很多錢，再不然就是自己填藥。我覺得自己填藥比賺錢輕鬆得多。

中央底火彈最貴的零件是銅彈殼，價錢接近全部成本的一半。因此，如果你能省下彈殼的錢，用你的勞力取代工廠填藥，你就能瞬間負擔大量的射擊費用。買齊基本工具：壓床、秤台、壓模、底火安裝器等等，差不多就大功告成了，因為所有的東西都不會壞。

唯一的長期花費就是零件，也就是說火藥、彈頭、底火和彈殼。（沒錯，彈殼最終還是會壞掉，但只要你不用太大的壓力，銅彈殼通常可以正常使用10至15次。）去找特價品，不時有人會打折或是清倉大拍賣，這時候你就可以跳進去。

除此之外，唯有手工填藥者才能體會切換火藥、增減火藥量、更換底火廠牌、讓彈頭略微外凸或內縮，以及看到彈著群由普通轉變成高水準的樂趣。相當的神奇，騙不了人。

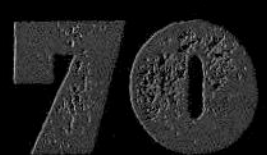

裝填自己的子彈

起步的花費遠比你想像的還要低，而且你的設備永遠不會壞。（到今天我還在使用60年代中葉購買的工具，而且經常使用。）你需要：一台壓床、一個火藥量杯、一組壓模、一個火藥滴漏器、一把用來測量彈殼長度的卡尺、一台彈殼裁切器、一台修邊器、一個底火包清潔器、彈殼潤滑油、一台火藥秤台、一個火藥漏斗，以及一本火藥裝填手冊。此為最基本的工具。如果工具太多讓你記不清楚，你可以買初學者工具包，它幾乎包辦了你所需要的全部工具。

自己裝填火藥不需要機械天賦，也不用靈巧的手工。

它是由一連串非常簡單的步驟所組成。確實的裝填細節取決於你所要裝填的子彈，所以你需要許多裝填手冊。開始之前先把它們讀過一遍，之後你就可以掌握基本要領。判斷力是手冊無法教會你的：如何測量壓力？如何觀察一組不是非常緊密的彈群，然後還能把它緊縮？這些事情只能從經驗中學習，以及從知道你在談些什麼的手工填藥者身上學習。

關於上述內容，以下是非常基礎的步驟：

1. 用鬃毛刷清潔彈殼頸部內側。
2. 在潤滑油墊上把彈殼加上少許潤滑油。
3. 用彈頭壓床把彈殼擠過整形壓模；這個動作也會把用過的底火移除。
4. 用卡尺檢查彈殼長度，必要時用彈殼裁切器裁切彈殼。
5. 用修邊器修平彈殼唇部內外。
6. 使用底火包刷子清潔底火包。
7. 用底火安裝工具為彈殼加裝底火。
8. 用秤台秤火藥的重量，再用火藥漏斗把火藥填進彈殼內。
9. 用彈頭安裝壓模把彈頭裝進彈殼裡。

71 保持安全

手工填藥比開車安全得多。組裝彈藥時，你不用在公路上和一個速度70mph還在發簡訊的瘋子搶道。這種嗜好只需要了解你到底在做什麼就夠了，但不要以為你懂得比裝填手冊還多，再來就是保持警覺。在屋子裡堆放無煙火藥，感覺比放在車庫裡的汽油桶還要安全。底火非常穩定，你只要對它所需的使用條件保持尊重即可。把一堆火藥拿在手上既不聰明也不必要。雖然無煙火藥不會比清潔劑、丙烷或汽油還要危險，但也沒有必要在屋子裡大量囤積，因為鬧火災時，如果燒到它你就必須起來對抗一場非常華麗的火焰。除此之外，你在住宅內所能存放的數量也有法令限制，最好去檢查一下。只要保持你所需要的數量在手邊就夠了，不要超過。如果身邊有小孩子，則必須把火藥裝填工具（包括底火和火藥）鎖起來。

基本要領

72 取得好鏡頭

除了步槍和瞄準鏡之外，望遠鏡是另一件你該擁有的最重要裝備。我見過穿得破破爛爛的嚮導，住在石膏板屋，吃便宜的起司，但是身邊卻有一付價值2,000美元的望遠鏡。道理很簡單：找到獵物是他們的生計之道，而任何東西也比不上一付真正的好鏡頭。朋友或許會騙你；家人也可能在背後捅你一刀；你的狗也許會在你的腿上小便；但是頂級望遠鏡從不會讓你失望。

73 暢談望遠鏡

鏡頭和稜鏡　鏡頭能把物件拉進焦點。如果你只透過鏡頭來看物件，它會上下顛倒，所以你需要把影像擺正，再讓它進入你的眼睛。這就是稜鏡的工作，它是由楔形玻璃組合而成，能讓光線轉彎通過鏡頭。稜鏡分成屋頂稜鏡（roof）和普羅稜鏡（porro）兩種。一般來說屋頂稜鏡望遠鏡比較貴，因為它製造時所需的精準度比普羅稜鏡高。但多數獵人還是寧可願選用它，因為它的外型比普羅稜鏡還要小。鏡頭通常是組合在一起使用，以便消除彼此的光學缺陷。單獨一片鏡片稱為單透鏡，兩片鏡片合在一起稱為雙合透鏡，三片稱為三合透鏡。

倍率　此為放大倍數的簡稱。**倍率**幾乎都和接物鏡尺寸（單位為公釐）標示在一起。因此，7×35的鏡頭可以放大七倍，而它的接物鏡口徑則為35㎜。最常見的狩獵倍率是8X和10X。倍率越小，視野就越寬，望遠鏡也越容易拿得穩。儘管如此，我還是比較喜歡10X的鏡頭。它的視野較小，也不容易拿得穩，但是你可以看得更清楚。我有兩付倍率12X的望遠鏡，專門用來獵麋鹿和狐鼠，而且我愛死它們了。

亮度　接物鏡尺寸決定了透光量。接物鏡尺寸相對於倍率的比例越大，鏡頭就越亮（至少理論是如此）。7×42的望遠鏡會比7×35的亮，因為它的接物鏡比較大。關於亮度，你需要知道的另一個數據是出口光瞳口徑。在其他數據相同的條件下，出口光瞳越大就越亮。計算出口光瞳尺寸的方法，是把接物鏡口徑除以望遠鏡的倍率。因此，10×42的望遠鏡，其出口光瞳就是4.2。同樣的鏡頭在8×42望遠鏡的出口光瞳就是5.3，所以後者比較亮。

74 認識你的鍍膜

光線通過鏡片時，它會往各個方向折射。據我所知，最後的結果會讓影像變暗、讓你所看到的顏色變形、對比降低，甚至給你麻子般的影像。解決的辦法是加一層氟化錳鍍膜，厚度為.00004到.00006英吋。關於鍍膜，到處充斥著虛假不實的片面知識。湯瑪斯·麥金泰爾在他的小書《The Field&Stream Hunting Optics Handbook》就詳細解說了以下四種鍍膜的等級。

鍍膜 至少有一片鏡片表面會在某處加上大量的單層鍍膜。

完全鍍膜 所有「空氣與鏡片」的界面都會加上單層鍍膜，包括鏡頭組內側任何兩片以空氣隔開的鏡片在內。

多層鍍膜 至少有一片鏡片表面會加上多層抗反射鍍膜。

完全多層鍍膜 所有「空氣與鏡片」的界面都會加上多層抗反射鍍膜。

但光是這樣的鍍膜還不夠。當光線通過屋頂稜鏡時，不同顏色的光譜波長會有不同的速度，結果會讓影像的品質降低。解決的辦法是一種稱之為「相位鍍膜（Phase Coating）」的製程。任何一家負責任的屋頂稜鏡望遠鏡品牌都會加上相位鍍膜。

75 勿用便宜的望遠鏡

便宜的望遠鏡比沒有望遠鏡還糟。你需要花一點小錢，但是折扣比比皆是。買幾百塊錢美金以下的望遠鏡，你極可能會變成一隻死氣沉沉的怪物。沒見過有人因為花大錢買了一隻好望遠鏡而後悔的。他們的反應通常是「為什麼等這麼久才去買？」

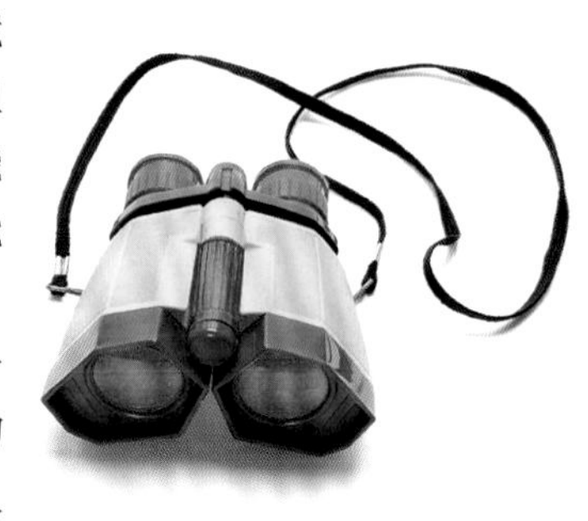

舒適 適度使用望遠鏡的話，每小時你都會用它看個幾回。如果你用的是好鏡頭，使用上就不會有什麼問題。如果是劣質望遠鏡，那就如同我新交的朋友蓋瑞·錫登所說的那般：「會讓你的眼珠從腦袋上掉下來。」

壽命長 頂級望遠鏡或許缺少驚人的新功能，技術上沒什麼突出，但是在你射出人生最後一發子彈之後，它仍能穩坐頂級望遠鏡寶座很長一段時間。

價值 追求最新、最先進裝備的人，往往還來不及說出「出口光瞳」，就已經把一流的望遠鏡賣掉了。因此，線上和槍展常有一流二手望遠鏡的特賣會。

76 跟隨光線

當你透過望遠鏡來看東西時，不清楚裡面如何運作嗎？以下是快速的概覽。光線本身以及光線所帶來的影像不會聽你的命令，只會按照自己的路走。因此，望遠鏡的功能就是讓光線受到控制。接物鏡ⓐ負責收集影像，同時把它顛倒，再讓它經由望遠鏡筒傳到聚焦鏡ⓑ。聚焦鏡裝在一個能經由聚焦旋鈕ⓒ控制而前後移動的外框內。

接下來，影像會來到屋頂稜鏡ⓓ，而它的任務就是把影像翻正。（為避免雜亂的元件產生光損，稜鏡表面通常會加上一層所謂的相位鍍膜來避免光的色散。）經過多達16次的反射之後，影像才筋疲力盡的翻正抵達接目鏡ⓔ，再由接目鏡來把它放大。

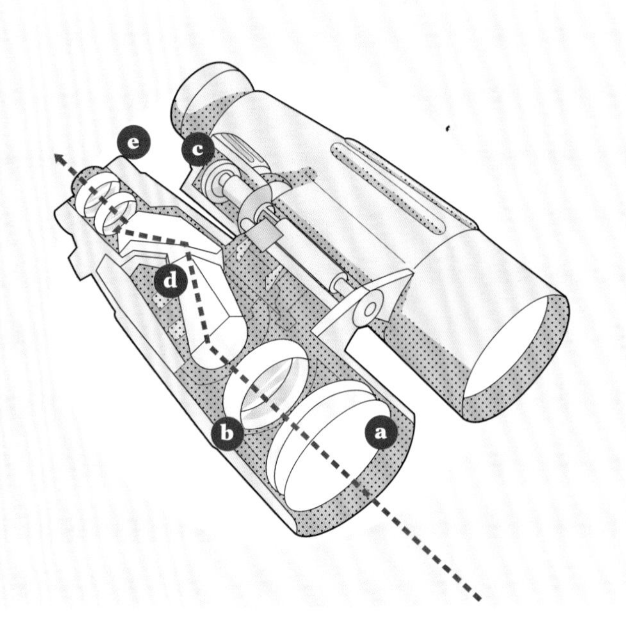

77 用瞄準鏡偵察

鏡筒 現今的瞄準鏡皆以飛行器等級的鋁來製做，且分成亮面及霧面兩種成品。亮面的瞄準鏡筒對動物來說宛如一盞警示燈：「能跑的話幹嘛等死？」獵人需要一個亮面的瞄準鏡筒，就如同他需要一個擦得發亮的低音銅管樂器一樣。

瞄準鏡筒有1英吋和30㎜兩種尺寸。據說30㎜瞄準鏡筒可以讓更多光線進來，但我不太相信。不過它的結構較為堅固，能調的範圍也比較大，即使瞄準鏡有某處沒有對正，它依舊能讓你的槍保持在紙面上。

鐘形筒 瞄準鏡長筒兩端分別是接物鏡外殼以及接目鏡外殼，前者亦稱為鐘形筒，後者就是會打到你眉毛那一側，也稱為鐘形筒。如果瞄準鏡的倍率增加，或製造商想要讓更多光線進來，接目鏡鐘就會變大。狩獵用的鏡鐘，尺寸大致介於40至50㎜之間。基本上我對40或42㎜的鏡鐘非常滿意。鏡頭越大，瞄準鏡就越重，價格也越高，步槍的靈活度也越差，而且也越難安裝在機匣上。

修正 所有的瞄準鏡都有風偏修正（左右）以及高低修正（上下）。高低修正撥盤在12點鐘方向，而風偏修正撥盤則在3點鐘方向。這些撥盤的功能，是利用微小、脆弱、可伸縮的零件所組成的系統來修正十字線，讓十字線和彈著點能夠疊合在同一點。大多數瞄準鏡都是每撥一格就可以修正100碼外的彈著點¼英吋。但事實上他們高興怎麼做就怎麼做，除了適應之外，你也沒有其他辦法。最好的風偏及高低修正撥盤是用穩固的彈片或錚座來移動，它們也是買瞄準鏡時必須查看的東西。有一些瞄準鏡具有視差修正，讓你能在精準距離之下用來修正準星圖像的焦點。如果你要在遠距離擊殺小目標，用它就很方便。

焦點的修正最為簡單。瞄準鏡對焦時，只要把它指向天空或牆壁，再轉動接目鏡鐘，直到十字線出現為止。接下來把鏡鐘鎖定。如果沒有鎖定環，你就需要換一個好一點的瞄準鏡。

適眼距離 此為透過瞄準鏡來觀看時，接目鏡鐘和眼睛之間的距離。如果適眼距離不夠長，你就會聽見鋁殼撞擊眉毛的聲音。適眼距離會隨著瞄準鏡的倍率增大而等比例縮短。你需要的絕對最小距離是3英吋，但實務上仍以步槍的後座力有多大為準。對於後座力極大的步槍來說，4英吋是避免碰撞的最小距離。

鏡片 鏡片和鍍膜的品質，是決定瞄準鏡能有多好的最重要因素。即使你對瞄準鏡一無所知，你可以先用$200的瞄準鏡來偵察，再用$1,200的，然後你馬上就能分辨哪一支是哪一支。其圖像品質差異大得嚇人，而這也是你要花大錢去買的東西。

十字線 利奧波德（Leupold）在1960年代開發了雙十字線後，它就成了獵人的標準。它讓你的眼睛擺在中心點，讓你可以快速瞄準，而且還能以高精度瞄準。對於現有的各種十字線來說，我認為這種最好。

最近幾年，製造商還為十字線加上了LED燈。但我可以告訴你兩件事：第一，它的功能極佳。第二：我不明白為什麼需要它。

射距補償十字線是由瞄準鏡的垂直視距十字線所組成，它顯示某一特定的射距下應該把槍擺在什麼位置，最遠可達600碼。只要你能讀它的方向，集中精神注意它，它的效果非常好。

雙十字線

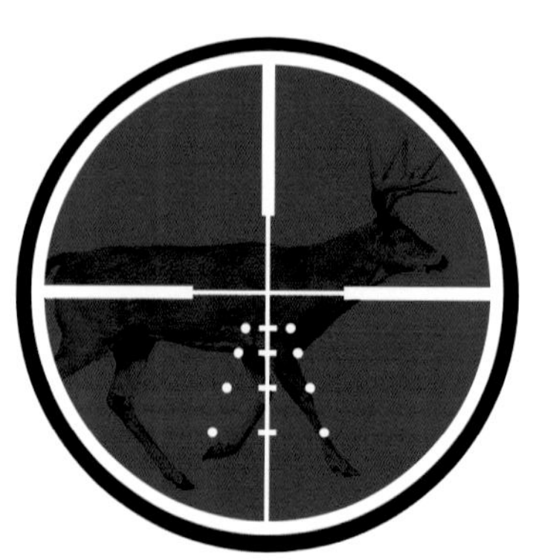

射距補償十字線

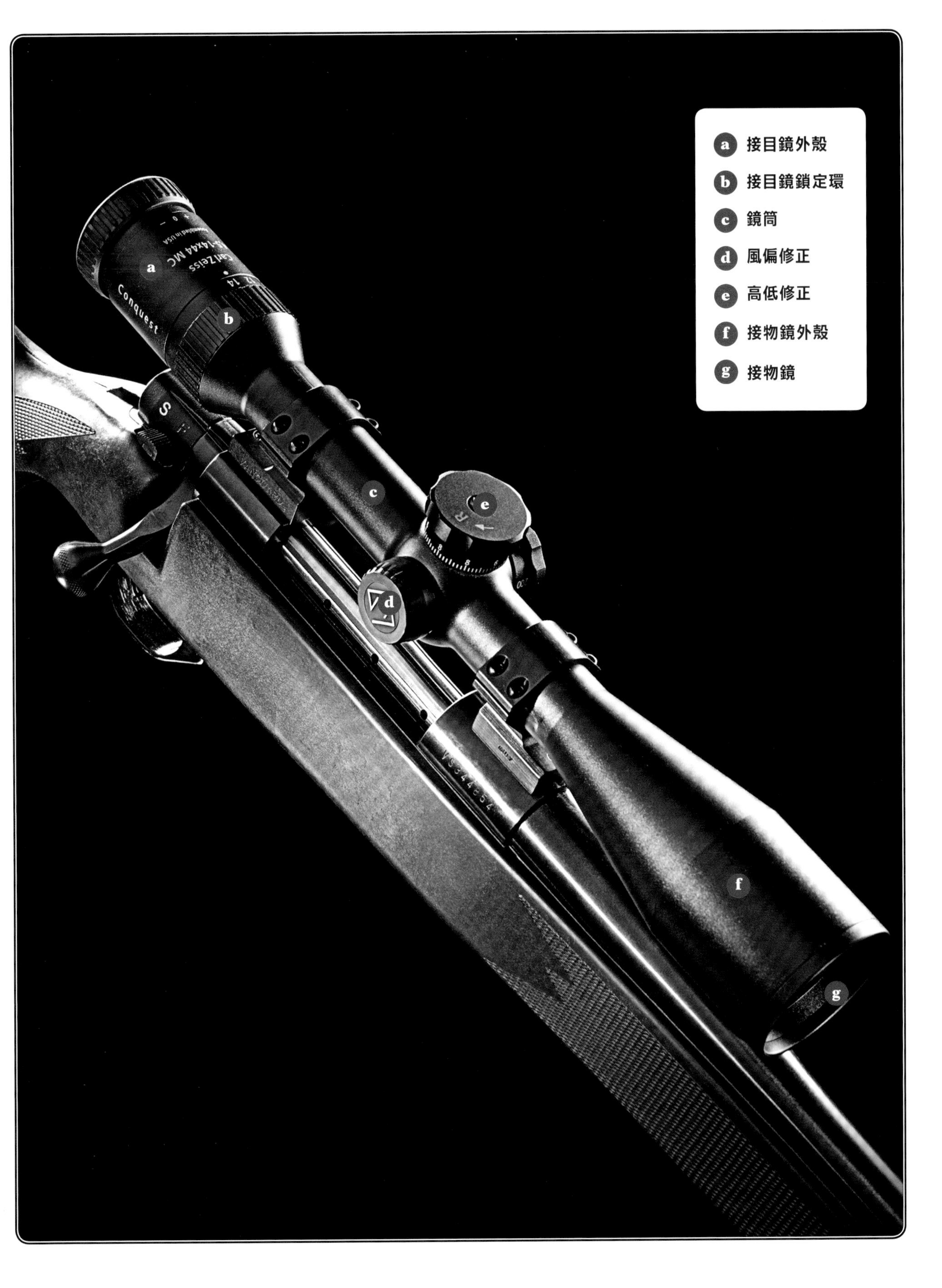
a 接目鏡外殼
b 接目鏡鎖定環
c 鏡筒
d 風偏修正
e 高低修正
f 接物鏡外殼
g 接物鏡
Conquest
Carl Zeiss
3-14x44 MC

78 降低（升高）倍率

倍率越高，槍越不容易拿穩，準星圖像的幻影效果也越明顯。除此之外，高倍率瞄準鏡又大、又重，又貴。整體來說，小就是美。到了今天，倍率可調的瞄準鏡是最佳的選擇，因為它提供了真正實用的使用彈性。以下是最佳使用倍率的粗略指南：

79 往回撥

由於現代化精巧的設計時尚，有越來越多瞄準鏡把撥盤露在外面不加蓋子。我認為它不適用於大型獵物步槍。狙擊手需要用到它，因為他們必須時常撥動風偏及高低修正撥盤，以便為他們所射擊的極端長射程做出補償。由於這些撥盤露在外面，揮一下手就可能意外把它撥動甚至把它打壞，但有加蓋子的就不會壞。

快速上手

80 觀看目標

體型和鹿一樣的動物，在400碼外看起來非常小；這就是人類發明倍率可調瞄準鏡的原因，其最高倍率可達10X。這就是白尾鹿在倍率調為9X下看起來的像子。更大的倍率代表十字線隨著顫動而移動的距離也越大。

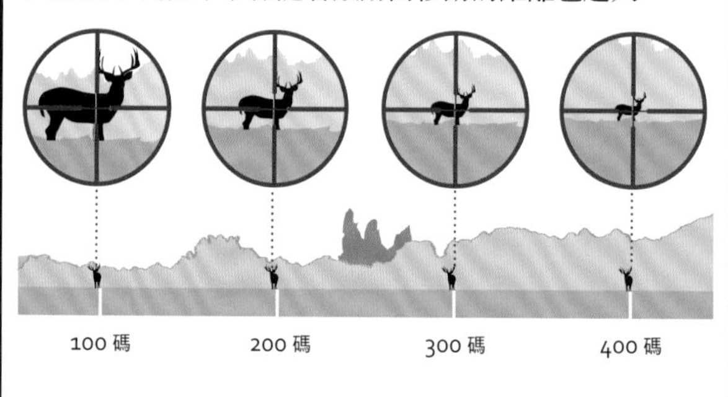

81 用光點標示目標

紅點準星是一種光學準星。它和瞄準鏡不同的地方在於它不放大，而且沒有十字線──只有一個紅點。紅點有許多獨特的優點贏過瞄準鏡：它更小、更輕、更堅固，而且更快抓到目標。它有無限的適眼距離，讓它自然而然變成重型步槍的裝備。射程在200碼以內的武器，都值得作周詳的考慮。

它的缺點是沒有倍率。因此，如果你的視力有問題，或是你想在遠距離射擊很小的目標，你的瞄準鏡就需要少許放大倍率。

82 避免鏡頭起霧

要在非常冷的天氣打獵，舉槍瞄準時就要練習屏住氣息。不這麼做的話，你可能會對著瞄準鏡的接目鏡呼氣，接下來就會發現你必須透過一團霧氣來瞄準。即使是防霧鍍膜的新瞄準鏡，你也可能讓它變得模糊。它的設計不是用來防止呼吸的霧氣，而是防止雨滴。這個原則也適用於望遠鏡。

83 正確的安裝

安裝瞄準鏡時，很多射手會把它裝在瞄準鏡環上，所以垂直十字線就會往左或往右傾斜。那是因為你把臉頰靠在貼腮部上，當你透過瞄準鏡觀看時，你的頭就是歪的。不正的垂直準星會有偏離槍管軸心的問題，所以彈頭飛行時就不會與它在同一條直線上。

為保證十字線不歪斜，你必須把槍前托放在一個堅實的東西上，然後把頭放在槍托後方透過瞄準鏡來觀察。你可以清楚看到十字線是否歪斜。如果是的話就修正它。

84 保持清潔

幾年前，有人問我如何清潔步槍。方法多如牛毛，不會只有一種「正確」的方法，只要有效就是好方法。一般的清潔分成兩個步驟，第一步是去除火藥殘垢，接下來是去除銅屑。

針對火藥殘垢，我會採用Shooter's Choice溶劑及磷青銅刷。刷完後，再用Birchwood Casey洗槍劑把刷子沖洗一遍；它能清除刷子上的污垢，同時避免Shooter's Choice溶劑腐蝕刷毛。

85 對抗生鏽

烤藍本身不是防護。烤藍的目的是控制鏽蝕，它對抗腐蝕的唯一貢獻就是含住油脂的能力。

油能防鏽，但是不長久。如果你對於武器的保護十分在意，非常薄的一層地板蠟都比油好，尤其是槍管底部以及槍匣與槍托接觸的部位。

人體的化學物質也能讓槍生鏽。它是透過指印產生的，因此你會看到槍械收藏家都是戴著白手套來處理他們的寶貝。有些人的指印有毒；也有些人無論如何摸槍也不會留下任何紅色的鏽漬。

不鏽鋼也無法避免鏽蝕，因為武器上所用的「不鏽」鋼不是真正的不鏽鋼。它也會像鉻鉬鋼那樣生鏽，只不過比較慢而已。

骯髒的槍比乾淨的槍鏽得快，也鏽得更嚴重。因為髒污會吸取濕氣。

輕微的表面鏽跡，用0000號鋼絲絨和Shooter's Choice溶劑輕輕擦拭，往往就能把它去除。如果形成了坑疤，就需要槍匠把它拋光，同時把受損的部位烤藍。但如果坑疤太深，那就很糟，你也只能任由它如此。

把槍儲存在空氣不流通的地方，宛如掛了一張告示牌「歡迎生鏽！」把槍儲存在不透氣的塑膠盒裡，或是把槍管一端或兩端用油脂封起來，都是典型的惡例。但全新的「冷凍乾燥」儲存盒例外，因為裡面的空氣已經全數被抽出來了。

如果在大雨中打獵，而到了晚上決定先喝一、兩杯熱牛奶再開始擦槍的話，你會發現槍鏽得很嚴重。無論如何都要把槍擺在第一位。

86 火藥殘垢之處理

清潔槍管 我會用無研磨劑殘留的J-B通槍劑來清除銅屑。其他廠牌的除銅劑不是作用太慢，就是不適用於每一種槍管，有些泡太久甚至還會腐蝕你的槍。這種牌子的作用很快，所有的銅屑都會清理乾淨。

保持通槍條清潔 這就是上帝創造紙巾的原因。骯髒的通槍條就是破壞者。

勿使用槽孔式小布片夾座 你不會希望骯髒的小布片在槍管內來回擦拭。每一片小布片只能穿過槍管一次。（槽孔式夾座係指通槍條最前端所安裝的夾座，通常可拆卸。槽孔式夾座形狀如同放大之針孔，針孔內可以塞入小布片。）

務必確認 處理完畢之後，讓槍管留在Shooter's Choice溶劑裡數個小時，然後用乾燥的小布片把它通一遍。如果布片上沒有銅綠，就表示完工了。最後再用蘸了雷姆油的小布片以及乾燥的小布片先後把槍管各通一遍。

清理槍膛 使用乾燥的小布片擦拭。你不會希望有任何東西留在裡面。

87 勿作任何預想

滿招損，謙受益。我有一把非常非常精準的.22步槍，配備利利亞槍管，由造槍師傅約翰．布勞維特組裝。不久之後，步槍就無法退殼。我遂跑去約翰．布勞維特那裡抱怨，要求他看看退殼器究竟發生了什麼事。結果退殼器一切正常。後來他把膛管檢查鏡放進槍管，竟然發現膛室前方有一圈噁心的鉛塊和一塊燃燒過的火藥，即使我定期用.22銅毛刷清潔也沒把它除掉。膛室緊閉的.22步槍經常有這種沉積物的毛病，去除它的辦法是使用6㎜的磷銅刷把它刷出來。.22的刷子辦不到這點，因為它貼得不夠緊。

88 別浪費時間

當你花費大量時間修理槍械時，應該仔細考量──尤其是老槍。如果步槍不準，修理不一定會讓它變準。由於市場上有太多準得不得了的新槍可以買，所以我的態度就是：如果不能用，就把它賣了。老槍多半不值得修理。把它扔在一旁，瘡疤或坑洞就當做是榮譽勳章吧！但話說回來，你可能因為感情的價值而收藏一把槍，而且你希望改進它的外觀。這種工作不會增加槍的收藏價值，只能增強你本身的經驗而已。如果是這種情形，就持續下去吧！

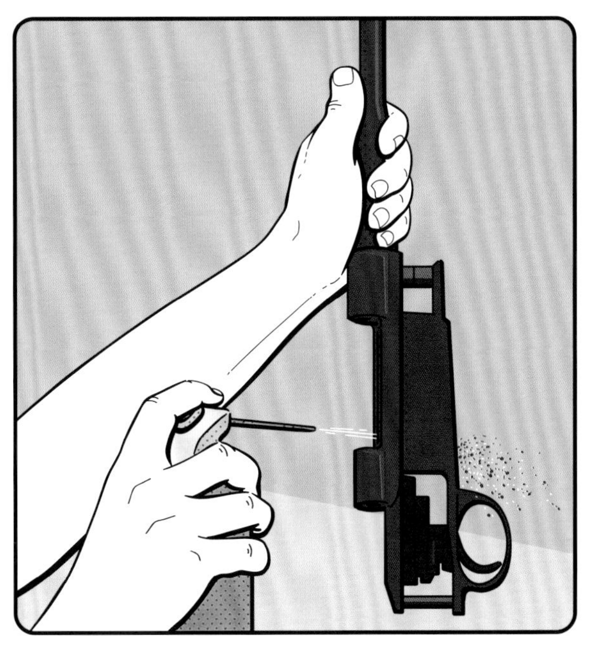

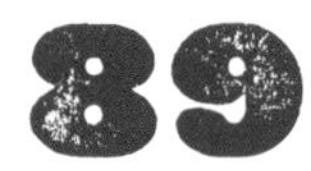

89 讓你的槍快樂

即是最好的人，也難免發生疏於照顧槍枝的悲劇（猶如頭皮屑或腹脹一般）。但知易行難。你的槍應該是永遠忠誠的好朋友。它所需要的只是悉心的照顧，而且不用花大錢，以下是照顧槍枝的十大步驟：

刷槍管 用火藥溶劑、小布片，以及磷青銅刷來刷槍管，再用無研磨劑殘留的J-B通槍劑來刷洗所有的陰膛線和陽膛線，直到槍口末端看不見任何銅痕才算完工。

修復凹陷 發生在木質槍托上的大凹陷，可以用潮濕的乾淨抹布放在凹處，再用烙鐵尖端為抹布加熱讓它鼓起來。熱蒸氣會順勢進入木纖維內讓它膨脹，最後凹陷就會減輕甚至完全消失。

沖洗槍機 準備一罐Birchwood Casey洗槍劑。接下來把槍機連同槍管一起從槍托上卸下來，並移除瞄準鏡（如果你的步槍是槓桿式或壓動式步槍，或者是自動步槍，就把槍托卸下來）。接下來換到戶外工作，戴上安全眼鏡，開始用洗槍劑噴槍機。如果是栓塞式槍機的話，就連同扳機一起噴。它有驚人的效果。不要上油。我再說一遍：不要上油。

移除黏性物質 帶著槍管的槍機從槍托上移下來之後，把槍管和槍匣下方所累積的所有黏性物質完全抹除。在槍托上相對應的同一個位置表面重複該動作一遍。把清潔完畢的金屬表面重新上油。不要上得太重。

檢查底座 瞄準鏡卸下來之後，檢查步槍上的底座螺絲是否夠緊。如果你是謹慎的人，就把底座移除，然後檢查下方滲出來的油。把它擦掉。把所有表面的油脂全部擦掉，包括底座螺絲及螺絲孔在內，然後把底座放回原位。務必確認螺絲必須和先前一樣緊。

清潔瞄準鏡的鏡片 精密的光學元件需要溫柔的對待；請使用相機鏡頭清潔劑和拭鏡紙。任何一家光學器材行都能買到這些東西。

清除鏽蝕 輕微的鏽蝕可用0000號鋼絲絨加上少許油來清除。生鏽的槍機就比較麻煩；槍匠必須把它拆開清理，或是換一個新的給你。

為受損的表面重新烤藍 有些射手認為亮斑猶如個人的作戰動章一般。在某種程度上我也這麼認為，但它們比烤藍的表面更容易生鏽，所以你應該用一罐槍用烤藍漆來把它去掉。

更換磨損的螺絲 最好的辦法是從槍匠那裡取得新螺絲。他們會大量買進備用螺絲，所以他能賣你確實所需的數量和尺寸——他們不只賣瞄準鏡環和底座螺絲，他們也賣槍托座床螺絲。

升級為梅花螺絲 即使你的滑槽或六角底座螺絲以及瞄準鏡環螺絲沒有壞，請你也考慮把它們換成梅花螺絲。這是人類最偉大的發明之一，因為它既能把東西旋緊，又不會損壞，即使是粗手笨腳的人來做也一樣。底座螺絲必須用力旋緊，直到指甲底下見到血絲為止。瞄準鏡環螺絲必須緊到非常牢固，但也不能過度，因為你有可能在野外取下瞄準鏡，所以你要的只是一顆不會鬆動的螺絲。

 為步槍驅魔

步槍不會著魔，但有時卻像著了魔一般。它們不會繞著脖子轉360度，再一起向你衝過來；它們只會讓你打不準，但或許這樣更糟。槍很準的日子就夠糟了，打不準的日子更是不用提。以下是治理及避免著魔的方法：

檢查瞄準鏡 有很多時候，「不準」的槍不是真的不準，而是裝了一只破損的瞄準鏡。你可以用「圍正方形」的方法，來檢查瞄準鏡是否能正常調整。先開一槍，然後每次都瞄準同一點；先把十字線往上調12格（3英吋），再往右調12格，然後往下12格，再往左調12格。最後，你開的四槍會形成一個正方形。如果不是正方形，就把瞄準鏡送回製造商修理。

清潔槍管 為了達成高精準度，槍管的膛孔必須有絕對一致的尺寸（精度高達萬分之一英吋）。因此，如果你不清槍管而讓銅屑開始堆積的話，精準度就會離你而去。

使用不同的子彈 如果彈群一直無法如你所願的集中，嘗試使用其他你所能取得的各種不同子彈，因為某步槍會「偏好」某些子彈廠牌或某種重量的彈頭。

退貨 當你耗盡心力財力做了很多嘗試，但是彈著群仍無法集中的話，下一步就是把它退回製造商。

91 修理故障的扳機

從1980年代一直到2000年左右，造槍師傅不斷造出優良的槍枝，唯有扳機除外。現今的扳機比以前好太多了，但也有不少爛貨。如果你一年射不完一盒子彈，而且只有獵鹿季才會把步槍從盒子裡拿出來的話，就別為扳機傷腦筋了，因為你還算不上重度玩家。但如果你想改進射不好的問題，而你的扳機也是問題之一的話，那就應該調整或更換。槍匠能把它完全拆開，拋光接觸面，和/或更換控制扳機拉力的彈簧。他可能告訴你槍機已經沒救了，而且他也不太可能騙你。你可以花大錢換一個好一點的機型。如果你是重度玩家，和/或你想把好槍變成超級好槍的話，就不能吝惜任何一毛錢。

92 加入（精準的）革命

超級精準步槍是如何辦到的？它有三大要素：堅固、同心、無應力。欲窮究其原理，就讓我們從堅固開始談起。

1950年代的精確依托射擊比賽選手發現，後座力會讓栓塞式槍機彎曲，說得明白一點就是它會往機匣方向蜷曲，這一切不安定的因素俱無助於彈著群變小。所以他們就開始加裝「套管」，也就是把槍機焊上重物來補強作為支撐。如今，高精準步槍多半會有圓筒狀的機匣，而且會讓彈匣、槍栓滑槽等部位所切除的鋼材儘量減小。某些機匣會把底部弄平，以方便準確著床，但除此之外所有的吸震器都是圓的。

同樣的原理也適用於槍管。彈頭穿過槍管時會產生複雜的震動模式，宛若蛇的扭動。扭動越小、越一致，步槍就射得越好。短而厚的槍管，其扭動比長而薄的槍管更少、更一致。

同心的原理很簡單。如果每一件東西與其他的東西不在同一直線上，步槍就無法射得好。如果胚管是先鑽孔再拉膛線，其鑽孔必須筆直的穿過中心。完工的槍管鎖進槍匣時，它也必須完美的對正中心點。裝彈頭的膛室，必須精準的與膛管同心。子彈上膛之後，彈頭也必須與膛管同心。

最後要談的是應力，它對人不好，對槍更加不好。步槍擊發之後，全部的機構都會像音叉一樣振動──保險、槍托，槍管全包括在內。應力會讓振動變得不一致，而任何形式的不一致對於精準度都是致命傷。如果步槍有某個部位比其他部位鎖得還要緊，或是壓力不平均，就會產生應力。如果每個組件都正確的安裝，應力就能消除。

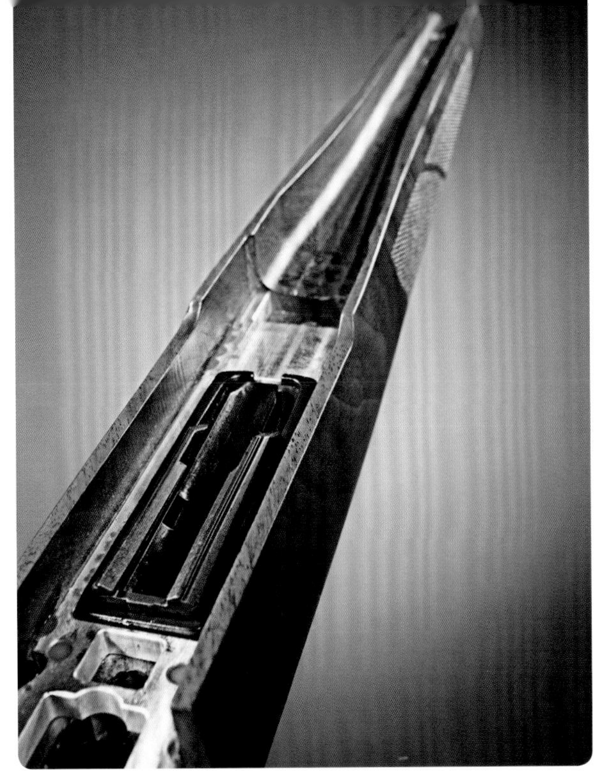

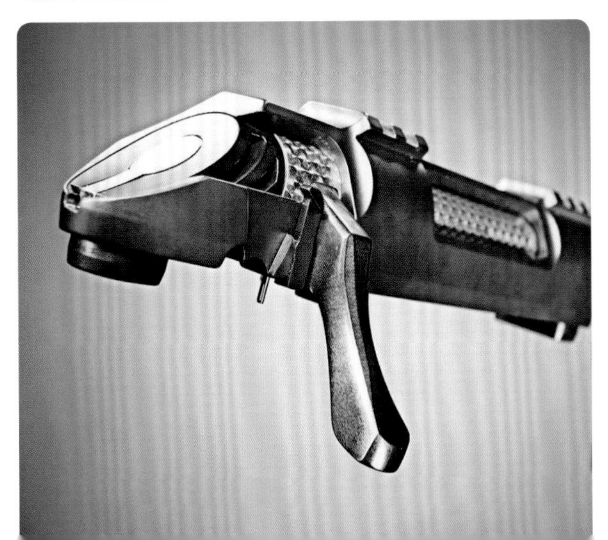

93 了解工作原理

閉鎖時間 從扳機簧片鬆開撞針到底火點燃的時間。閉鎖時間太長會引進瞄準誤差，因為你的手可能在不到一秒的時間往回縮。多數現代栓塞式步槍的閉鎖時間都很短。

扳機 如果要很用力才能扣動扳機，你不可能射得好。

槍管 必須筆直，整條槍管內的陰陽膛線要有相同的深度。第一等的槍管製造商不會讓膛線的深度變化超過.0005英吋。

座床 在過去的美好歲月裡（1950年代末期以前），多數的步槍槍管都是全長嵌在座床上，讓它有一點向上的壓力來壓制振動。只要有一塊良好穩定的木塊，外加一個不馬虎的槍托師傅，就能得到一套令人滿意的系統。但反過來說，如果木塊膨脹或收縮，或是內嵌做得不好，結果就很悲慘。

現代的做法是讓槍管自由懸空，只讓它固定在膛室末端，其餘的部分則是在空氣中自由波動。其理論根據為：因為沒有物品干擾槍管，所以每次射擊的振動都會一樣。這種理論多數的時候非常有效，尤其是較重的槍管，但是它有一個缺點。槍管和槍管槽之間的間隙如果太大，外觀會很醜。我見過自由懸空的槍管，下面的空間大到可以開一間小型牧場。

有一些造槍師傅喜歡讓槍前托與槍管完全接觸。新型超輕武器步槍發明人馬文．福布斯就用玻璃作為座床，讓槍機到槍前托之間的槍管完全接觸（但沒有壓力）。由於他的槍托是用凱維拉和石墨製成的，不會移動，所以不用擔心收縮、膨脹或變形的問題。

槍托 第一種實用的合成纖維槍托是在1970年代末期問世。它的外型非常簡陋，倍受傳統人士鄙視，但是它更堅固、更輕、更硬，而且不受濕度變化影響。它讓步槍製造者首度有一個真正穩定的造槍平台。跟隨合成纖維槍托而來的還有柱承座床，其中，最簡單的形式是膠合在槍托上的兩根厚鋁管。前後座床螺絲穿過鋁管，讓槍機柄和機匣前端能夠倚靠在鋁管上，形成金屬對金屬的完全接觸。無論你用多大的力氣來栓緊螺絲，它們都不會受到擠壓。

94 了解彈頭的作用

在靶場射出銅板大小的彈著群是一回事，在狩獵環境擊中獵物又是另一回事。這裡要談的是後者所遇到的諸多實務問題。我們就針對聯邦牌.270溫徹斯特麥格農短彈來談，這是最有效率的長射程子彈之一，裝載的是140格令諾斯勒AccuBonds彈頭，以24英吋槍管射出的實際速度約為每秒3,100英呎。

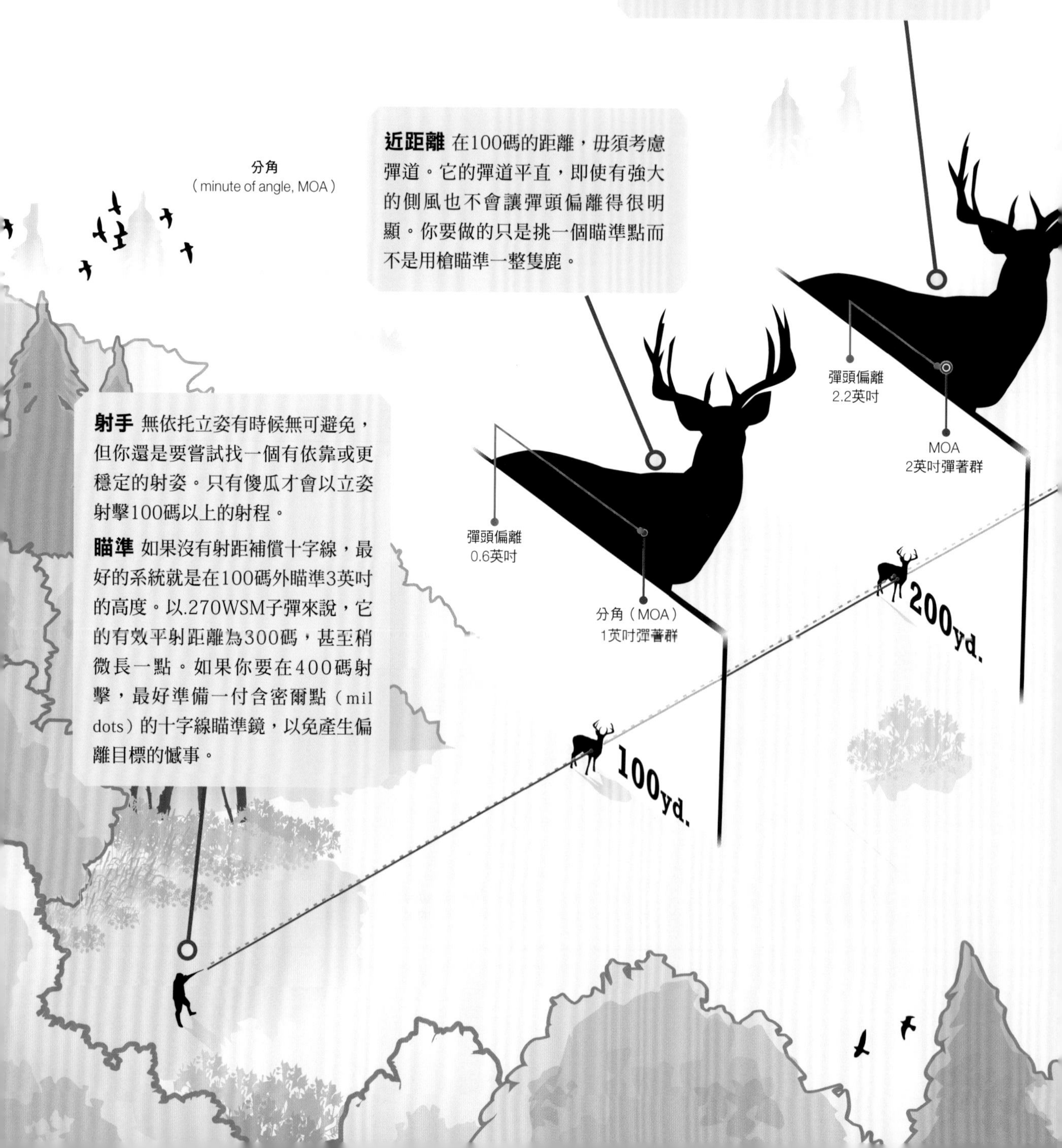

射手 無依托立姿有時候無可避免，但你還是要嘗試找一個有依靠或更穩定的射姿。只有傻瓜才會以立姿射擊100碼以上的射程。

瞄準 如果沒有射距補償十字線，最好的系統就是在100碼外瞄準3英吋的高度。以.270WSM子彈來說，它的有效平射距離為300碼，甚至稍微長一點。如果你要在400碼射擊，最好準備一付含密爾點（mil dots）的十字線瞄準鏡，以免產生偏離目標的憾事。

近距離 在100碼的距離，毋須考慮彈道。它的彈道平直，即使有強大的側風也不會讓彈頭偏離得很明顯。你要做的只是挑一個瞄準點而不是用槍瞄準一整隻鹿。

中等距離 100碼的適用原則，此處一樣適用。這是諸多表面的問題之一。200碼看起來比100碼遠得多，所以人們開始進行風偏和距離修正，但其實沒必要。

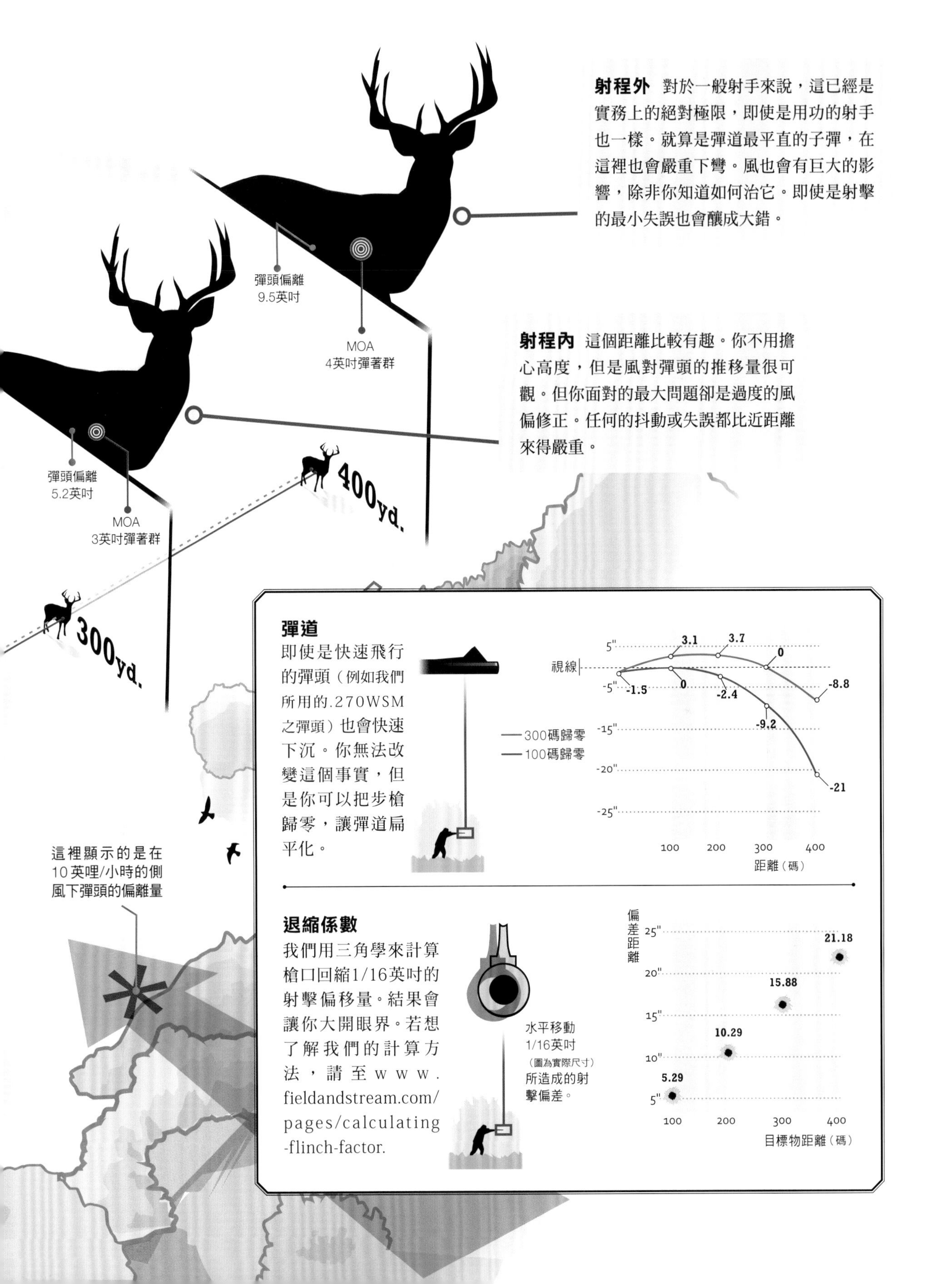
射程外　對於一般射手來說，這已經是實務上的絕對極限，即使是用功的射手也一樣。就算是彈道最平直的子彈，在這裡也會嚴重下彎。風也會有巨大的影響，除非你知道如何治它。即使是射擊的最小失誤也會釀成大錯。
彈頭偏離
9.5英吋
MOA
4英吋彈著群
射程內　這個距離比較有趣。你不用擔心高度，但是風對彈頭的推移量很可觀。但你面對的最大問題卻是過度的風偏修正。任何的抖動或失誤都比近距離來得嚴重。
彈頭偏離
5.2英吋
MOA
3英吋彈著群
400yd.
300yd.
這裡顯示的是在10英哩/小時的側風下彈頭的偏離量
彈道
即使是快速飛行的彈頭（例如我們所用的.270WSM之彈頭）也會快速下沉。你無法改變這個事實，但是你可以把步槍歸零，讓彈道扁平化。
5"
視線
-5"
-15"
-20"
-25"
3.1
3.7
0
-1.5
0
-2.4
-8.8
-9.2
-21
300碼歸零
100碼歸零
100
200
300
400
距離（碼）
退縮係數
我們用三角學來計算槍口回縮1/16英吋的射擊偏移量。結果會讓你大開眼界。若想了解我們的計算方法，請至www.fieldandstream.com/pages/calculating-flinch-factor.
水平移動
1/16英吋
（圖為實際尺寸）
所造成的射擊偏差。
偏差距離
25"
20"
15"
10"
5"
21.18
15.88
10.29
5.29
100
200
300
400
目標物距離（碼）

95 子彈軌跡概算

子彈一離開槍管的瞬間就會開始下降。下降多少？確認的唯一方法就是帶著你的槍和最喜愛的子彈出門，然後分別在100、200，和300碼射擊。在100碼瞄準3英吋的高度。接下來，在200碼架一個美國步槍協會的50碼慢射手槍靶（靶心直徑為8英吋的一種射靶），瞄準靶心射5次。或許你看不到任何下降，但如果看到的話，就作記錄。

把射靶往後移至300碼，重複上述步驟。如果你的步槍至少能打出3,000fps，或許你能看到靶心下方有3英吋的降落。如果你打的是2,600至2,850fps，你會看到距離靶心有6到8英吋的降落量。

一旦要打活的動物，你幾乎沒有辦法進行任何計算。若你的彈頭是從靶心下降3至4英吋，就按照正常的方式射擊，差不多瞄準身體的中央即可。如果降落量是6到8英吋，或許你就不能不把它算在內。如果是麋鹿或是北美馴鹿之類的大型動物，我會拉高一個手掌寬（4英吋）。如果小動物（例如羚羊、或像小老鼠一般的白尾鹿），我會拉高兩個手掌寬。但不論你怎麼做，只要射程不超過300碼的話，都不要讓十字線離開動物身上。無以計數的動物一聽到子彈從牠背上飛過的聲音就逃走了。

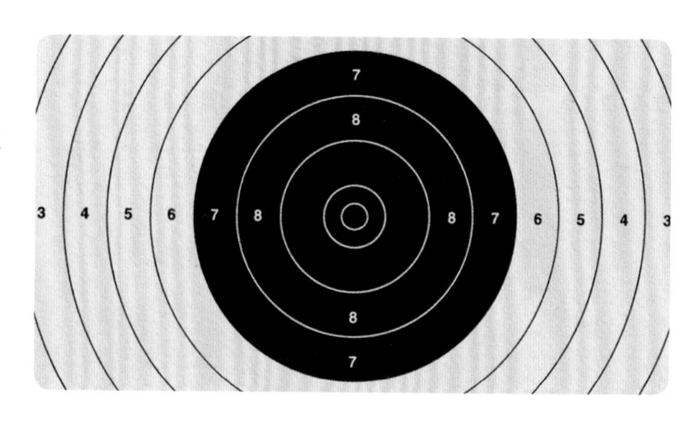

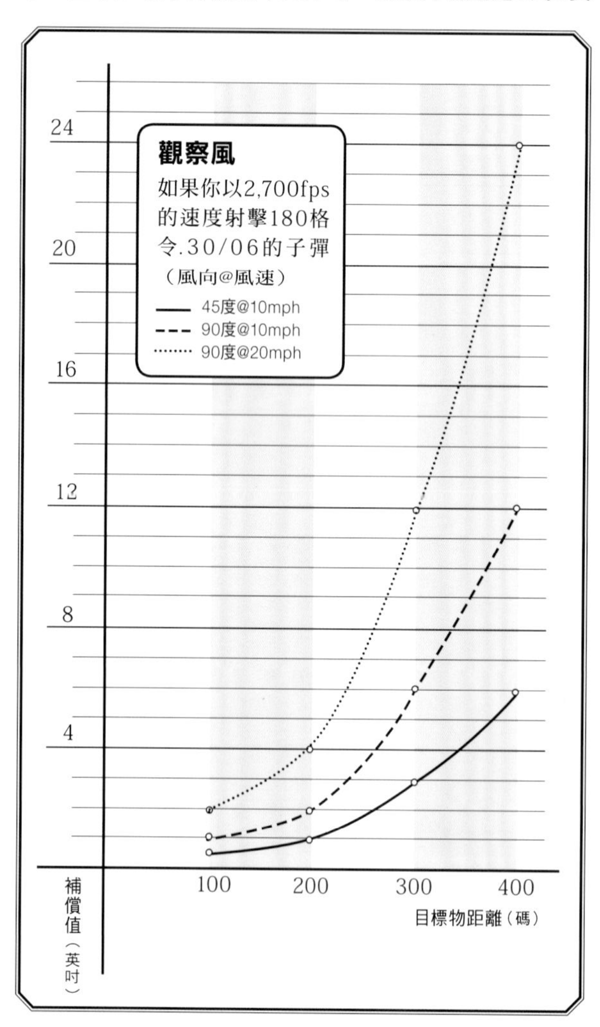

如果你是在上坡或下坡射擊，把槍壓低。無論往上射還是往下射，只要彈頭飛得越接近垂直，它隨距離的降落量就越小。數值大概是多少？我沒辦法告訴你。我只能告訴你修正過頭或許比修正不足更容易失誤。

96 計算風偏

我在野外見過無以計數的風偏計算公式，但是這些公式都不好用，因為在射擊之前，你的腦袋已經快要爆炸了。唯一有用的公式來自於我的朋友兼同事韋恩・范左爾。根據韋恩的公式，如果你用2,700fps的速度射擊180格令.30/06的子彈，而風由直角的方向吹來，風速為10mph，其補償值在100碼為1英吋，在200碼為2英吋，300碼為6英吋，400碼為12英吋。如果風向是45度而非90度，補償值減半。如果風速是20mph就加倍。

觀察動物所在位置的風向。在你所站的位置，風對彈頭的影響不大。最重要的事情是在風中練習射擊。幾年前，我在南達科他州用.308步槍在600碼射擊，教練是前海軍陸戰隊步槍隊成員。他總是從腦袋裡面給我非常精準的風偏修正值，所以我就問他是怎麼辦到的。「很簡單，」他說：「只要你在靶場上看過一、兩萬顆7.62的彈頭，你就知道風會怎麼吹。其他子彈我就沒辦法。」

壓力之下的表現

只有少數人會成為優秀的步槍射手，多數人只能算合格而已。還有一些人我會建議他們改練羽毛球。所有人的差別，最終僅有沉著力和知識而已。優秀和偉大的射手清楚知道他們每一步該做些什麼，能做到什麼，尤其緊要關頭更能保持冷靜沉著。劣等射手不知道狙擊手的做法，所以他們會抽搐、扭動，恐慌。若想成為前者，擁有或培養下列幾項關鍵的個性，助益良多：

勤奮 你必須規律的練習。射殺獵物是一種壓力下的射擊，而壓力之下的表現則是來自於定期的訓練和反複的演習。面臨真實射擊時，你就能回到學習的狀態，不致於恐慌退縮。美軍狙擊學校的傳統觀念是：射在敵人身上的每一發子彈都需要5,000發的練習。

冷血 意思是你不會被壓力擊倒，但是在狩獵界，它也代表殺戮的意志力。我認為許多新手乍見獵物的緊張心情都是不忍心殺戮所致。好射手比較冷淡客觀；他們不嗜殺，但也不羞卻。但如果你喜歡濫殺，或許你應該選擇另一種運動。

信念 意思是說，相信你的槍。要想成為一名真實的信仰者，就必須使用一把用得順的槍。不過我們總是誤入歧途。我們會去閱讀哪一種子彈能做些什麼，射程多遠，能打什麼動物。我們熱衷於超過實務極限的射擊，然後去購買真正的好槍，無視它的後座力和槍口爆震讓我們始終無法射得好。

經驗 我有一位打獵經驗超過60年的朋友，技術也很好。他說，當你獵得300隻動物的頭之後，你就會冷靜下來開始思考你能做什麼，不能做什麼。這部分我無法幫你，但我希望你能愉快的摸索其道理。

意志 我至少認識兩位希望晉身為優秀射手的朋友。幾個星期以前，我在一場射擊比賽遇到了其中一位，而該比賽的最佳成績為50分，不過很少人能做到。我拿了48分。我的競爭對手坐了下來，對著地板望了一會兒，我不知道他在想什麼，只知道他有打敗我的意志。最後他辦到了。

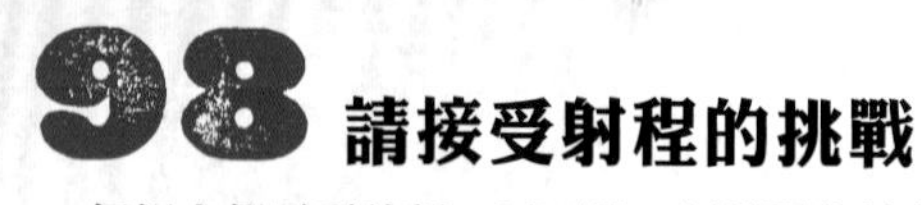

請接受射程的挑戰

每個人都需要計劃。以下是一個簡單的計劃。規律的進行計劃，就能作好準備，迎接野外最常見的三種射擊場合。使用美國步槍協會50碼慢速射靶，因為多數大型獵物的致命部位尺寸約略等於8英吋靶心。記錄分數，讓你可以追蹤進步的成績。假想的情境如下；每一種計分系統則如右圖所示。祝你好運。

1. 短射程

訓練方法

第一階段 在目標25碼前方，請一位朋友拿碼表為你計時。把槍托提在腰部的高度，上膛，上保險，接下來你有5秒鐘的時間可以舉槍、瞄準，開保險和射擊。此處進行5次射擊。

第二階段 進行相同的動作，但距離改為50碼。兩種距離無論射中何處均計5分。若是射到黑色區域以外，或是射擊時間超過5秒均計0分。

射擊訣竅 在十字線差不多到位的瞬間扣壓扳機。槍界學院有一句名言：「好的快速射手優於完美的慢速射手，因為你不需要花時間進行慢速射擊。」

滿分：50

2. 中等射程

訓練方法

在100、125、150、175和200碼射擊，每次射擊兩發。無論有無槍背帶、臨時支架或雙腳架，其中至少有兩次要以臥姿射擊，另有兩次要以跪姿或坐姿射擊。每次射擊均以裝好子彈未上膛的立姿開始，於1分鐘內擺好射姿並射擊。在時間內射中黑塊，每一次可得5分。

20分額外獎勵 在150碼擊發第二次之後，以相同射姿於4秒內射出第三發。

射擊訣竅 做出連貫的動作。擺好射擊姿勢、開始瞄準、吸一口氣、再把大部分的氣吐掉，然後射擊。下一次射擊再重複一遍。連貫性對你有利。

滿分：70

3. 長射程

訓練方法

第一階段 手持未上膛的步槍，把它斜放在身體和兩膝之間。身體前傾，把槍托趾部放在右膝前方大約兩英呎之處。此時以槍托趾部為軸心，讓你的身體平臥在地上。槍托立刻拉到肩上。擺一個良好的臥姿，無論有無支撐物均在300碼處射擊5次，時間為5分鐘。計分方式同上。

射擊訣竅 你有5分鐘的時間，但如果能大量減少時間的話更好。風不停的變化，意外也可能發生。時間花得越長，意外越多。先伸個懶腰，開始射擊之後就不要停下來。

滿分：25

1. 短射程

靈敏的雄鹿 從你剛切進來的小路往前望去，前方的排水口突然出現一隻非常漂亮的白尾雄鹿。不趕緊射擊就只能看著牠消失。

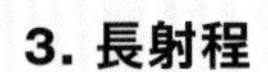

3. 長射程

遙遠的山羊 懷俄明州山邊長滿了草的小丘上，你看到一隻美麗的叉角羚羊出現在三個足球場外。牠不知道你在附近。你採取臥姿，開始瞄準。

2. 中等射程

進食的麋鹿 你站在草原的高脊，草原上有一隻麋鹿正在黃昏中進食。那是一隻強壯的大雄鹿，但是牠在走動，而且光線越來越暗。你只有幾秒鐘的時間可以擺好射擊姿勢。

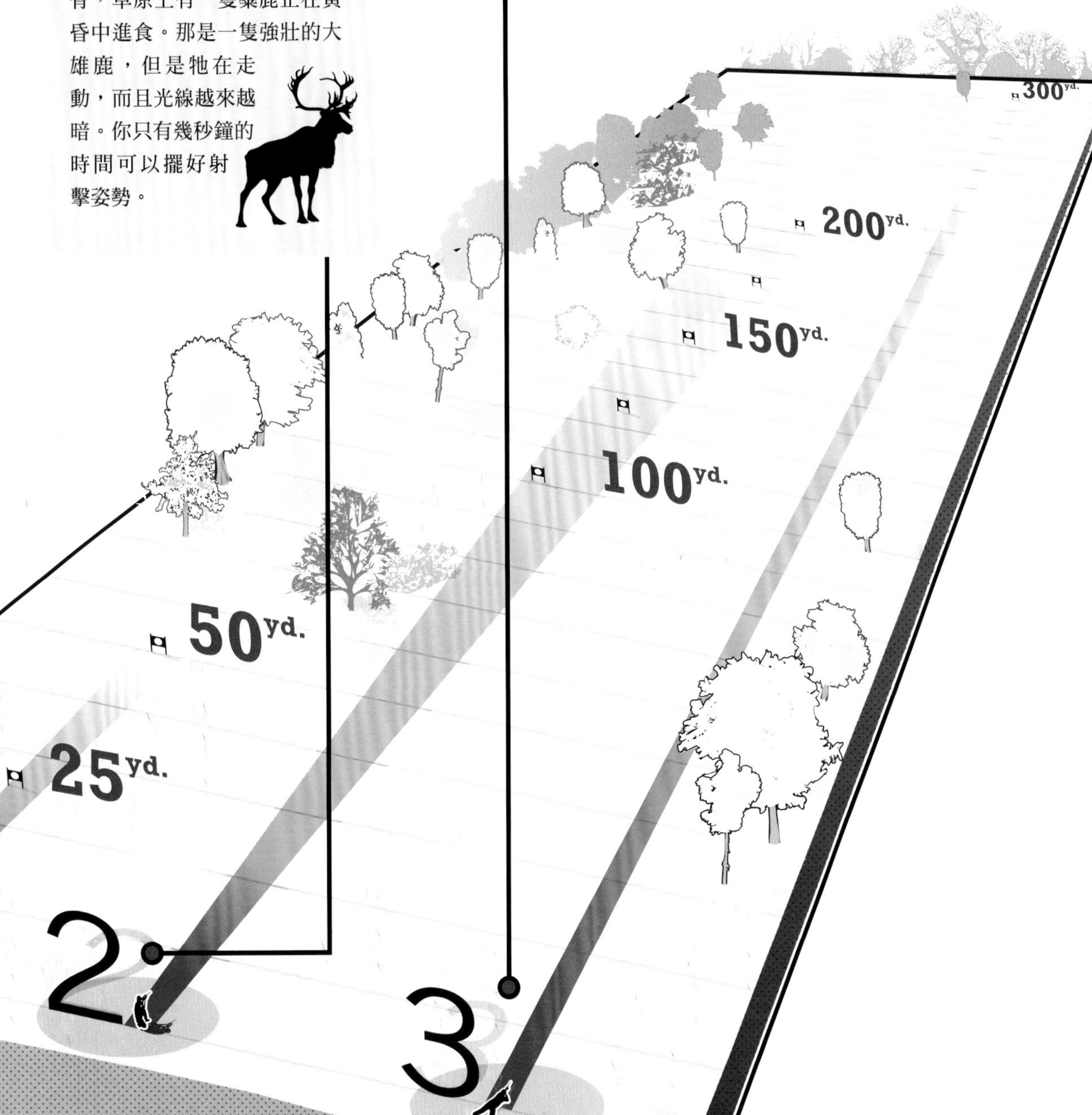

 用邊緣底火彈強化射擊

我不擅長死記硬背，但我還記得小學四年級某一天，我窮極無聊，遂把我的乳齒扯下來，然後拿著帶血的牙根在鄰座的女孩面前晃來晃去。她大聲尖叫，然後我就被送到校長室了。

言歸正傳，50幾年後的今天，我對於苦練的工夫深信不疑，尤其是練成必殺技的工夫。以下所述的射擊課程，是我在20年前規劃的。對我自己、以及多年來我所推薦過的朋友來說，課程都非常的成功。課程很辛苦，或許你會覺得無聊，而且一開始必然會非常的沮喪。但我保證，它必然會改善你的射擊。

在下列步驟中，你應該使用高品質的.22步槍來節省子彈的花費，以及減少對肩部的磨損。隨著不適感變小，你就能發展出肌肉的記憶，讓你足以應付野外所面臨的任何射擊場合。這種技巧不是為了射擊而射擊，而是透過詳細的訓練計劃來養成良好的習慣。

100 開始改進

如何改進射擊？列在清單上的第一項，是一把.22的好槍。它必須儘可能接近你用來打獵的槍：也就是說它必須是一把實在、精準的武器，不能用標價拍賣買來的爛貨充數。它也要裝上一付良好的瞄準鏡。

接下來是子彈。為了滿足以下的計劃，你必須掌控每一個環節，因此你至少要買6盒不同的子彈（捨棄超高速子彈，這種子彈沒見過真正射得好的）。買高速和標準射速的彈頭，也要有實心和空心彈。

在25碼的射擊台射擊，每盒子彈都要射5發的彈群。最後就能發現一種在你的槍上射得比較準的子彈。這種子彈要買一大盒，它是500發的包裝。

清單的最後一項是靶。你可以採用國家標靶公司（The National Target Company）所印製的NRA 50英呎步槍靶（A-36），或是NRA步槍剪影靶（TQ-14）。前者有12個靶心，每個靶心和銅板差不多大，後者印了剪影靶場實際使用的四種鐵靶——雞、野豬、火雞和公羊，每一排各有五隻。

101 射擊，計分，再射擊

把靶紙貼在25碼。射擊姿勢由你決定，但至少有一半的姿勢應為無依托射擊。這是目前為止最難的射姿，但是在野外用到的機會卻意外的高。你可以採用跪姿、坐姿，或是你喜歡的任何姿勢，只要沒有依托即可。

如果你射的是靶心，五發都要射在同一個靶心，用絕對最短的時間舉槍瞄準，透過瞄準鏡找到靶心，把十字線移到靶心，然後射擊。

如果是剪影靶，把同一排的每一隻小動物各射一次。這種訓練的目的是速度重於準確度。舉槍到扣扳機的時間不得超過五秒。

每射5發記錄一次分數。打中靶心就算得分。當我真正專注時，我發現最多也只能打12個靶心（或是打12排剪影靶），之後我的心神就開始浮動，十字線也開始變得不聽使喚。

如果從近一點的25碼開始練習，你會發現這種訓練比較不會令人沮喪，也不會讓你想要把整個靶打爛。

經過一個月以上的訓練（或是射了500發子彈，以何者先到為準），你應可以達成每個靶心射中四次或五次的能力。只要你辦到了，就換成中央底火步槍，因為你已經準備好接受美好的步槍狩獵世界所帶給你的任何挑戰。

102 擺出射擊姿勢

可惜我們不能把射擊台搬到森林裡。但如果你願意練習，而且有心使用任何手邊可得的支撐物，你還是可以保持穩定。以下是我認為最有用的射姿。

無依托立姿 每個人都討厭這種姿勢，沒有人會去練習它，所以有太多動物從子彈底下逃走了。要以無依托立姿射擊，首先必須確認你扣扳機的手臂ⓐ是否與地面平行。這種姿勢形成了兜住槍托的口袋，讓它無法滑出你的手臂。這是一種古老的方法。現今更有效率的想法是舉起你的手臂，把槍托放到肩膀上，再讓手臂往下垂。方法或許沒錯，但是老方法看起來更好，而且外表好看和射得漂亮同等重要。槍背帶在立姿射擊時形同廢物，除非你的左臂能倚在某種堅固的物體上，否則槍背帶派不上用場。支撐槍前托的另一隻手臂ⓑ，應擺在步槍正下方。你可以嘗試看看，但我無法撐過一、兩秒，因為我的手臂總是歪向一邊。不過，如果你遵循立姿射擊的第一個要領，這一點就不是很重要。要領就是快速射擊。我再說一遍：快速射擊。你不可能撐得非常穩又非常久，瞄的越久，結果越糟。

臥姿 我喜歡臥姿，因為我可以趴下來。它是所有姿勢裡面最穩定的。可惜你無法經常使用這種射姿，因為大自然通常會在你的槍口和目標物中間擺一些障礙物。欲發揮臥姿的優勢，除了使用微顫的左手臂之外（假設你是用右手射擊的族群），你還得找出某種支撐物，它可以是槍背帶、背包、用帽子蓋住的石頭，有雙腳架更好。如果是使用槍背帶，你的左前臂ⓐ應該置於步槍正下方，而且儘可能垂直。槍背帶必須夠緊，緊到讓你的手掌發青，印出紅條為止；發紫也可以。把你的右腳ⓑ往胸部的方向抬高，而不是兩腳開開的平躺在地面上。這個動作可以抬高你的身體，把呼吸和心跳的影響減少到最小。最後，要確保足夠的適眼距離ⓒ以免撞到流血，因為相較於其他射姿，臥姿會讓你的前額更接近瞄準鏡。

坐姿 這也是一種穩定的射擊姿勢，僅次於臥姿，但是擺好坐姿需要時間，而且離地高度往往不足。儘管如此，本姿勢的關鍵就在於手肘必須放在膝蓋後方的大腿肌肉上方ⓐ。手肘的骨頭若倚在膝蓋上就會晃動。如果坐在樹架上，你就不可能把膝蓋抬高作為支撐。如此就必須架一個射擊滑軌，最起碼也要帶一支射擊支架。

跪姿 我喜歡深埋在跪姿裡。這種姿勢可以快速就位，在多數的地表都能採用，而且如果你的動作正確，它也非常穩定。把右臀坐在右腳跟上ⓐ，此時你的左手肘就會伸在左膝ⓑ外頭，讓你的肱三頭肌能倚在膝蓋上，而不是你的手肘尖端。我曾經嘗試在跪姿使用槍背帶，不過好像得不到任何好處。但話說回來，說不定你的運氣比較好。

103 避免低姿勢衝擊

在步槍射擊領域裡，身體越接近地面越精準，道理非常簡單。但姿勢擺得越低，你受的衝擊也越大，這也是必然的道理，因為你的身體抵抗後座力的能力越來越小。如果一把槍的後座力很大，理應尋找支撐物以立姿射擊，而不是以坐姿或（恐怖的）臥姿射擊。

104 緊靠大樹

無依托立姿射擊非常不穩定，因此許多射手常會站著晃動身體來消耗非常難熬的最後幾秒。其實你反而應該走到最近的樹旁，摘下帽子，再用左手背部把帽子壓在樹上。這時候把槍拿起來瞄準。你會發現你有一個死硬的支撐點，讓你幾乎可以立刻射擊。（為什麼用帽子？因為少了一層緩衝的話，手背上的皮膚會被刮下來）

105 認識你的子彈

你要做的第一件事，就是為你的槍挑選正確廠牌的子彈。但這樣還不夠，你必須把它們測試一遍，找出最好的子彈。

比較彈頭 不要以為同一廠牌的兩種子彈會射得一樣，或是重量相同的子彈會射得一樣。我曾經收集許多不同廠牌、不同彈頭重量的.30/06子彈，並以非常精準的步槍在不改變歸零點的條件下進行射擊。測試完畢後，靶紙滿佈彈孔，宛如遭到機關槍掃射一般。事實上，某些步槍會對某種子彈特別不準，但用其他子彈反而變得神準。某些步槍只能使用一種子彈，其他完全不能用。我有一把.270步槍，它只能射1980年代在休士頓製造的老牌Trophy Bonded彈頭。我不會賣掉這把槍，因為它是「死神」，但換成其他子彈我就不相信它了。

彈著群 我最近觀察一個朋友在比賽中的瞄準動作。他開了一槍，然後轉動撥盤。他每射一輪都調了十次左右：砰，撥一下，咻，轉一下，砰，再轉一下。後來我計算他的分數，發現整面靶都是彈痕，因為他打破了瞄準的鐵律：一發射擊不代表什麼。你至少需要三發的彈群。唯有確定彈群的中心點，才有辦法補償風偏和修正高低。一直重複到非常準為止。

快速上手

106 著裝射擊

為確保瞄準鏡是否安裝正確，請穿上你打獵時穿的衣服。讓瞄準鏡鬆弛的掛在瞄準鏡環上，把倍率調到最低。閉上眼睛，把槍放到肩膀上，然後張開眼睛。此時你應該看到視野全景，瞄準鏡的接目鏡應該距離你的眉毛4英吋。如果不是的話，把它調整到正確的距離，然後把瞄準鏡環鎖緊。

佩查爾的叮嚀：不耐煩

“1978年的非洲遊獵團裡，我竟然見到一支向來非常喜歡的瞄準鏡被人搞砸了。有一位團員不斷抱怨他的追蹤器和獵物，甚至說他的步槍也無法保持歸零。專業獵人對他的抱怨非常不耐煩，最後終於忍無可忍，遂溫柔的說：「湯姆，我認為你應該重新調整瞄準鏡。何不把槍倚在小丘上方，射擊那棵蝴蝶樹呢？」他手指的小丘其實是烈蟻的巢穴。穴裡的螞蟻被.375 H&H劇烈的爆聲驚醒，隨即展開報復。牠們使出烈蟻的傳統本領，湧入湯姆的衣服開始咬他。”

107 輕鬆倚靠（但不要過於輕鬆）

瞄準時，你必須把槍倚在物體上，它必須牢固，但是不能太硬。若把槍前托放在堅硬的表面上，射擊時就會彈跳，讓彈頭射往高處。若你真的想打出一個假的歸零點，就把槍管倚在某種物體上，無論是硬的、軟的，或是很牢固的物體都一樣，因為彈頭必然會偏高。每一次射擊都把槍前托放在同一個位置，對你比較有利。也就是說，不要某次射擊把它倚在槍背帶環附近，而另一次射擊又放到彈倉底板附近，這樣會產生不一致的結果。有一些槍對於穩固的程度很挑剔。我有很多槍無法在硬沙袋上射得準，因為它們會彈跳。只有軟沙袋才能取悅它們。

108 適當的彈群射擊

現今，幾乎每個人都用三發彈群來做為成績的計算標準。其理論基礎為：三發是檢視問題的最少子彈數量，而大型獵物罕有中三槍還不倒地的。

如果真的想了解你的步槍射擊行為，也可以嘗試用五發的彈群。這是好幾個世代以前的標準，而且現今的標靶或狐鼠射手仍會使用，因為他們對於精準度的一致性要求較高。五發彈群的MOA比三發彈群的MOA更難射擊。

第二次世界大戰以前，人們用10發的彈群來衡量步槍的精準度。有些人會採用過去的做法。

想要測量你的彈群精準度嗎？你必須懂減法，另外還需要一把卡尺（數位卡尺比刻度卡尺更方便讀取）。首先，在彈群上測量兩個最寬的彈著點之外側距離。接下來，把該讀值減去你所用的彈頭直徑。比如說你用的是.270彈頭，射出的彈群讀值為1.313英吋。把1.313減去彈頭的真正直徑.277，你就得出1.036英吋。這就是你的彈群尺寸。

109 保持冷卻

槍管一旦變熱，就會發生兩件事情，但沒有一件是好事。第一是鋼材上出現的應力會造成槍管扭曲。第二件是槍管所騰起的熱氣會產生幻影，讓你看到的彈群比實際上還要高一點。如果你用的是麥格農步槍，或是任何口徑的輕槍管步槍，你就會遇上過熱的問題。一次不要射超過三發子彈，等槍管降到微溫之後再繼續射擊（如果你無法握住槍管從一數到十，就算過熱）。我覺得帶兩、三把槍到靶場很有用。我可以用一把槍射擊，同時讓另一把冷卻。（你說你沒有三把槍？那就買到夠為止。）如果射擊線旁邊有電源插座，就插一台電風扇把發燙的槍管吹涼。如果真想確認步槍射往何方，你可以嘗試以下的最後招數：在支撐物上完成瞄準之後，以臥姿或其他姿勢進行射擊，不過你必須像在野外那般把手放在槍前托上。如果你打獵時會使用槍背帶，也把它用上去。同樣的原則也適用於雙腳架或其他你所信任的支撐物。此時射出一組彈群，看它打到哪裡。你可能需要作一些改變。挑剔嗎？當然！挑剔的人都射得很好。

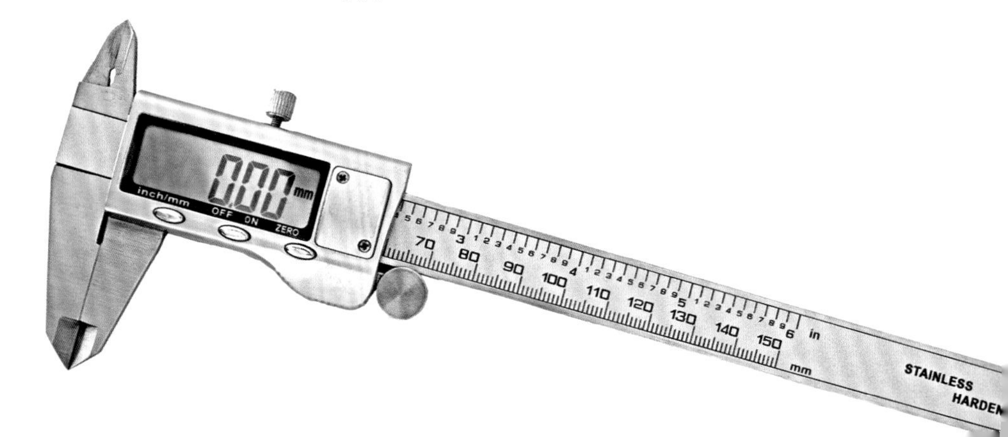

110 練習控制扳機

扳機觸發時不應小於3磅，但也不能超過4磅，而且每次的拉力都要一樣。它不能有前置行程，後行程也必須是絕對的最小值。

當你抓到了一個目標時，深呼吸，再把大部分的氣吐掉。此時你有7秒鐘的時間可以射擊。不射的話，視線就會開始惡化，然後你就必須重來一遍，錯失了一次射擊機會。因此，訓練自己瞄準後立刻開槍。不專心就打不中。

一般人都是教你要把扳機壓緊，因此步槍會在你意想不到的瞬間擊發。但這樣做的前提是你必須穩穩的握住步槍。在野外我辦不到，因為我會搖晃──不會很嚴重，但已經足夠影響射擊了。因此，我會抓緊十字線到位的精準時刻，然後機敏的扣下扳機。如果你有栓塞式槍機中央底火步槍，你可以不裝子彈練習扣扳機。確認步槍未裝子彈之後，選一個50碼左右的目標，然後練習槍舉槍瞄準，抓取精準的準星圖像，然後扣下扳機，如此週而復始的練習。這種練習必須隱密。如果鄰居看到你拿著槍朝窗外瞄準，不久之後就會有特勤人員來拜訪你，他們會很客氣，但也會很堅定的問你想幹什麼。最後他們會在你的心頭射一槍作為警告。

111 空彈射擊的成功之路

在你跌跌撞撞的爬向射擊成功之路的過程中，不上子彈「瞄準」和「扣扳機」是最有用的工具之一。以空彈射擊來說，沒有人比得上已故的克雷頓．奧德特。他是一名槍匠、我的好朋友，也是一名軍規步槍的比賽選手，技術已經好到可以參加帕瑪隊並擔任教練。他說：「後座力只會讓你分心。」

他認為每一位認真的射手所做的空彈練習都要遠遠超過實彈射擊。（如果你想進一步實踐他的智慧名言，克雷頓也曾經說過：「每個人至少要有一把沒有註冊的槍。」）

以前的海軍陸戰隊在進行射擊訓練時，會有一個星期只做「扣扳機」（也就是以基本射擊姿勢扣擊空彈），讓新兵知道如何把事情做好之後，再給他們子彈。空彈射擊可以讓你集中精神，不會讓你分心，因為在你扣下扳機的瞬間，以及接下來的時刻，還是有很多事情會出錯。

不過，空彈射擊並不適用於所有槍枝。栓塞式槍機步槍多半都能順利進行，但大多數的.22反而會因為練習而受損──幾乎所有的散彈槍都是如此，少數的手槍也一樣。如果你對槍枝所受的影響有疑慮，可以請教你的槍匠。

空彈射擊的價值無限、不花錢、不會讓你畏縮，且不會發出噪音。多做空彈練習可以讓你射得更好。誠如艾德．澤恩所言：「讓你的火藥、馬汀尼酒、鱒魚餌和柴火保持乾燥。」（「保持柴火乾燥」和「空彈射擊」的英文皆為fire dry，此為雙關語。）

112 傾聽槍的心聲

如果是理想的美好世界，我們對著靶開三槍，凝望著標靶，就能看到三個彈孔聚集在銅板大小的區域裡，且精準的打在正確的位置上。但事實上並非如此，所以我們會有跳蚤、壞膽固醇、狂犬病和滿肚子肥油。在這個傷心的世界裡，我們常看到留在靶上的只剩恐怖、混亂和失序。

無論槍發生什麼事情，我們只知不太對勁而已，但那是什麼事呢？與其淚流滿面，還不如把它當做你和步槍之間的心靈對話。如果你能懂槍的語言，它就會告訴你哪裡不舒服。

診斷工具 在有支撐的射擊台射擊，就能知道槍在想些什麼了。

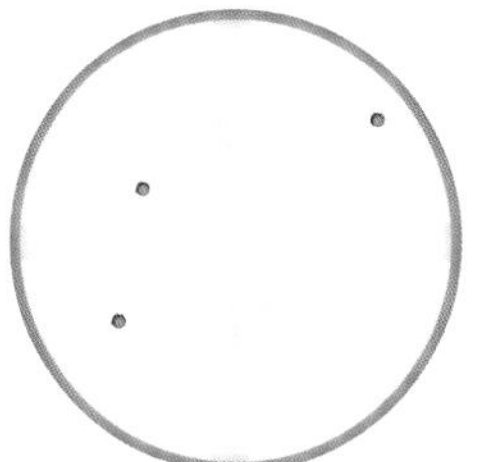

全搞砸了

問題根源 你射得到處都是，你得不到可以救你一命的彈群。它有很多成因。第一就是瞄準鏡破損。測試方法是換另一支瞄準鏡到你的槍上，再看看彈群是否有改善。第二個原因是座床螺絲鬆了。檢查看它們有沒有上緊。第三個原因是瞄準鏡環或座床螺絲太鬆。某一種特定的彈頭重量偶爾會造成這種惡劣的結果。如果是這種情形，通常是槍管纏繞的膛線搭不上該彈頭的重量。

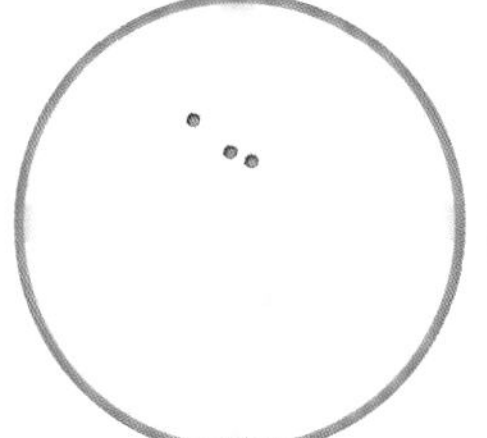

一致性的偏離

問題根源 你的子彈不適合你的槍，但也不會差太多。這種現象通常有兩個很接近的彈孔，而第三個彈孔偏離一到兩英吋。在100碼射擊，它不會有任何問題，但是在更遠的距離它就會帶給你麻煩。它的成因是彈頭恰好高於或低於槍管的最佳射速，造成槍管的不規則振動。手工填藥者可以增減火藥的用量來矯正它。非手工填藥者可以嘗試使用不同的子彈。

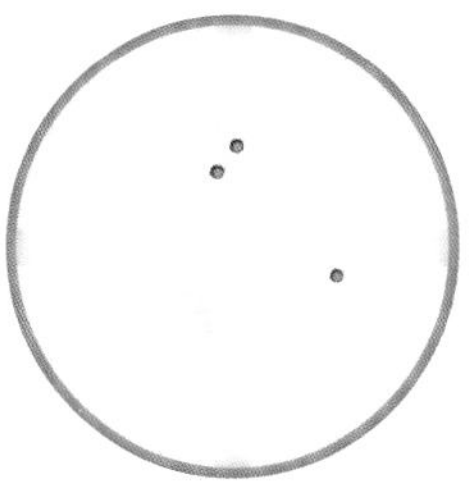

不一致的偏離

問題根源 多數的時候你可以得到良好的彈群，但有時候會有一顆子彈偏離軌道，有時候三個子彈全數偏離。最有可能的原因是畏縮，如果你認為有支撐的射擊台不會抖動，就再回想一次。你可以買一個滑板式的射擊支撐架來做實驗，它可以實質消除後座力的感覺；你也可以在你的肩膀和槍托中間放一個柔軟的槍套或沙袋試試。如果一切都沒有效果，就換一把後座力小一點的槍。

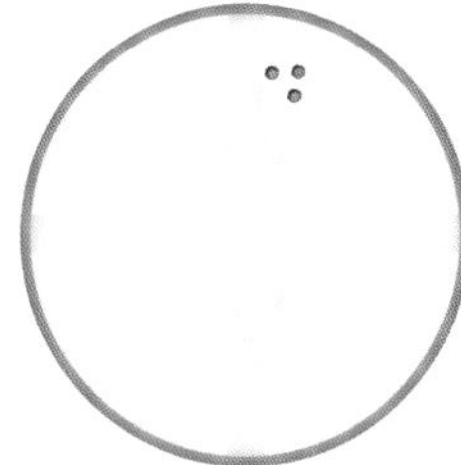

揚升的彈群

問題根源 一般來說你的彈群沒有問題，但它們似乎一直偏向靶的上方；有時偏向右上方或左上方，有時落在正上方。這是槍管過熱所造成的結果。如果槍管太熱，它就會略微彎曲，讓彈頭開始飄動。除此之外，它所升起的熱氣也會扭曲目標的景像，宛如你從游泳池裡射擊。矯正的方法很簡單：讓槍管冷卻。每一組彈群都從冷槍管開始射擊，別讓它超過微溫的程度。

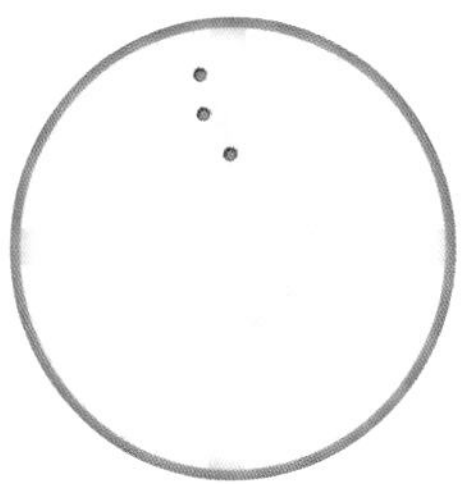

連成一串

問題根源 在這種情況下，你的彈群會形成橫的一串或直的一串。先檢查槍管的座床。現代多數的槍管都是自由懸空，也就是說從槍匣前端1½英吋之處一直到槍管末端都不能有任何接觸點。如果有接觸點，槍就必須送去重新處理座床。水平彈著群可能是靶上的風造成的，你在射擊台無法感受到這股風。垂直彈著群可能是槍前托在太硬的表面彈跳所致。

113 注意你的姿勢

適切的步槍射擊技術，其設計原意多半是為了減輕疼痛。如果一拿到槍就開始猛燒子彈，你就會受到不必要的痛苦。比如說你舉起右前臂把槍放到肩上，卻沒有把槍托放進右前臂所形成的「口袋」裡，它就會騎在你的肱二頭肌上撞你。如果你讓身體往後傾來支撐步槍的重量（女性尤其易犯），你就會從腳跟往後倒。如果你緊靠著槍托，瞄準鏡遲早會打到你。找一個人好好幫你，靶場主任或是NRA教師都能幫你。射擊課程也很有效果。

114 練習接受衝擊力

偉大的輕中量級拳擊手湯米·赫恩斯開始學習這種陽剛的運動時，曾和一位比他強很多的拳手練習，對方很快就把他的鼻子打爛了。赫恩斯用手套抓著鼻子，把它扳正，然後繼續對戰。有些人就是比別人強，可以承受比別人更大的後座力，就如同車城眼鏡蛇（湯米·赫恩斯的外號，車城指的是美國底特律）可以無視被打爛的鼻子。後座力有兩種，一種是能用「呎磅」為單位測量的真實後座力，另一種是讓你感受到的感知後座力。真實後座力有一個計算公式，不過更簡單的方式是在網上任意找幾個能計算後座力的網頁，然後用滑鼠按一按就好。感知後座力是由步槍的結構所決定，無法計算。

史上最暴虐的步槍是溫徹斯特M95型槓桿式步槍。這款槍多半使用.30/60和.30/40克雷格彈（Krag），此外也有相當多的數量使用.405溫徹斯特子彈。M95具備了把人打痛的所有要件。它的槍托嚴重下垂，所以後座力打過來的時候，槍管就會上揚，再往回衝，讓大部分的後座力導向射手頭部。它的貼腮部尖銳，而且又小又彎，保證你的顴骨會嚴重瘀青。槍托後面還蓋了一面鐵板，保證能讓你的肩膀受到最大的傷害。.30/40的後座力溫和，.30/06的後座力中等，但是用在M95的槍管內，它們就變得很暴戾。換成.405更是難以想像。槍口爆震和後座力沒有物理關聯性，但它似乎能讓後座力變得更大。如果你用加裝槍口制動器的步槍或是短管步槍來射擊，又沒有戴聽力保護器的話，你就會產生嚴重的畏縮。此時你必然罵它踢你踢得像驢子一樣重，但其實它是無辜的。你的體型則是另一項因素：後座力會以毛骨悚然的方式把瘦小的人撞飛，但實際上他們所受到的傷害卻比大噸位的人還要小，因為後座力會從推力中釋放，反倒是硬得像一座消防栓的人會吸收全部的力量。在我所認識的人裡面，老是被後座力搞砸的人身高都接近6英呎，而且體重都超過180磅，沒有任何一個人是瘦子。

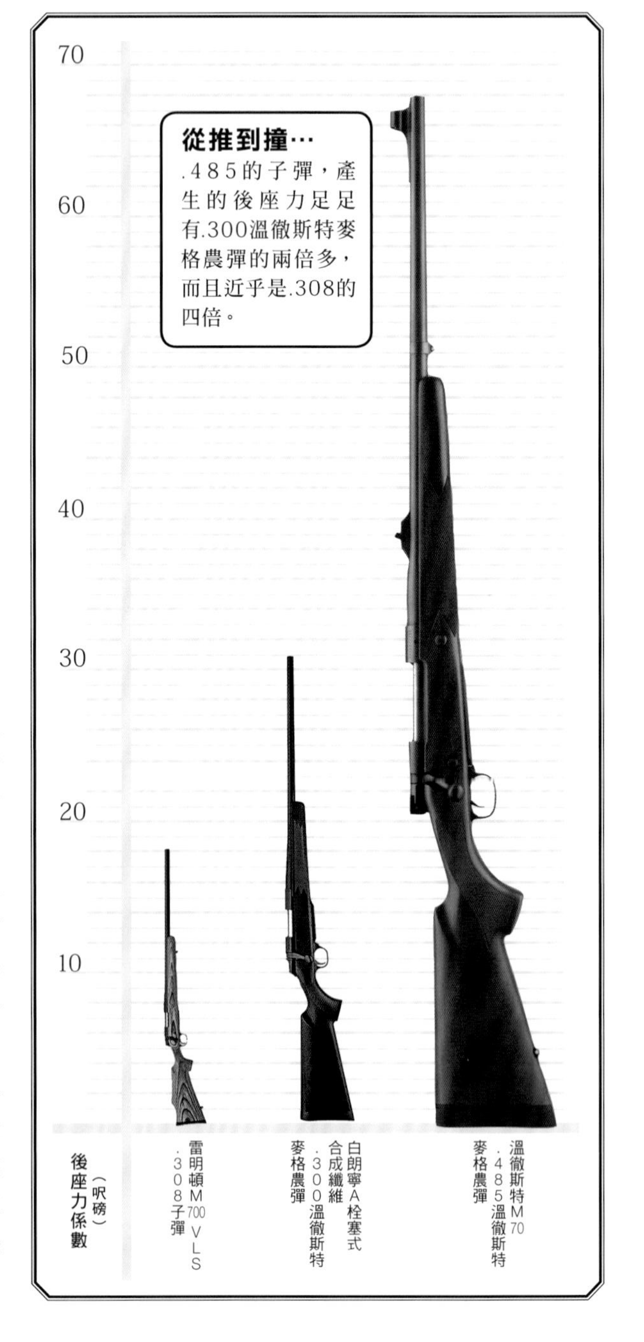

115 降低衝擊力

若你真的飽受後座力之苦，以下物品可以及時幫你：

後座力墊 移除鋁製或硬塑膠製的槍托底板，或是硬得像花崗岩的廉價廠製後座力墊，換成柔和濕軟的優質後座力墊。

槍口制動器 它不便宜。如果你沒戴耳塞或耳墊，它可是會震爆你的耳朵，而且你還需要找槍匠來安裝；不過它的確可以減少相當多的呎磅。有一些射手選擇直接在槍管上切出馬格納開口（Mag-na-ports，直接在槍管上以放電加工做成的開口，多半為梯形）。這種方式可以減少槍口的跳動，但無法減少後座力，而且彈頭外殼的碎屑也容易聚積在它的開口後緣，即使切工非常精準也一樣。

槍托 如果你有一把老舊的步槍，而且貼腮部非常下垂的話，就換一個下垂比較不嚴重的現代槍托。除非你的槍非常稀奇，否則你一定可以選一個木質、膠合木或是合成纖維做成的槍托。去請教你的槍匠。

慣性後座力緩衝器 請槍匠幫你在槍托上裝一個（裝兩個更好）。雖然它會改變步槍的平衡點，同時增加步槍的重量，但是效果不錯。

扳機 很重的扳機拉力，會讓後座力極大的步槍大大的增加不悅感。輕快的扳機可以讓擊發更輕鬆，讓整體射擊經驗變得更從容。拿去請槍匠幫你修改，必要時換一個新的。

116 知道你的極限

多數射手所能忍受的真實後座力極限約為25呎磅，也就是.30/60或7㎜雷明頓麥格農步槍的水準。若增加10呎磅，一般的射手就能感受到差異，無法良好的射擊。

.375H&H和.40或更大的子彈，彼此之間有著很大的差異。我相信有相當多的射手無法射擊（或者不適合射擊）大於.375的步槍。我個人的極限是.485洛特彈（.485 Lott，一種子彈，發明人為Jack Lott）。還有比這個更大的子彈：例如.460威瑟比，它的後座力就超過100呎磅。我射過幾發子彈，但我不會想再用它。

以下是九種常見子彈的粗略數據。重量係指槍枝淨重；瞄準鏡和底座大約增加一磅，而後座力也會等比例減少。

子彈	步槍淨重（磅）	後座力（呎磅）
.243	7	12
.270	7.5	21
.30/30	7.5	10.5
.308	7.5	18
.30/06	8	24
7㎜雷明頓麥格農	8	27
.300溫徹斯特麥格農	8.5	31
.338	9	35
.375 H&H	9.5	39

佩查爾的叮嚀：恐懼

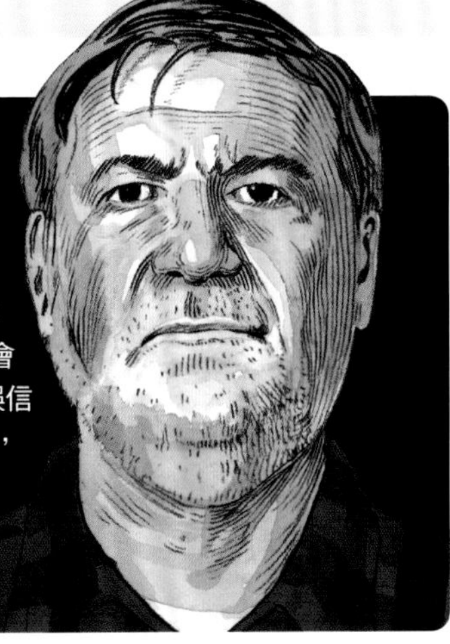

“有一句極為流行的神話：即使你打靶會畏縮，到了打獵時就不會畏縮了，因為你感覺不到後座力。不要誤信這句話。事實上，如果你害怕某一把槍，你就會永遠怕它，然後你就再也打不準了。”

118 像個狙擊手的樣子

有人問威利．梅斯，為什麼球打得那麼好？說嗨小子（The Say Hey Kid，威利．梅斯的綽號）回答說：「看到一顆像南瓜那麼大的球向你飛來，你只要用球棒打它的中心點就好」。事實上，如果你真的看過90mph以上的快速球向你飛來，你就會知道，它看起來只像一片兒童阿斯匹靈藥錠而已──前提是你要能清楚看到它。不過威利．梅斯是天才，他可以輕鬆做到常人做不到的事情。

讓人鬱悶的是，射擊界也有像他一樣的神人。我有一個朋友是第一線狙擊手，他曾和20世紀美國最偉大的步槍神射手蓋瑞．安德森對決。我的朋友總結這次比賽的經驗：「我根本沒想到會輸得這麼慘。」安德森當然是超級天才。但是老天爺就是沒賜給你這樣的本事，你又奈若何？不用擔心，擔心也沒用。但你還是可以運用狙擊手的基本技巧來提升你的能力，只不過有太多獵人嫌它太麻煩了。

有些獵人會說：「若想射得好，就必須鍛練上半身」，但事實上臥推300磅的能力並不能讓你射得更好。與其如此，還不如讓你的雙手完全聽從眼睛和腦袋的指揮。桌球和高爾夫球高手也要有同等質量的眼手協調力。

做法非常簡單，先學會正確的射擊，再下工夫大量練習。

119 調劑風量

有各式各樣的裝備工具可以告訴你，某件物品距離多遠，或要延遲多久，但風卻沒有辦法測量，它彷彿來自地獄。因此，我還是提供以下幾項守則，把死馬當活馬醫。

向前看 別管往你身上吹的風，要注意你和目標物中間的風。

多就是少 彈頭飛得越快，風的推力就越小；越重、越流線型的彈頭，風的推力也越小。但是該原則不適用於短而肥的彈頭；它雖然很重，仍無法輕易的在空氣裡面飛行。

往前靠一點 人們容易因為修正過多而敗給自己。如果你有抗風彈頭，你的槍口射速很快，而且射程不會遠到嚇人的話（比如說250碼以內），中度的風就能把你的單頭彈往一邊吹偏幾英吋，但頂多如此而已。

120 善用你的蜥蜴腦

步槍射擊的內容千變萬化，它可以是仔細精算的長距離慢速射擊，也可以是平射距離的快速射擊。你必須擁有爬蟲類的腦，才能專精於其中一種（或兩種），其重要性遠遠超過其他因素。（腦神經生物學家把人腦分成三部分：求生本能的「蜥蜴腦」、注重情意的「狗腦」，以及有思考力的「人腦」。蜥蜴腦又稱「爬蟲類的腦」，狗腦又稱「古哺乳類的腦」，人腦又稱「新哺乳類的腦」）

無法運用大腦，槍法就不會好。我認識兩個朋友，他們既射不好，也學不好。他們的問題不在於眼睛或雙手，也不在於他們的肩膀，而是在於精神狀態。

相反的，天才射手就能運用他們的蜥蜴腦，無論何方妖魔前來攪亂，蜥蜴腦都能讓他們不為所動。在密集的壓力下仍能射擊，例如非洲專業獵人在水牛用角刺他的瞬間，仍能把子彈射進水牛的眼睛。奧林匹克射擊選手知道只要再扣一下扳機就能保住金牌時，仍沉得住氣。無論如何，他們知道只要拿起步槍就一定要打中目標，如此而已。

121 數學運算

天才射手不但可以運用他的蜥蜴腦，還可以跳脫冷血模式，立刻進行更花腦力的事──數學計算。聽說有位學員遭狙擊手學校淘汰，因為其中一位教師說了：「他不會算術」。「數學運算」意味著彈頭的下降、偏離、風的效應、氣溫、海拔的計算，甚至包括科里奧利力（Coriolis Force，在旋轉體系中，慣性物體所受的偏離力）在內。天才射手不僅能計算，還能在壓力下進行計算。

我最近去聽了大衛・塔布的演講，他曾獲得11次國家軍規步槍比賽冠軍。他也是長距離射擊的前衛思想家之一。塔布先生能在比賽的射擊線上用腦袋計算數學問題。若換成我，即使有三台電腦加上八個普林斯頓大學教授的協助，我也解不出來。

野外的成功或失敗，差別就在於快速的數學運算能力。如果你想在592碼外打倒某隻野獸，或是打破布恩與克羅基特協會（Boone and Crockett）紀錄的話，你會先打出鉛彈再祈禱，還是先計算？道理不言自明。

122 射快一點

1980年代初期，我在蒙大拿州的山脊狩獵，突然有一隻美麗的白尾鹿從又深又軟的雪地裡跳了出來。牠飛快的加速逃走，而我大概只有兩秒鐘的時間能把槍拿起來，再從瞄準鏡裡找到牠，然後計算超前量，最後再扣下扳機。兩秒鐘夠用了，一如往常，而牠是我這一趟旅程唯一見到的一頭鹿。

在理想世界裡，我們應該可以見到動物四處遊蕩，也能悠閒的舉起步槍，然後用充裕的時間射擊。但是現實世界中，我們經常被迫要打一隻逃跑中或是正準備要逃跑的動物，不然就是空手而歸。

（在我們繼續談下去之前，你必須了解我不是為你胡亂的射擊提供合理的藉口。唯有確認你的目標正確無虞之後，速度才是考量的因素。若無法確認，請先把槍放下，直到你用望遠鏡確認無誤為止。）以下是基本原則。

戰勝猶豫 猶豫無法達成速度。猶豫和笨拙所煮成的一鍋湯，每年救了數千條野生動物的性命。諸多猶豫來自於不清楚該射哪個目標。射這隻叉角鹿就好？射牠之後又來一隻更好的怎麼辦？在你內心交戰的同時，鹿早就跑走了。先決定好目標，並堅守你的決定。

射有把握的目標 如果你沒有把握，八成就會打不中。當你的經驗越來越豐富，你就能養成良好的直覺，知道什麼是有把握的，什麼是沒把握的。達到這種境界之前務必小心行事。

了解你的槍 很多的猶豫來自於你對槍枝的不了解。天啊！保險在哪裡？如果你有一把新槍，或是換另一種你所不熟悉的槍機，或是一年只拿一次槍，你就會猶豫——除非你多加練習。

123 培養時間的感覺

何時必須快速射擊，何時又必須慢慢來？了解兩者在時間上的區別，非常重要。許多失誤肇因於獵人的動作慢或是驚慌失措。要怎麼辦才好？用常理判斷即可。如果動物就在你的樹架下面，你就必須立刻射擊，因為牠隨時可能察覺你的存在。如果在300碼外，你就不容易被發現，除非你站起來歡呼。此外也要多觀察動物，動物的肢體語言會告訴你牠是否平靜或受到驚嚇。

著前腳的鹿，表示牠已經發現你，正試著要讓你做一些蠢事。

豎起尾巴，表示牠要離開了。

鹿把頭低下，假裝在吃草，再猛然抬頭看看有什麼不對勁。讓牠做個幾次，牠就會平靜下來。

124 訓練速度

我天生動作遲緩，按理說我應該打不中爆發力快的獵物。但過了25年後，我已經練成一逮到機會就快速射擊。這種訓練同樣也能幫助你。

訓練的內容分成兩部分。在家的時候，我會用確認沒有裝子彈的槍來練習舉槍瞄準。我會瞄準50碼外長在一棵橡樹上的青苔，然後扣下扳機，前前後後儘可能以一個動作來完成。經常練習，你就能做得又快又順暢。但如果鄰居能看見你，就別做這件事，因為會有特勤人員上門拜訪，他們還會讓你看他們射得有多快。

接下來，在100碼的距離放一張靶心為8英吋的靶紙，然後裝5發子彈。我開始舉槍、瞄準，而且只能在3秒內擊發。如果不能在時間內把十字線擺到想要的位置上，我就會把槍放下，并記一次失誤。（如果在公共靶場，先問清楚這種練習是否禁止）。

射中黑色區域才計分，黑色以外的區域均為失誤。我會射20發子彈，對我來說至少有18次擊中黑色區域才算合格，而且其他兩發也不能超出9號環的範圍。快速擊殺——就能讓鹿肉上桌。

125 練習換邊射擊

當我在樹架上，而有一隻鹿從左手邊過來時，我都必須忍受右手射擊的拙劣感覺，而且不止一次如此。因為我是左撇子，所以我會被擋住，無法轉動足夠的角度來瞄準牠。因此我就必須把槍托換到右肩射擊。如果你射擊側的眼力較好，換到較弱的射擊側時就必須把這隻眼睛閉上。如圖示的右手射擊者，換邊就能讓你涵蓋面前的一切目標。多練習有益。

126 熟練倒吊槍枝

有一種背槍的方法，能讓你快速進入射擊姿勢，同時又能利用槍背帶作為射擊支撐物。以前我在推薦這種方法時，所有的安全糾察隊都會為之瘋狂。我對他們說：會有一隻手一直放在槍上，讓槍隨時獲得控制。槍不會晃來晃去，也不會亂跑。我是在1958年向一位名為法蘭西斯·塞爾的槍械作家學到這種手法，當時他可能已經使用這種方法50年了。這種方法我也用了46年。塞爾在這段期間不曾射到自己，我也不曾，所以還是饒了我吧。

操作方式如下：假設你用的是平滑的槍背帶而不是握柄式槍背帶，因為後者無法從肩上滑下來，而且假設你慣用右手。把步槍吊掛在左肩，槍口朝下，扳機護弓朝前。你的左手應該放在槍前托上，控制槍的擺動。

射擊時，只要把槍拉起來，把槍托放到右肩即可。此時槍背帶仍環在你的左上臂。這種方法，可以在最小的移動條件下以一個動作完成，非常迅速。他的手勢就在告訴你，速度即是王道。

127 解開槍背帶

槍背帶所挽救的動物性命，比善待動物組織（People for the Ethical Treatment of Animals，PETA）所挽救的還多。槍背帶使用不當，會延宕你使用槍枝的時間，讓動物有足夠的時間逃逸。

誤用槍背帶甚至會導致極為嚴重的後果。幾年前，我在非洲波札那的喀拉哈里沙漠追蹤一隻極為憤怒的獅子，我用槍背帶把.375步槍吊掛在肩上。負責保護我的專業獵人伊安·曼寧就對我說：「大衛，你真的以為該死的獅子會等你把該死的槍背帶解下來，再去咬你該死的屁股嗎？」我前一天原本還想跟他打一架，因為他說我的槍看起來就像法國貴族用的。但是他對於槍背帶的看法卻很有道理。

把槍掛起來的場合，只在你完全不想射擊的時候，或是你必須同時用兩隻手的時候。（攀爬樹架時不應吊掛步槍；你應該先爬上樹架，再用繩索把未裝子彈的槍拉上來。）其餘的時間都把槍背帶放在背包裡，隨時準備射擊。

128

防止風雨的侵害

步槍最糟糕的情況，就是讓冰雪跑進槍管，它會讓你的槍完全無法使用。用塞住的槍管射擊，別人會給你起綽號，比如「半截男」。防止的辦法是在槍口貼上電氣膠帶或是弓箭獵人所用的迷彩膠帶。有人向我保證這樣做會讓槍管炸開，但事實上只要你注意以下兩件事，它就絕對安全：

第一，不要用厚膠帶。第二，不要讓槍管內部結露。如果露水結冰，你就有大麻煩了。如果要讓步槍暴露在嚴峻的溫度變化下，記得要把膠帶取下，讓槍管透氣。

槍會生鏽，即使不鏽鋼做的也一樣，只不過它鏽得比藍鋼慢一些而已。解決辦法是每天晚上用含油的抹布把槍擦過一遍。特別注意槍栓，因為它是光亮的金屬，特別容易生鏽。如果你在乾燥的氣候下打獵──譬如說洛磯山這種地方，無論什麼天氣槍都不太容易生鏽。但如果是其他地方，就要多留意。

扳機特別脆弱。我至少看過兩支扳機因為日復一日的潮濕鏽蝕而損壞。你想為扳機上油，但是你會後悔，因為油最後會凝固，讓你的扳機動彈不得。

正確的做法是取下槍栓，然後用打火機油由上方向扳機噴灑，而且一定要噴到扳機簧片。步槍每浸水一次就要做一次。這樣就能把裡面潛藏的水份沖出來。此外，既然槍栓已經卸下來了，就用蘸少量油的抹布把它擦一遍，同時把槍栓滑槽也擦一遍。

不用擔心其他部位的金屬。你必須把槍機連同槍管一起從槍托上卸下來，才有辦法清理這些部位。但如果你不知道如何把螺絲鎖回去才能讓彈著點和先前相同的話，還是算了吧。

另一件千萬不能做的事，就是把潮濕的槍放進盒子裡，我保證它一定會生鏽。讓槍完全乾透之後，再把它放進盒子裡。

129 對付惡劣的天氣

我在軍中最鮮活的記憶之一，就是在強勁的暴風雪中看著餐盤上呼出來的熱氣迅速轉涼、結冰。當時我想，只要我離開部隊，就再也不用站在風雪中了。等到我離開部隊，並開始狩獵大型獵物之後，結果還是一樣站在風雪中，甚至風雪更大，而且還站了一輩子。

濕冷的天氣不僅會影響你的餐盤，還會影響你自己、你的裝備，以及你的瞄準鏡和步槍。我們先從「你自己」談起，這一點比較簡單。如果在惡劣的天氣中沒有穿對衣服，你就會因為體溫過低而死亡。接下來談「槍」，槍就比較複雜一點。軍隊對於生鏽的槍完全不留情面，你我都有過教訓；無論處在何種狀態，首要任務就是好好照顧自己的武器（不是你自己的槍，非常感謝你）。只要發現一處鏽漬，就足夠讓你去餐廳洗一個晚上的鍋盤，骯髒的程度堪比現代政治鬥爭。我們接受的訓練是善待自己的槍，也唯有如此，槍才會反過來照顧我們。

130 在水底下觀看

現代高級瞄準鏡或望遠鏡都不受天氣的傷害，但是可能會暫時失去功效，和壞掉沒什麼兩樣。任何形式的水，都可能不幸的聚集在鏡頭上，而它一旦發生了，你就什麼也看不見，只剩一團迷霧。（某些瞄準鏡會在外部鏡片鍍上一層超硬的鍍膜，讓水氣無法凝結，所以它不會起霧，下雨也能用。這是好東西。）

解決該問題的方法，就是除了大晴天之外，隨時把瞄準鏡蓋起來，直到你已經準備好要射擊，才把它打開。同樣的道理，如果你在風雨中進到屋內，就把瞄準鏡蓋打開。好的鏡片蓋會在鏡片四周產生一圈不透氣的墊子，一旦有水氣聚集在裡面，而你又剛好把步槍從寒冷的屋外拿進溫暖的帳蓬內，它就會凝結。（如果條件允許，我會把步槍留在屋外不會滴到水的屋簷下。溫度的變化越少越好。）

拿起步槍瞄準時，須注意不要把帶著水氣的呼氣呼到冷鏡片上，它會讓你的瞄準鏡立刻起霧。拿起步槍時吸氣，然後屏住氣息，直到你擊發為止。

望遠鏡的問題比較多。我找不到望遠鏡防水的辦法，因為它幾乎無時不刻都會用到。我們目前只能忍受。

先前所說的呼氣是在瞄準鏡上，如果換成望遠鏡則有雙倍的影響。把它拿起來的時候先吸氣，等上到眼睛的時候再呼氣。如果望遠鏡本身非常的冷，光是你臉上的熱氣就能夠讓它起霧。唯一的解決辦法是儘可能把它放到外套底下，它在那裡雖然不會變暖，但也不會過於冰冷。

131 保持火藥乾燥（或不乾燥）

子彈不像你，它幾乎不受水的影響。我有好幾次在滂沱大雨中度過，彈匣裡裝著相同的三發子彈也陪我淋了一整個星期的雨，但是沒有任何一顆子彈失效過。現代無煙火藥不具吸濕性，也就是說它完全不吸水。

大約15年前，有一位船難迷送我幾顆.30/06的軍用子彈。這些子彈是在《聖地牙哥號》軍艦上發現的，它在二次世界大戰初期於紐澤西海岸被魚雷擊沉。換句話說，這些子彈已經躺在大西洋底下超過40個年頭。它的外表已經嚴重鏽蝕，所以我只能用指甲把其中一顆子彈挖一個洞，然後把火藥倒出來。後來我把少許火藥放到煙灰缸上，再用火柴接觸它，它立刻燃了起來。

如果你用手工填藥，也擔心水的話，你可以向Loc-Tite購買子彈封膠。但事實上那是多餘的。溫徹斯特的麥克．喬登說，他們公司會密封軍用子彈（因為它必須通過浸水試驗）以及手槍子彈的底火（警用手槍，或是其他專門用來殺人的手槍），但是他們不會密封獵槍子彈，不過它也不會洩漏。

132 選擇獵鹿槍

我在1956年買了第一把槍，當年對獵鹿槍有興趣的獵人有17種步槍可以選擇，也有十一種子彈是可以考慮的獵鹿彈。到了今天，適合獵鹿的步槍大概有60種，能用的子彈也超過30種。這麼多種選擇，把一般獵鹿人搞得眼花瞭亂，所以我最常聽見的問題就是：「你用什麼槍？」但是這個問題卻無法簡單的回答。光是美國本土就有三千萬頭鹿，種類從最南端體重約為90磅的白尾鹿，一直到北部洛磯山體重超過300磅的無角鹿都有，棲息地遍布北美各大灌木林、農田林地、草原河谷、沙漠叢林，一直到山崖峭壁。沒有一把槍可以完美的用來打各地的鹿。因此，你要問自己的第一個問題就是，你打算如何用槍？要在何處打獵？如何打獵？最常獵的鹿是哪一種？

133 復古的叢林獵槍

叢林獵槍就是傳統的「獵鹿槍」。它是短管步槍，輕便、容易攜帶，使用中等火力的子彈。這種步槍主要用於100碼左右的射擊。作為一把叢林槍，射出第二發子彈的速度不是重點，打第一發的速度才是關鍵。

一位世界級的軍用步槍射擊比賽選手曾經說過：「快速火力能彌補技術能力的不足。」你不需要一把神準的槍，能在100碼射出3英吋彈群的步槍已經是神準了。雖然彈群越小越好，但是3英吋就夠用了。叢林獵槍的主流是槓桿式、壓動式以及自動式槍機，不過操作便捷的栓塞式槍機也有很好的效果。

134 使用全能步槍

這種槍可以包辦一切，從25碼的叢林射擊一直到沿著路輪電線射擊300碼外的獵物。它必須便於攜帶，也必須比一般叢林獵槍更加精準。一把上等的全能獵鹿槍，其100碼彈著群應小於一個半分角。由於精度要求非常的高，所以全能步槍幾乎僅限於栓塞式槍機。栓塞式步槍不僅是最精準的步槍，同時也是最穩定的步槍。完美的全能步槍並不是理想的叢林或豆田步槍，但是兩種場合它都能用。如果你只能擁有一把獵鹿槍，這就是你所要的。

135 稱霸豆田

這種槍是專為坐在樹架上以長距離射擊豆田對面目標而設計的，極可能源自南卡羅萊納州的前衛槍匠肯尼．傑瑞和南方其他槍匠之手。這種槍攜帶不方便、平衡性不佳、外表不好看，甚至還有其他毛病，但是很準。不只很準而已，是非常的準！典型的豆田步槍都有一支厚重的26英吋不鏽鋼槍管，還有一個比一般步槍還要輕的特製扳機，外加一個合成樹脂槍托，裝填高速子彈。

上等豆田步槍的彈著群會落在½英吋以內，但通常都會小很多。為了達成這個目標，許多主流槍廠都會特別為豆田步槍投注其他生產線所見不到的大量心力，尤其是槍管，無論自製或外購都會用最好的槍管。豆田步槍的重量多半在9到10磅之間，有一些步槍更重。我見過一把豆田步槍，它的主人把它稱為「豬小姐」，因為它的重量是11½磅，重得像豬一樣。在100碼的距離，豬小姐的三發子彈會穿過同一個孔。

除了樹架的射擊以外，豆田步槍一無是處。但是它的表現絕佳，主人都很愛它們。

136 用最好的獵鹿槍射擊

上等獵鹿槍當然不止12種。雖然我不記得有哪一把能贏過以下的槍，但是它們各擅勝場。

叢林獵槍

馬林M1895G嚮導槍 .45/70 非常短，銳不可當、久經考驗的鹿殺手。

雷明頓M7600，.35惠倫 射擊快，非常可靠，裝填.35惠倫子彈，或多或少能勝任獵鹿以外的場合。

儒格槍界斥候 .308 其原始設計並非和平用途，但是在林裡獵鹿的表現十分出色。

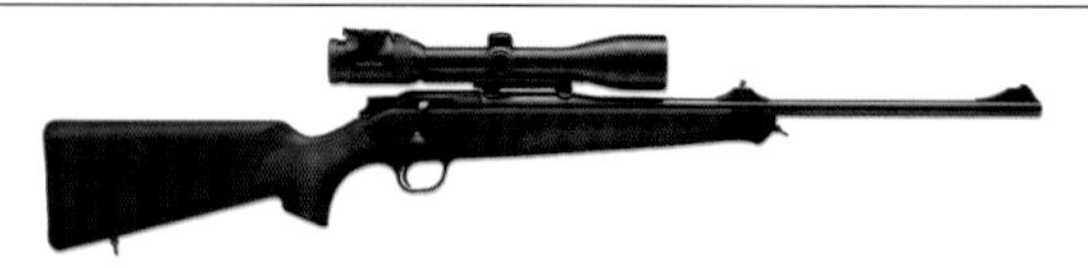

布拉塞爾 R8專家步槍，7x57 略過其他細節不提，這把槍非常紮實，極為獨特，能以驚人的速度瞄準射擊。

豆田步槍

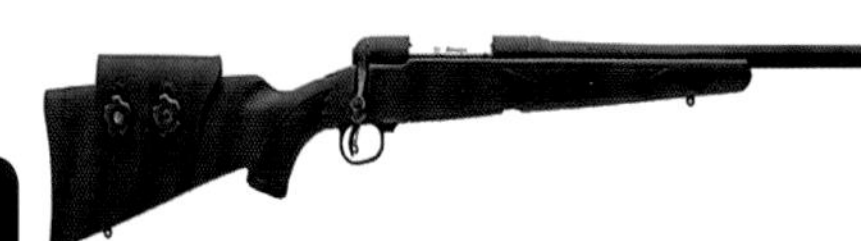

薩維奇M11/111 長距離獵人，6.5/284 非常精準，讓你只能一個人自言自語。

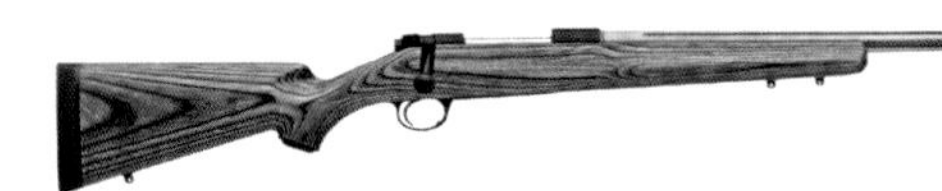

金柏·索諾拉 .25/06 和其他金柏步槍同等出色，它們的性價比都非常高。

威瑟比Mark V Accumark，.257威瑟比彈 極度邪惡的組合。牛為一隻鹿，何其痛苦。

麥克米蘭 長距離獵槍，.300溫徹斯特麥格農 簡約的頂級武器，無與倫比。

全能步槍

威瑟比先鋒系列2 .270 超值的好槍之一，近乎完美無瑕。

溫徹斯特M70，.270 遠優於你父親夢寐以求的「槍手之槍」。

儒格美國步槍，.243 儒格突破以往傳統的作品，了不起的一把槍。

湯普生中心Dimension 史上第一把平民價位的可替換槍管步槍，因此你有12種獵鹿彈可以選用。

137

八種必備的獵鹿裝備

一把槍、一顆子彈，外加一雙靴子就能獵鹿了。但如果外加以下八種額外的裝備，你還可以做得更好。

指南針 我當然知道GPS，而且知道它能高度精準的把你帶到你想去的地方。它能正確無誤的幫你定位，除非電池沒電、或是你在濃密的樹叢下、或是衛星訊號傳不到。但是指南針沒有這些問題。

傘繩 至少準備50呎長的傘繩，或是550號繩索。它的用途廣泛，你可以用繩索把死鹿綁在樹上，免得清理內臟時讓牠滾下山坡；也可以用它把槍送到樹架下。我知道有一位獵人曾用傘繩下到懸崖下方，讓他逃過凍死的命運。

組合式通槍條 用途是清理卡住的彈殼，甚至卡住的子彈，尺寸必須配合你所用的步槍。輕拍的效果最好。除非你能找到完全合適的木棒，否則，它比木棒還好用。

三種生火工具 誰能預知現場會發生什麼事？我會帶防水火柴、打火石，以及容器透明的丁烷打火機，這樣我才知道它是滿的。用防水容器攜帶六顆浸過凡士林的棉花球來做為手邊的引火物質。

三支小型手電筒 至少有一支必須是頭燈。為何帶三支？因為在打獵時，尤其在最惡劣的時間，幾乎肯定有一支手電筒會耗光電源。

瑞士刀 向你借過這種刀片的伙伴，再也不敢嘲笑你帶著它。幾乎沒有瑞士刀解決不了的問題。

急救箱 小藥箱就夠用了。你可能外出一整年都用不到它，但或許哪一天你會急需用它。每個獵季之前檢查一遍，確認有無需要更換的物品。

橡膠手套 如果你喜歡滿手是血，可以略去這一項。但是如果你有一個傷口沾到鹿血，等到傷口嚴重感染時或許你就會改變想法。

叢林獵槍

最好的準星 射程非常短、非常迅速的獵鹿槍，應使用鐵準星。後準星最好是一個大型窺孔，而前準星是一顆大金球或白球。若空間足夠開闊，足夠長射程射擊，則應使用緊實的低倍率瞄準鏡，因為它比較明亮，視野也較為開闊，理想值為1X～4X。

最好的子彈 .30/30溫徹斯特子彈是經典的獵鹿彈。.35雷明頓是上好的森林狩獵彈，它的後座力輕，但是打擊力強。.308溫徹斯特也是不錯的選擇。.45/70政府彈已經超出你的需求，不過它在林木繁盛的近距離射擊非常有效率。

豆田步槍

最好的準星 這些步槍太重，你也帶不遠，因此添加一個大型瞄準鏡也不會重到哪裡去。30㎜的鏡身、50㎜的接物鏡有助於光線的收集，倍率最高可達20X的瞄準鏡甚為風行。以上的選擇均能助你達成這把槍的主要功能──遠程射擊。

最好的子彈 .257威瑟比麥格農：這是羅伊·威瑟比最鍾愛的子彈，想當然爾。.270WSM：它比.270溫徹斯特飛得還快，但是後座力稍大。7㎜雷明頓麥格農：不容易被擊敗。.300溫徹斯麥格農：遠超過你的需求，但是準得不得了。

全能步槍

最好的準星 全功能獵鹿槍不能太重，因為它必須讓你能夠攜帶一整天。不要加上一個怪獸級瞄準鏡而破壞了以上的準則。因此，栓塞式步槍的首選是2X～7X的瞄準鏡，3X～9X最能滿足你全方位的需求，而12X則是極限。不要讓接物鏡超過40㎜。

最好的子彈 .25/06雷明頓：偉大的獵鹿彈，但是不甚流行。7㎜/08雷明頓：後座力不強，但是精準度和火力也不足。.270溫徹斯特：常年獲選為「最佳的全功能獵鹿彈」。.30/06春田彈：用於獵鹿稍嫌浪費，但是相當流行。

佩查爾的叮嚀：獵鹿彈

“什麼是好子彈？獵鹿人當中有兩種不同的說法。第一種說法認為暴力擴張是必要的，因為子彈的全部能量應該要在鹿的體內炸開。第二種說法認為鹿很少在原地倒下，為了可靠追蹤鹿的行蹤，你需要一個出血孔，所以你要讓彈頭穿進鹿體內再穿出來。我投刺穿的說法一票。當然你也需要少許的擴張力，但是硬彈頭還是比較好，它能產生血跡讓你追蹤。”

快速上手

138 休想用獵鹿彈壓制樹叢

把十字線放到雜亂的樹枝上，而樹枝後方有一隻鹿；若此時扣下扳機，晚上就準備吃豆腐吧。世上沒有壓得住樹叢的彈頭。若你真想用樹叢壓制彈，就去找一支20㎜的加農砲來！在下個獵季開始前，你肯定會召來ATF（美國煙酒槍砲爆裂物管理局幹員）、漁獵管理員，以及州警察。若不然，還是乖乖的握著你的槍，等到射界沒有障礙物再開火。

139 相信魔術

我很幸運能夠獵殺多種不同的動物，所以我能夠很肯定的告訴你，沒有比白尾鹿的出現更令人興奮的事了。雖然麋鹿和非洲水牛也能刺激你的腎上腺，但比起白尾鹿來，那都算小兒科。

白尾鹿的神秘之處，有部分是因為牠們能夠憑空現身。如果你獵過白尾鹿，你就會知道，空無一物的田野，等你下一刻再望它時，就已經有一隻白尾鹿站在那裡了。你看不見牠走進來，牠們似乎是由空氣中浮游的分子瞬間聚合而成的。

這種本事，或許是牠們從小白母鹿身上學來的：「孩子們，注意聽！這很重要。」

也有可能是外星人教牠們的。遠古的外星人教會牠們之後，才去埃及蓋了金字塔。

又有誰知道呢？無論如何，這就是天下為什麼會有那麼多白尾鹿痴的原因，我就是其中一個。

140 看著鹿倒下

這個標題對我來說似乎有點麻木不仁。好吧！我就是麻木不仁，但這已經離題了。

大約12年前，我每年都會在南卡羅萊納州狩獵白尾鹿。由於我在私人農場打獵，而南卡羅萊納州的打獵限額很寬鬆，所以我每天都可以打兩隻鹿，而且連打四天。累積下來我打的數量就相當可觀。這段期間內我帶了幾支不同的步槍，最小的是.257羅勃茲，最大的是7㎜威瑟比麥格農。關於「殺傷力」，我看不出不同的子彈之間有什麼差別。

我所獵殺的白尾鹿和麋鹿，小到70磅，大到300磅，用的子彈有最小的6㎜雷明頓，一直到最大的.340威瑟比。它們沒有任何差別。殺鹿不難，無論大鹿還是小鹿。有一些動物的確需要一點火力，但鹿不是。

要殺鹿的話，現在我會選用6.5x55或7㎜/08的子彈，如果是長彈就用.270。好好的射擊，鹿就會倒下來。

141 生涯中的狩獵

麋鹿的狩獵非常特殊。一旦你在廣闊的洛磯山原野追逐過大麋鹿，你就再也不想獵殺其他動物。好吧！這只是我個人的看法而已。30年的麋鹿狩獵經驗，無與倫比。你必須要有周密的計劃、辛勒的作業，還要有少許的資金才能完成麋鹿的狩獵，但對於大多數運動獵人來說，這樣的機會非常難得。以下是任何一種狩獵之旅的成功法則。

嚮導狩獵 如果能談個好價錢，完全嚮導的狩獵是最正確的選擇。參加嚮導狩獵不是讓你去買一隻麋鹿。你所付的錢，是要讓你在獵鹿營裡得到一星期難忘的經驗：馱獸隊、帳蓬，以及原野。但最重要的是你可以指揮一群人打獵，他們通常住在山裡，沒有老婆也沒有退休俸，一生全奉獻給麋鹿的狩獵。

野營接送 適用於自給自足的獵人。如果你想用簡單、便宜的方式上山，這就是最理想的游獵方式。業者把你帶到麋鹿的家園之後，你就必須自行打獵，自行打理雜務。野營接送的經營模式，是假設你只想找人把你運送到定點獵鹿而已。但是請注意，這種方式少了全方位服務的幾項重要優點，而最關鍵的一項，當然就是嚮導。如果你不了解當地環境，你就會把寶貴的時間浪費在尋找麋鹿。不要妄想牠們會在你的帳蓬四周奔跑。接送式野營業者多半都會兼賣全方位狩獵服務。如果你是業者，你會把有嚮導的高價狩獵團放在哪裡？如果你回答「麋鹿最多的地方」，我就送你金星獎章一枚。野營接送排在第二位。業者沒有犯法，也不是狡詐—這就是生意。

自助式 如果你想打一頭自己的大麋鹿，你可以自行前往，不需要嚮導，也不需要服務商。這樣的成功甜美無比。它沒有多數獵人所想像的那般困難，不過事前的準備極為重要。你不僅要找到麋鹿，一開始你還要先找好營地，或是找到一個方便每日進出的狩獵場。你可以自訂打獵計劃，不需要任何服務商的協助，但是我只會在人煙稀少、道路鋪設不多，而且擁有大面積國家森林的州這樣做。在荒郊野地，要找到不受干擾的麋鹿機會比較大。

過來人經驗談 要有面對問題的準備，有些時候甚至是最基本的問題。有一位《田野與溪流》的同事曾在雪雨中騎了27英哩的車，來到租賃營地之後才發現熊已經早他一步襲擊了營地：帳蓬倒了，繩索斷了，支撐桿四散各地。這就是服務商也難以避免的頭痛問題之一。

佩查爾的叮嚀：獵麋鹿

“大隻的雄鹿不多見，任何麋鹿都很難找，所以看到第一頭像樣的麋鹿就打。去年十月，我獨自一人跑去打獵。我在破曉時分見到120隻的鹿群，裡面有18隻體型中等的雄鹿。我沒有射擊，但後來就再也沒見過牠們了。

別害怕要求嚮導改變狩獵策略。有兩次我曾經要求嚮導給我更大的控制權，或是讓我嘗試新的策略，結果兩次我都打到了大雄鹿。

相同的邏輯也適用於騎馬狩獵，如果你不介意多走點路，就去對他說。”

142 獵得你的麋鹿

如果你瘦弱膽小，可以到農場獵鹿，那裡有人會把你載到鹿群附近，讓你能夠簡易的跟蹤牠們，再扣下扳機。此時，或許你已經可以**自以為**是麋鹿獵人，但事實上你還**不是**。麋鹿是生活在洛磯山的動物，適合騎馬或徒步狩獵，通常距離營地或最近的公路都有好幾英哩的路程。打獵完畢後，你會有一輩子未曾體驗過的骯髒、寒冷，以及更甚於以往的疲倦，而你的營地也可能有肉或沒有肉讓你炫耀。但無論如何，你已經是一個麋鹿獵人了。

我認識一位前海軍陸戰隊隊員，他為獵麋鹿存了好幾年的錢，等到他最終成行的時候，他已經七十歲了。他騎在馬背上兩個星期之後，再也無法正常走路，但是他打到一隻意義重大的大雄鹿。他不後悔，他就是麋鹿獵人。

大隻的雄白尾鹿重約200磅；大隻的雄麋鹿卻可重達600磅，甚至更多。受驚嚇的白尾鹿可以跑上一英哩的路；但是麋鹿為了逃命卻可以跑進另一個行政區裡。白尾鹿獵人在一平方英哩的範圍內活動一天就能成功；而麋鹿獵人必須跨越10到20英哩才能射到一隻麋鹿。

打倒一隻大雄鹿的機會，往往都在你腳痠的時候，或在你煩躁無比或失神的時候。這時候你就會看到一隻大雄鹿，然後你必須心無雜念，專心射擊。如果你沒打中，感覺頂多像喝醋而已；但如果你把牠打倒了，那就是夾雜著少許哀愁的一項大成就。等你回到營地，聆聽伙伴們早已守候已久的最終評論，你才會變成真正的英雄或狗熊。等到收拾行李，準備返回平地的那一天，你肯定會坐在馬鞍上回頭長望，因為不知道何時才有機會再來一次。

143 麋鹿槍的挑選

50萬年前的獵人，必須和一種稱為大角麋鹿或愛爾蘭麋鹿的大型動物戰鬥。現今生活在灌木叢裡的任何動物和牠比起來都算是侏儒。這種巨鹿站立時肩膀有7英呎高，鹿角展開有12英呎長，重量是現代麋鹿的兩倍重。我敢打賭，在舊石器時代的營火旁邊，人們肯定對於如何把大角麋鹿送進湯鍋的適合工具有過激烈的爭辯：重矛還是梭鏢？同樣的爭辯今日依舊存在，而我對兩邊各有不同的看法。

第一種麋鹿槍的論點認為：只要你射得好，用什麼槍都無所謂。大量的證據顯示，任何一把大型獵物步槍都可以成為良好的麋鹿槍。幾年前，我在蒙大拿邊界打獵，有一個朋友每年都在同一個地方用一把.30/06步槍和廠造的子彈打到一隻麋鹿。他很聰明、有耐心，而且還有大量的時間，所以他可以一次又一次的放棄射擊。唯有一切非常完美的時機，他才會扣下扳機。在我和他保持聯絡的20年裡，他從未失手，而且他也不曾追蹤過受傷的麋鹿。若有紀錄可循，或許就能看出死於.30/06、.270，以及.30/30的麋鹿比其他步槍加總起來還要多。我自己就曾用一把.270殺死一隻麋鹿，雖然接下來幾天我臉色發白，手腳顫抖。

第二種論點認為：你只有一次射擊的機會，所以火力要強大。我們多數人和蒙大拿獵人不一樣，我們玩不起略去不射的手法，能夠拿到一張麋鹿吊牌在山上待一個星期，再看到一隻能射擊的雄鹿就算運氣好了。少有人會因為射擊不夠完美而放棄射擊，所以這時候就要派大槍上場。我所說的大槍，是指.300威瑟比麥格農以上的槍械，而且以更大型的槍械為主流。.300威瑟比或.300雷明頓超級麥格農（RUM）能以3,000fps左右的射速射出200格令的彈頭，相當可怕。.338、.340威瑟比，或是.338 RUM能射出更重的彈頭，上限為250格令，射速則介於.338的2,600fps以及其他兩款子彈的2,900fps之間。

中等口徑的重型單頭彈比小彈頭更具殺傷力。如果你用的是最堅固的彈頭，例如斯威夫特A形彈頭，則無論多厚的獸皮、骨頭和肌肉它都能擊穿。這種等級的槍，最大的問題就是後座力非常大。為了對抗後座力，我們就必須讓它變得很重（加上瞄準鏡最少9磅），或是為它加裝槍口制動器，換句話說你在打獵時就必須戴上耳罩，因為它所產生的噪音沒人受得了。我偏好哪一種論點？我會支持大槍的論點。但如果你對於大槍的搬運能力和射擊有疑慮的話，還是用你自己的獵鹿槍。被.338射中腹部的麋鹿，和一隻被.270射得很慘的麋鹿，一樣都會在漫長的痛苦中死去。

144 建立你的麋鹿軍火庫

挑選一支火力強大的步槍，讓你幾乎每次都能打倒一頭鹿。它必須夠重，才能抵抗後座力，讓你在射擊時不會畏縮。如果你不喜歡帶著一把又重、後座力又強的步槍跑來跑去，那就難辦了，畢竟這是在打麋鹿。

全功能步槍 有多款栓塞式槍機步槍，它們能以高速擊發重型彈頭，無論遠近都能讓麋鹿立刻倒地。扛著它一點也不好玩，但我就是用這種槍，也別無選擇。請注意，我偏好.33麥格農更甚於.30。.30在非常遠的距離比較容易命中，不過250格令，以2,700至3,000fps的速度飛行的.338彈頭是更好的選擇。

沙科85經典步槍
.338溫徹斯特麥格農
M85經典步槍是一款造型美麗、手工精細的傳統木質槍托步槍，而.338溫徹斯特麥格農則是多數人眼中最上等的麋鹿子彈。還有比這更好的嗎？

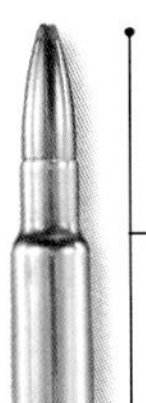

雷明頓M700 LSS
裝填.338雷明頓超級麥格農
纖細得像一支溫度計，穩定得像一把合成纖維槍托步槍。最適合的槍管不是廠造的26英吋，而是23½或24英吋槍管。你可能會損失微不足道的100fps，但是更容易操控。

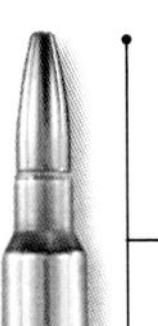

威瑟比Mark V Accumark
裝填.340威瑟比麥格農
這把槍能射中麋鹿的睫毛，因為它有合成槍托、特製的扳機、鋁製的座床大樑，以及一支有笛孔的26英吋不鏽鋼克里格（Krieger）槍管。見識到它的成績前，你肯定會咒罵它的重量。

森林步槍 狩獵麋鹿經常在昏暗的森林裡進行，你幾乎是直線往上或直線往下步行，再不然就是橫向攀爬45度的斜坡，而且不時要迅速低頭，躲進倒落的樹幹底下。能射擊的距離都不到100碼，在這種情況下，有幾款特製步槍做得非常完美，以下為其中三例。

雷明頓M673嚮導步槍
裝填.350雷明頓麥格農
M673是一款無與倫比麋鹿步槍，結實、火力強大，而且容易操控。它的槍管長度是22英吋，重量約為7¾磅。它的散熱葉片很愚蠢，完全沒有用處，這點大概是它的唯一缺點。

儒格1S號中型運動家步槍
裝填.45/70
它有22英吋的槍管，但因為槍匣太短，所以總長度相當的短。它的前背帶扣環吊在極前方的槍管下方，所以背槍時會非常的低。你一次只能擊發一槍，但如果射得好，一槍也就夠了。

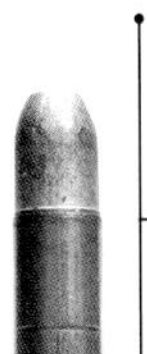

馬林M1895G嚮導步槍
裝填.45/70
這把槍有18½英吋的槍管，既短又輕（7磅重，總長僅有37英吋），用對了子彈還能讓麋鹿直接躺平。這種小槍用鐵準星的效果很好，但是它太精準了，讓你不得不搭配低倍率瞄準鏡使用。

145

放慢速度獵取大角麋鹿

我在阿拉斯加東南方的秋河打獵時，曾用一把超輕武器步槍裝填.340威瑟比麥格農，打到一隻非常迷人的大角麋鹿。我在60碼用一顆子彈瞄準牠的肺部把牠打倒。通常你會射牠三到四次，而牠會站在原地發呆一陣子之後再走向最近的水塘，然後死掉。

我用手工填製的子彈，規格是275格令的斯威夫特A形彈頭，它可以產生2,550fps的槍口射速。如果你熟悉.340子彈的話，你會知道它可以讓各種250格令的彈頭打出2,800fps以上的射速，以及讓210的彈頭打出3,000fps的射速。因此，為什麼我會選用這種又長又慢的拋射體？

因為它的效果好。誘殺大角麋鹿的射擊距離通常為20至40碼，此時高速有百害而無一利。好一點的情況會產生彈頭爆裂，讓你損失大量的肉。最糟的情況是彈頭在牠的肩部爆裂，這時牠就會逃走，然後慢慢的死去，讓你再也找不到牠。你真正要的是不讓彈頭爆開，讓它能夠完整貫穿4英呎長的骨頭、獸皮和肌肉。這正是斯威夫斯彈頭所訴求的功效。

多年來，我都用手工填製邪惡無比的麥格農子彈，搭配又重又長、射速低於廠製規格的彈頭。其中有一款子彈非常好用：7.21㎜（實際上是.284）的拉澤羅尼戰斧（Lazzeroni Tomahawk），它能以近乎3,400fps的速度把140格令的彈頭送到槍口，並以接近3,200fps的速度送出160格令的彈頭。我甚至把160格令的諾斯勒分割彈頭裝填為3,000fps的射速，你猜最後結果如何？那隻野獸應聲倒地。

速度如果用得巧，會變得實惠又好用，但在大型獵物的狩獵場合，它幾乎派不上用場，而實際上有反效果的情況還多得嚇人。

146 射得快，射得準

2006年的狩獵之旅，我打到一隻大角麋鹿。我花了兩個星期的時間辛苦穿越南阿拉斯加的沼澤，發現牠以飛快的速度向我接近。當時我處在開闊的地面，只要我一動，牠就會看到我。這種局勢，意味著牠一到我的側面，我就必須立刻舉槍瞄準，再開槍射擊，全部的動作要在一、兩秒內完成，搶在牠發現周圍有什麼不對勁之前開槍。

有時候你必須快速射擊。除此之外，你也要有能力打中你所瞄準的物品。嚮導和服務商抱怨現今有太多獵人無法快速、準確的射擊，比開飛機還差。有一位服務商曾經怒氣沖沖的跑來向我投訴：「拿掉槍托底板是讓他們輕鬆完美的進行無依托射擊，但是他們卻四處尋找倚靠平台。」

在獵物獵捕嚴重的地區，或在你必須近距離射擊時，你就必須機敏的立刻開槍。相反的，也有若干地區的動物對人類是好奇多於驚懼。如果你屬於人數逐年增長的長射程獵人，射擊距離在300碼以上的話，或許你就有時間悠閒的開第一槍，然後再補上第二或第三槍。你和自己心裡的懷特．厄爾普對話，他會說你必須用最快的速度把左輪手槍從槍套裡面拔出來，再從容地慢慢瞄準。

若把厄爾普的話譯成步槍射擊語言，意思就是迅速舉槍，不要拖泥帶水，剩餘的時間都用眼睛緊盯著你要打的目標。記得不要把槍托直接拉上來，而是把它往前推，上提，然後畫一個半圓把它往回拉。

舉槍瞄準時，你必須作一個重要的決定：我有多少時間？狩獵老手可以從動物的行為判斷他有5分鐘、5秒鐘，或是根本沒有時間可用。無論時間有多長，他們都會把它用完。

如果你不是打獵老手，最好假設你能用的時間不超過3秒。因此，選定動物身上某一點就開始瞄準，一旦十字線與目標接近或交疊，就拉動扳機。不要一直瞄準，期待你的準星圖像會越來越好，事實上不會。

快速上手

147 放聰明點

幾乎所有的狀況都能找到基本通則。如果你要打更大、更凶猛的野獸，你更應該回頭檢視你的基本動作。回到靶場去燒一些子彈吧！這樣做至少可以讓你避免以下的四種錯誤：

錯誤一 經過一番痛苦的教訓，你才了解無法舉槍瞄準的原因是你在寒冷的麋鹿棲息地穿得太厚，最後導致瞄準鏡無法拉得太近，而讓你無法取得良好的準星圖像。

錯誤二 用10X的瞄準鏡瞄準，但是忘了把它調回4X。

錯誤三 忘了保險在哪裡，或是忘了怎麼操作，甚至連保險這回事都忘了。

錯誤四 讓步槍一直背在肩上。如果你橫越北方的凍原尋找大角麋鹿時還把槍斜背在後背，那更糟糕。

148 獵山羊

我不喜歡大型獵物狩獵最常見的6mm或.243子彈，但是獵山羊時這種子彈光芒四射。儘管如此，你還是不得不提防兩件事情。第一，如果很不湊巧的你需要300碼以上的長距離射擊，要知道這種小彈頭的風偏相當嚴重，而山羊又是一個小目標。第二，.243和6mm子彈可以搭配狐鼠彈頭和一般獵物彈頭，你要用的是一般獵物彈頭。一般說來，這種彈頭係指90或100格令、射速約為2,900fps的單頭彈（真實世界的速度）。

.257羅勃茲和.25/06遠優於上述兩種子彈。這兩種子彈雖然是老字號彈藥，但是無可匹敵。它們可以搭配抗風力更好、穿透力更強的115和120格令彈頭，而且普遍來說也比100格令單頭彈來得更有效率。羅勃茲不是廣受歡迎的子彈，因為你不容易買到，而且它的火藥充填往往嚴重不足。但是手工填藥者用.257所能達到的境界，反而好得沒話說。.25/06也不是非常轟動的子彈，但如果我要打造一把專門用來打羚羊的步槍，我一定用它來上膛。

如果你使用130格令彈頭搭配.270子彈，.270就可以讓羚羊步槍發揮得淋漓盡致。.30/06也一樣，不過僅限於150格令的彈頭。

不要拿打麋鹿用的'06型子彈和180格令彈頭跑到灌木叢裡。這種彈頭對山羊來說太硬了；它會直接射穿羊身體，不會爆裂，而你的羚羊則會若無其事的跑開，但最後會受盡折磨而死亡。

如果你想要一把真正能從遠距離擊倒山羊的步槍，就從雷明頓、溫徹斯特或拉澤羅尼裡面挑選一把使用.270麥格農短彈的槍。這些步槍的射擊平直到連我也難以想像，而且以彈道來說它的後座力也不大。

.257羅勃茲

149 善於利用地形優勢

山羊並不是適應力最強的生物（如果你在意名詞的話，羚羊屬於山羊的一種，而北美山羊實際上就是羚羊）。億萬年來，牠們都憑藉著超強的視力和驚人的速度生存，但是牠們缺乏白尾鹿和麋鹿的腦力，而無窮無盡的好奇心更讓牠們受盡苦難。

如果牠們生活在真正的平原，你完全沒有得手的機會。但是水牛漫步的地面，羚羊麋鹿嬉戲的地方都不是平的（我還真沒看過會嬉戲的羚羊，或許我只是不知道該怎麼看而已）。地面上滿佈著小丘、平頂山、深谷、沖刷地和旱谷地，這種地方都可以爬行或潛行，因為山羊看不到你。換句話說，只要你肯下工夫，你就能接近牠。此外，羚羊也必須喝水。只要有水坑的地方，牠們就會聚在那裡，而你同樣也能埋伏在那裡。

叉角羚羊獵人較有機會採用臥姿射擊，因此，多練習用背包或槍背帶作為支撐的臥姿。你也可以買一個雙腳架夾住你的槍前托。你有可能要爬行才能進入射擊位置。若是如此，你會發現灌木叢裡滿佈著小仙人掌、絲蘭、石塊和毒蛇。對付前三項只要買一付護膝和護肘即可。如果你在爬行途中遇到一隻草原響尾蛇，還是回家吧。唯有精神失常的人才會在毒蛇四周爬行。

150 觀察山羊

我認為倍率能在3X至10X之間調整的瞄準鏡最適合用來打山羊。記得再帶一支上等的雙筒或單筒望遠鏡，或者兩者都帶，尤其是紀念品獵人（指的是把鹿角帶回家當作紀念品）。

你看見的公羚羊，多半都有12至14英吋的角（和麋鹿角不一樣）。12英吋的羊角已經不小，而14英吋在很多地方已經算是非常好的紀念品。兩英吋的羊角差別不大，在數百碼外看起來更加不明顯，因此在你開始跟蹤牠以前，最好先確認這隻公羊是否值得你打，而且你要一眼就能從羊群裡面把牠認出來。

聰明的羚羊獵人會多觀察，儘量少走動。走路會讓你流汗、疲倦，基本上不是舒適的活動，而且還會嚇到野生動物。通常能不走就不走。

有人說山羊的平均視力約略等於人類使用8X或10X的望遠鏡。或許是。我只知道如果你看得到牠，牠就看得到你。切記。

151

瞄準山羊

許多羚羊獵人來自美國東部，他們很少在開闊的原野或遠距離看過動物。當他們發現一頭山羊時，會以為牠比實際的距離要遠得多，遂舉槍瞄準動物的背部，最後卻把彈頭打高了。如果瞄得太低，他們的槍還是舉得太高，所以他們會一直打不中，最後不是動物跑了，就是子彈打光了。

別忘了這種動物很小，看起來距離足足有一英哩的羚羊，實際的距離可能只有200碼，這是簡單的平射距離。黃金守則為：第一槍不要讓十字線離開動物身上。如果你真的、非常肯定的認為山羊的距離非常遠，就瞄準牠的脊椎，不要比這個高。

但無論如何追捕牠，或用什麼槍打牠，都要有運動家的風度。羚羊在這裡生活的時間比我們長很多，值得我們尊重。

“佩查爾的叮嚀：羚羊

每當要寫羚羊的狩獵時，我就快樂不起來。這種小動物因為「狩獵」所受的折磨比其他動物還要多，但還不及差勁的射擊為牠們帶來的痛苦。

羚羊不是最聰明的動物（雖然老公羊活命的本領高超），而且不會跳過圍籬，所以有少數富家公子會開著小貨車去驚嚇一幫子羊（美國西部多半用這種方式稱呼羊群），把牠們驅趕到圍籬邊上，再開槍射擊。他們認為這是一種了不起的運動。這群英雄有時候會直接向羊群開槍，連挑一隻來瞄準也不願意。有些羚羊逃開了射擊，但也有些腳被打斷了。

隨著長距射程的風行，可憐的羚羊還面臨著另一種問題。因為射手們都是從數百碼外射擊，所以很容易誤擊羊嘴、羊腳或羊肚。切莫如此。狩獵山羊（我所謂的『狩獵』，不單指狹隘的狩獵本身）需要技巧、耐心，以及合適的裝備。”

152 狩獵掠食動物

郊狼體型多半很小；但我射殺過體型和狼差不多大的緬因州郊狼。郊狼不難射殺，我曾用散彈槍在槍口下射殺過郊狼，也曾在500碼外射殺過。

我用的是豆田槍，這是一把使用薩維奇槍機的客製化步槍，裝填.25/06手工填藥子彈。瞄準鏡是特里吉康（Trijicon）AccuPoint 2.5X～10X 56㎜，它可以在遠距離或伸手可及的距離，以及在光線不足的情況下用來對付郊狼。手工彈搭載100格令斯威夫特西洛可（Sciroccos）彈頭。這種彈頭不僅獵鹿很好用，對於體型小於恐狼的各種郊狼也能一槍斃命。

不想照單全收我的建議嗎？若是如此，就挑.223、.22/250、.25/06，以及.270溫徹斯特麥格農。

佩查爾的叮嚀：掠食動物

“不要殺美洲獅。牠們會吃慢跑者、自行車登山客，以及其他令人厭煩的動物，所以不要理牠們。但如果你非要殺牠不可，也不是什麼難事。多數人都是用手槍獵殺，因此.44麥格農、.357麥格農、.45柯爾特長彈，或是.480儒格都辦得到，雖然它已經遠超出你的真正需求。”

馬林嚮導步槍

153 打野豬

別以為牠是可愛的豬寶貝。這種豬體型巨大，皮又厚，相信我，你絕不會想和一隻受傷的野豬纏鬥。如果沒記錯的話，我打過的各種野豬都沒超過100碼。

我挑選的獵豬槍是重度改裝的馬林M95G嚮導步槍，配上里奧波特（Leupold）VX-III 1.5X～5X瞄準鏡，裝填.45/70子彈。它能裝六發子彈，以防遇到太多野豬。若使用葛瑞特（Garrett）硬質鉛彈，或水牛膛線軟殼彈（Buffalo Bore，此為製造商名稱），即使是最大的野豬也能當面把牠幹掉。

以上兩種廠牌的子彈所搭載的彈頭已經遠超過.45/70的標準規格，無論用來打什麼目標，它都會讓你成為信徒。

154 觀察掠食動物

或許你會問，野豬到底算不算掠食動物？我會回答，當四周沒有真正的掠食動物時，牠就會變成掠食動物。以獵豬來說，低倍率瞄準鏡都很好用，我認為最低倍率在1X至2.5X之間的任何瞄準鏡都能用。最高倍率我不是很在意，因為我決不會用到比如說4X以上的倍率來打野豬。

野豬通常是在清晨或黃昏由樹架上射擊，所以你需要在弱光下清晰可見的十字線，或是紅點瞄準鏡。

郊狼的情況大不相同，因為某些郊狼的體型不會比狐狸大多少，而且通常你需要在遠距離打牠。倍率的下限建議為2.5X，上限不應低於10X。具備距離補償的十字線會有莫大的助益。和獵豬瞄準鏡一樣，光線不足也是考量因素之一，而我一定會用內建紅點的瞄準鏡。

155 以嚙齒動物為師

暫且拋開「好可愛喲」的情結，承認這種可愛的狐鼠類動物能提供你兼具射手及獵人的大好磨練機會。若你希望成為一名真正的長射程射手，土撥鼠所能教你的遠比任何教練還要多。經過兩、三天的射擊，你就能在距離、幻影、風偏的估算上取得驚人的成就，同時也能獲得良好的射擊技巧。以下是我打土撥鼠時所學會的七大功課，這是除了狙擊手訓練之外任何地方都學不到的課程。

一、 大量射擊是無可取代的工夫。我認為每年至少要射擊200發左右的中央底火彈，才能保持良好的射擊水準。我不相信大多數大型獵物獵人每年會打超過20發子彈。如果你在靶場以各種距離射擊500發子彈，而且把不同形式的風偏也考慮進去，你對於現實世界的彈道就會有更清楚的概念。

使用含密爾點的瞄準鏡

二、 在不用雷射測距儀的條件下練習距離估算，能讓你變成一位更優秀的獵人。土撥鼠體型嬌小，外加牠的棲息地鮮少有明顯的地標，導致我們難以估算這種小老鼠到底距離我們多遠。和土撥鼠交手多日之後，你會發現你已經能夠精準的估算300碼以下的距離。

三、 遲疑必然招致失敗。肯塔基風偏修正或許在肯塔基管用，但是在你身邊不一定管用。長距離射擊需要由多重瞄準點。利用土撥鼠的狩獵作為練習是一種好方法，如果在獵季最後一天頂著昏暗的光線來射擊一隻有12支叉角的雄鹿，就不是好方法。使用含密爾點的瞄準鏡，不要再對著空氣瞄準。

四、 雙腳架是你的朋友。無論打什麼動物，只要是長射程，而且需要一個堅若磐石的支撐物時，就用雙腳架。它對於長距離射擊專用的大型動物步槍也同樣有用。

五、 你必須確認子彈落點。若有一位能力與你相當或者更好的射手，能幫你判定風象、調整瞄準鏡，以及確認子彈爆開的落點，就是一件無上的至寶。否則你就必須自行準備一把無後座力步槍。我見過一把最新的客製化土撥鼠槍，它的重量落在12至15磅之間，而且可以套上槍口制動器。唯有紋風不動的步槍，才能讓你確認子彈爆開的落點。

薩維奇 12 LRPV 雙管獵槍

六、 多射擊小目標，就能讓你射鹿宛如射擊溫馴的大象那般。我很早就發現，除非你有一把精準的步槍，而且你是一位技術高超的射手，否則你根本射不中北美旱獺這種小動物。如果要射體型只有北美旱獺三分之一的土撥鼠，我會用.223以及.22/250的子彈。後者的五發彈群落在¼英吋以內，而.223實際上比它更好。

七、 屏除咖啡因。心跳越慢，持槍越穩。如果你先喝三杯咖啡，再把槍拿出來，你的日子就會更加難過，而嚙齒類動物的壽命也會長一點。

.223和.22/250

156 注意熊出沒

就算你不是真正想打熊，你可能也需要知道如何以最有效的方式殺牠。事實上，當你跟蹤某種動物時，極有可能遇上粗暴的熊。當你狩獵北美馴鹿或大角麋鹿時，你的心裡可能只盤算著北美馴鹿或大角麋鹿，不會留意四周的熊。但是熊卻會注意到你，而且厭惡你存在。除此之外，有一些熊已經習知槍聲就代表晚餐，只要把獵人從死屍旁邊趕走就能得手。若是如此，你就必須堅守地盤，並以極快的速度在非常近的距離射擊。

北美多數地區所遇到的熊，不是灰熊就是棕熊。基本上牠們是同一種動物。但是棕熊多半分布在海岸地區，一年內有部分時間以捕魚為生，而且體型較大。一般正常體型的灰熊重約600磅，但是營養充足的雄性棕熊可以重達兩倍。

兩種熊的視力都很普通，甚至很差，但是都有優秀的聽覺以及超自然的嗅覺。牠們有粉碎力超強的牙口，一揮前掌就能讓人非死即殘，而且有貓一樣的敏捷身手。

若你專為獵熊而來，勝算就大很多。在遠處用瞄準鏡鎖定牠們的位置，想好要如何接近牠們，距離越近越好，然後扣下扳機。如果一切順利，熊的困擾就結束了，你的困擾亦是如此，只不過這是比較積極的做法而已。

157 上好子彈打熊

如果你要打熊，或是在熊的棲息地狩獵，最好帶一些能夠對付熊的武器。.30/06子彈剛好能夠射殺大角麋鹿，但如果你接近屍體，看到一隻大灰熊已經動手吃了起來，你可能就需要大一點的槍。

獵熊槍都是栓塞式槍機，其他槍機無法勝任這種大火力的子彈。如果從火力最小的子彈談起，最好的子彈是.338溫徹斯特麥格農、.340威瑟比麥格農、.338雷明頓超級麥格農（RUM），以及.375 H&H。其中以.338的後座力最小；如果熊不是你的主要獵物，它就是你的首選。.340和.338 RUM都是使用.338的彈頭，但是前者的射速較高，所以後座力會大一點。.375 H&H可以射擊更重的彈頭，所以它廣受阿拉斯加嚮導的歡迎，因為它是阻絕者。

如果用你的步槍，就需要硬一點的彈頭。我認為最好的彈頭就是斯威夫特A形彈頭，我曾在阿拉斯加和非洲用它來對付各種巨大難纏的野獸，用起來果然名不虛傳。

你還需要一支良好的低倍率瞄準鏡。打熊的時候你會需要開闊的視野，外加能讓你的眼睛迅速對準中心點的深色十字線。我認為1X～4X或1.5X～5X，或在此範圍內的倍率是最理想的瞄準鏡。你一定要帶瞄準鏡蓋，因為會下雨，而且保證是很大的雨。

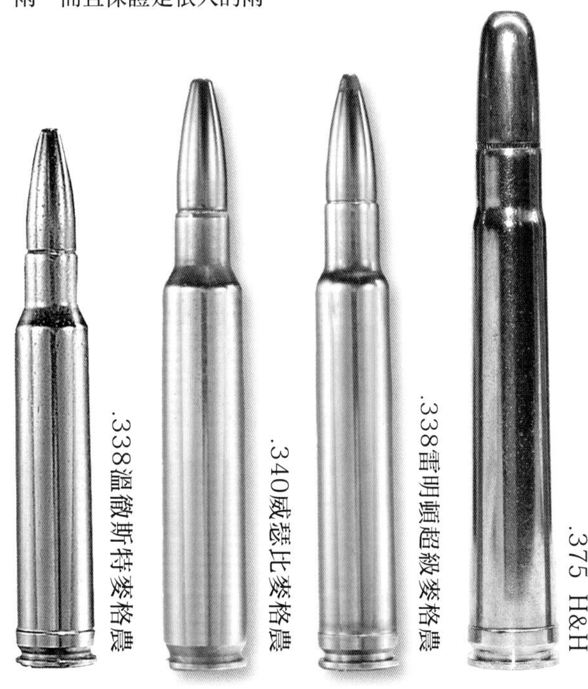

.338溫徹斯特麥格農

.340威瑟比麥格農

.338雷明頓超級麥格農

.375 H&H

158 挑選非洲狩獵的最佳子彈

非洲步槍一向分成輕型、中型和重型三種，這種系統非常合理，讓我不得不沿用其系統，為每一種步槍提供兩種選擇。

輕型步槍

首選：

.30/06春田子彈

'06型是四處合宜的子彈，可搭載強硬的180格令彈頭。

最佳彈頭：

聯邦VITAL-SHOK優質彈，180格令巴恩斯TSX。

.30/06

第二選擇：

.270溫徹斯特

我的朋友鮑伯·李（BOB LEE）曾在1950年代用.270殺過獅子。你還有更高的期待嗎？

最佳彈頭：

聯邦VITAL-SHOK優質彈，140格令紀念品膠合熊爪。

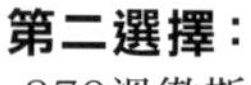

.270

中型步槍

首選：

.375 H&H

.375對於非洲獵人的意義，宛如北美獵人手中的.30/06，兩者俱是不可或缺的子彈。

最佳彈頭：

雷明頓優質彈300格令斯威夫特A形彈頭。

.375

第二選擇：

.338溫徹斯特麥格農

它和.375 H&H不相上下，但是後者在非洲不容易買到。

最佳彈頭：

雷明頓優質彈225格令斯威夫特A形彈頭。

.338

重型步槍

首選：

.416雷明頓

它的衝擊力比.375還要大，又不會有.45那種打斷鎖骨的後座力。

最佳彈頭：

雷明頓優質彈400格令斯威夫特A形彈頭。

.416

第二選擇：

.458洛特彈

如果要讓暴怒的大型動物知道你是玩真的，沒有比它更好的了。

最佳彈頭：

霍爾納迪500格令圓頭實心彈。

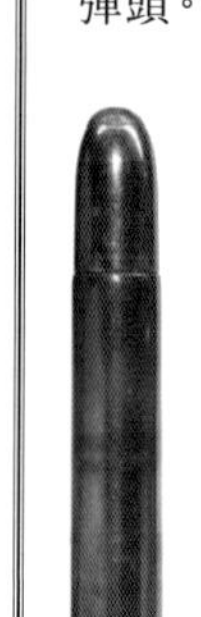

.458

159 打敗非洲水牛

非洲水牛是目前地球上最常見的危險獵物。大型公牛重量介於1,400至1,600磅之間。基本上牠們只想離你越遠越好，但如果你打傷其中一隻，牠就會竭盡全力復仇。

這種野獸具有神奇的蠻力，身受多次大型步槍的射擊還能夠往前衝。一位60多年經驗的專業獵人就曾經說過：「彷彿你餵牠吃維他命丸，而不是向牠開槍。」如果你被擊倒，牠就是能把你殺死的兩種非洲動物之一──另一種是大象。

非洲水牛的狩獵非常困難，因為牠們是群聚的動物，非常可怕，而且聽覺、嗅覺和視覺都非常好。一旦你接近牠們，就會有無數的眼睛、耳朵和鼻子偵測你。你幾乎不得不在茂密的林子裡獵捕牠們。我殺過很多水牛，但是只有一隻是在開闊的平地上射殺。在你跟蹤牠們的地點，能見度多半都是幾英呎到50碼而已。

你必須走很多的路，也要跑步和爬行。我曾在一天之內把這三件事重複做了很多遍。除此之外，我在非洲的10次狩獵之旅也被嚇過好幾次，每一次都是非洲水牛引起的。這就是你要獵捕牠們的原因。

160 打非洲水牛的裝備

除了大象以外，非洲水牛是唯一值得使用雙管步槍的非洲物種。如果你有錢，也有意願把玩一下，何不去買一把？但我還是偏好能裝填四、五發子彈的步槍。

能打非洲水牛的最小合法步槍是.375 H&H，但依據我的經驗，我還是喜歡大一點的槍。我最早射殺的四隻非洲水牛都是使用.375，但是一開始它似乎沒有帶來太多困擾。此後，我還用過.458溫徹斯特、.485洛特彈，以及.416雷明頓，我喜歡它們有較大的迴旋空間。我也射過.404傑佛瑞，但我沒用它打獵過。這是一款逐漸復興的老式子彈，因為它能提供比.375還要大的火力，又不會有大到讓你翻胃的後座力。

你會需要軟質及硬質尖頭彈，軟質彈頭尖端還須具備韌性。良好的硬質彈頭必須能夠射穿水牛，而良好的軟質彈頭則須停在遠端的毛皮下方。霍爾納迪硬質彈頭就有很好的效果，而斯威夫特A形彈頭則適合作為軟質彈頭。

一項訣竅：裝填彈匣時，要把軟質尖頭彈放在最上方，並保留硬質彈頭來終結這隻動物的性命。向水牛發射的第一發子彈，差不多都在牠還在水牛群裡的時候，所以你不希望彈頭貫穿牛身之後再打傷第二條牛，而牠會在你不知情的情況下逃走，然後再找機會報復。

使用低倍率瞄準鏡。要在光線只有一半的茂密林裡挑選一隻灰色的動物，對我來說比使用開放式準星困難得多，或許你也會覺得困難。記得多帶一些子彈，隨身攜帶的子彈不應少於15發，而且要放在可以迅速取得的位置。遲早會有機會把它用光。

162

狩獵大象之生存術

大象到底有多危險？牠們絕對不是大象巴巴（Babar，法國兒童漫畫中的人物）。和我一起打獵的專業獵人（Professional Hunter，簡稱PH）當中，唯一一位被動物殺死的獵人就是死在大象手中。和我一起打獵的PH當中，也只有一位公開表示他懼怕某種動物，他怕的就是大象，因為他也差點被大象殺死。

大象不僅有高度的智慧，也有極佳的聽覺和嗅覺，而且視力相當的好，除此之外還有六噸重的（單就成年公象而言）肌肉和骨骼為牠們撐腰。牠們不能跑，只能快步行走，但是這就已經很快了。牠們能夠無聲無息的移動，很少會把樹枝打斷。

大象幾乎只會出現在茂密的林裡，和非洲水牛一模一樣──至少在我們打獵的地區是如此。如果你要打一隻擁有上等象牙的公象作為紀念品，你的困難就在於如何找到象群，如何接近牠又不讓牠聞到你的氣味，如何挑選你要打的大塊頭，接下來就是等牠遠離其他大象。

狩獵大象所走的路，一般來說比其他非洲獵物還要多。牠們通常邊走邊吃；除非你運氣超好，正好逮到一群午休的大象，否則你就必須一直保持良好的狀態。你可能需要跑步，速度盡可能得快，還不一定能趕得上牠們。

161 選擇正確的槍彈來打大象

獵象步槍分成兩大類：栓塞式槍機步槍和雙管步槍。栓塞式槍機步槍能提供四到五發子彈，可靠度極高，而且和花費不貲的雙管步槍相比，它的價格非常低。雙管步槍只能提供兩次射擊，接下來你就必須重新填彈，只不過這是極為快速的兩次射擊。我個人會選用栓塞式槍機步槍。

要阻擋一隻向你衝撞的大象，不會比阻擋一隻比如說非洲水牛或獅子來得困難，因為大象是一個大目標，牠沒有獅子的速度，也沒有水牛高度亢奮的自殺式攻擊戰術。在准許獵捕大象的地區，法定的最小子彈是.375 H&H。這是世界上最好的狩獵用子彈之一，因為它兼具高效能，而且不會有能把視網膜打到剝離的後座力。

.416雷明頓和.416瑞格比兩款子彈在後座力和效能方面都比.375 H&H高出一個等級。雖然它所拋投的彈頭相當大，但只要射手願意練習的話，還是能加以操控。

再上一級就是.458溫徹斯特、.458洛特彈，以及.470硝基快車（Nitro Express，硝基指的是火藥的硝化纖維成分，而快車則是指飛快的彈頭速度）。前兩種子彈使用同一種彈頭，不過洛特彈的火力比另一種子彈明顯大很多，幾乎已經到了射擊老手所能控制的極限。.470是一款頂級子彈，不過它只能用在雙管步槍。

低倍率瞄準鏡是不錯的想法，但不是所有的瞄準鏡都能承受.485洛特彈等級的連續後座力衝擊。因此，鐵準星的使用就變得合情合理──無論它是備用準星還是主要準星。你要有一顆大白球作為前準星，以及一個調在50碼的快速後準星。

163 獵獅步槍之選用

獅子屬於危險獵物，所以大多數地區你會需要.375 H&H或是更大的步槍。不過獅子可以用較小的子彈獵殺。獅子沒有厚皮、沒有巨大的骨骼，也沒有大塊的肌肉。你所需要的，只是一顆能造成最大傷害的快速擴張彈頭。硬質彈頭或韌度非常高的軟質彈頭會在獵獅時惹出大麻煩，因為它會射穿獅子，傷害不大。你要用的彈頭就是用來打大型羚羊的彈頭。我建議用諾斯勒隔間彈頭，它保證能產生劇烈的擴張。

你可以使用雙管步槍，但是我所認識的每一個獵獅朋友都是用有瞄準鏡的栓塞式槍機步槍。鐵準星很好用，任何危險獵物的步槍都是如此，但不要忘記牠是土黃色的大貓，背景也是土黃色的，除非你能夠迅速看到準星圖像，否則別指望用它。或許你可以改用1X～4X的瞄準鏡。

不要直接射擊獅子的頭部。一旦打中了，你的紀念品就毀了，因為雄獅的眼睛上方實際上幾乎沒有頭骨，那裡除了鬃毛以外，什麼都沒有。

164 正確的狩獵獅子

進食正常的大雄獅可以重達450磅，在危險動物當中不算特別的大，但是牠們還有其他天賦，其中最厲害的就是擁有驚人的速度。成年的獅子可以在3至6秒內跑100碼，你辦不到。

和其他掠食動物相比，獅子的感官不算特別靈敏。牠們是視覺的獵手，通常在開闊的地面依靠速度和團隊合作來打獵。

獵獅最好的方法是在牠還是沒發現你時一槍把牠打死。我在非洲波札那見過正確執行的獵獅方法。追蹤者先在沙地上找到牠的足跡，然後我們就跟著足跡走了好幾英哩。等到我們跟上牠時，那隻大貓已經仰臥在地上，昏昏欲睡。我們開了一槍瞬間結束了牠的性命。

打獅子的時候遇上麻煩是因為過於膽小，或是射擊距離拉得太遠（100碼差不多就是極限了）。尚未近到萬無一失的距離之前，不要開槍。如果你打傷了獅子，牠就會來找你。站在原地開槍，因為你跑不過牠。

SHOTGUNS

165 了解散彈槍的分解構造

描寫散彈槍的書所用的詞彙大都艱澀難懂（例如斧式扣塊、娃娃頭、潛水面等等），但此處僅有重要部位的速覽——也就是槍枝的組成、如何掌握，以及如何作用三部分。（斧式扣塊：Chopper Lumps是指槍管與槍管接合的銷塊；娃娃頭：dolls heads是雙管獵槍的槍機；潛水面：water table是指雙管獵槍的槍機座）

半自動獵槍 亦稱為「自動填彈槍」（稱為「自動獵槍」並不正確），每扣一次扳機就能擊發一次。半自動獵槍是利用槍管滲出的膨脹氣體，或是利用彈殼的後座力把槍栓往後推。

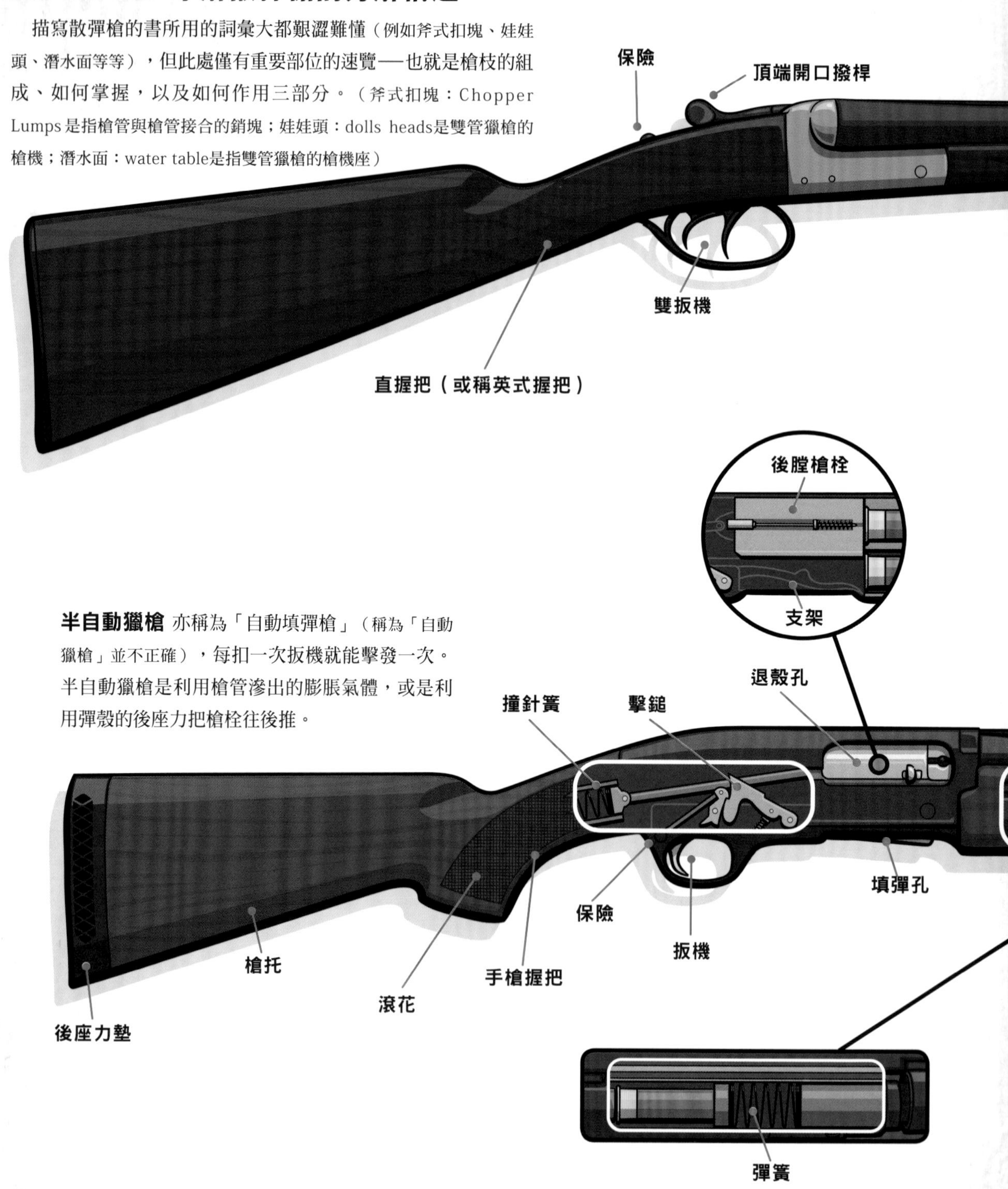

雙管獵槍 是指兩支槍管以水平的方式結合在一起，通常稱為「並排」。每支槍管各有一個扳機的雙扳機，在雙管獵槍中極為常見。

槍管

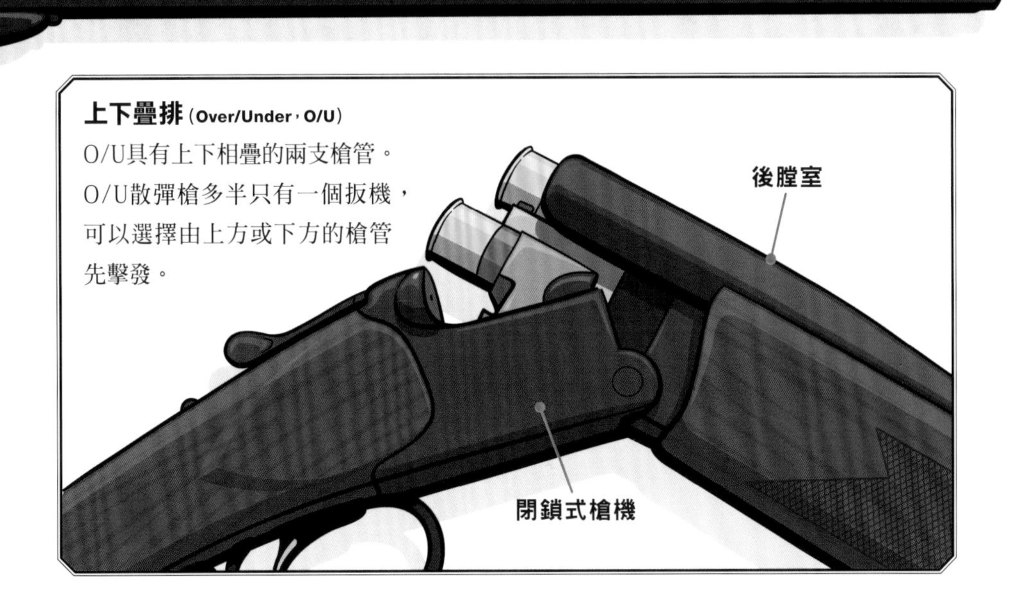

上下疊排（Over/Under，O/U）

O/U具有上下相疊的兩支槍管。O/U散彈槍多半只有一個扳機，可以選擇由上方或下方的槍管先擊發。

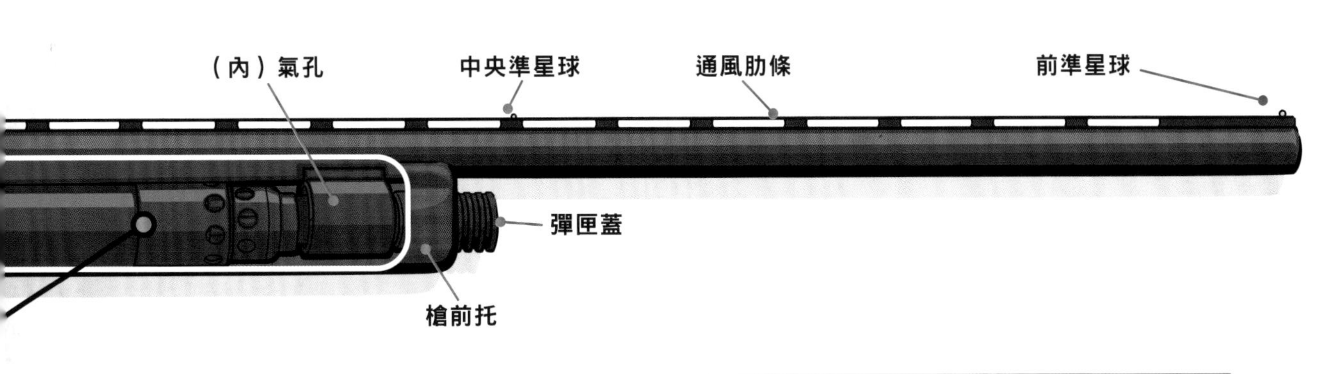

壓動式槍機 亦稱為「滑套式槍機」，它的壓力泵是手動操作的連發機制。把槍前托往後拉，再往前推，即可完成一次循環動作。

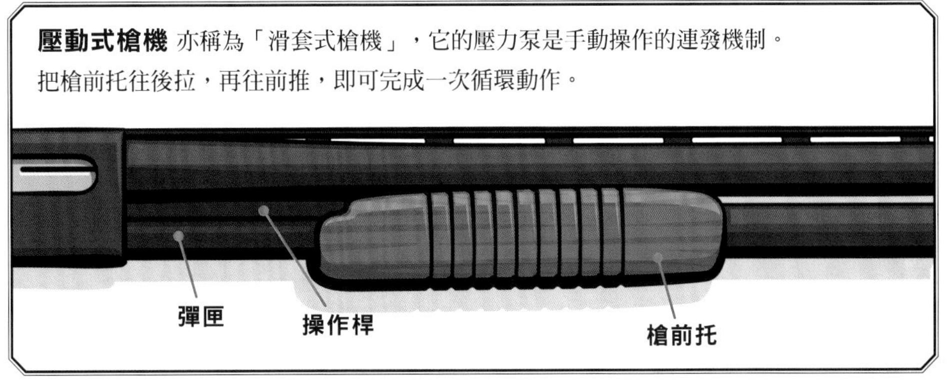

166 選擇正確的散彈槍

如果你知道選擇槍枝的目的是**為了什麼**，在選擇槍枝的時候當然很有幫助。你要的是全功能槍枝，還是要在收藏品當中填補一個特定的空位？依據你的目的，考慮以下幾個主要項目：

鉛徑 12號鉛徑是目前最通用的規格，適用的子彈範圍極廣。16、20和28號是高山打鳥的規格；.410適合打松鼠和專業陶靶射擊。10號則是專門用來打野雁的特殊獵槍。

槍機類型 壓動式槍機是最便宜的選擇，而且非常穩定。半自動槍機可以減低體感後座力（有一些甚至大幅減低）。壓動式和半自動槍機都是獵鹿和火雞的優良槍枝。外加的槍管可以在市場上找到現貨，而且可以替換。折開式槍機可以裝填兩顆子彈；雖然壓動式和自動槍機可以裝填三顆，但是前者卻能讓你選用兩種縮喉，而且比其他槍機更容易吞下扭曲變形的子彈，這點對於必須自行裝填子彈的飛靶射手非常重要。

重量 槍枝的重量取決於它的用途。越重越容易吸收後座力，但是輕的槍比較容易攜帶。

平衡 槍口稍重的槍，多數人可以用它射得更好，但是枝葉繁密的高山狩獵（松雞、山鷸）則是例外。

塗裝 精美的核桃木紋飾，加上絢麗的雕刻，無論在高山或是靶場看起來都非常棒。但對於水禽、鹿和火雞來說，樸實無華、容易維護更有意義。

167 了解槍管的長度

有人說長槍比短槍「力道更足」，而且照準面（sighting plane）更長。兩種說法基本上都沒錯，但都不是選用長槍管的必要理由。

「平衡」是選擇槍管長度的最主要因素。槍管越長，散彈槍所感受的槍口重量越重。在櫃台試槍時，我們都會立刻愛上一把輕得可以直接跳上肩頭的槍，但到了野外，慢而穩的槍反而能讓你打得又快又順暢。

對大多數人來說，槍管26或28英吋的壓動式或自動獵槍，或槍管為28英吋的雙管獵槍，就是最好用的全能野外獵槍。靶場用槍──包括國際定向飛靶這種超快速目標的槍枝在內，均使用30至32英吋的槍管，因為多出來的重量不僅可以對抗後座力，也可以增進你順著陶靶擺動的流暢度，而泥靶又不會像真正的鳥那樣不時的變換方向。

和短槍管相比，較長的槍管可以增加少許速度，而且在某些條件下會有較好的彈群分布，因為彈丸在槍管內穩定的時間較為充裕，不過兩者的差異並不大。雖然長槍管有較長的照準面，但如果瞄準到槍管下方還是有可能失手，所以它也不是關鍵因素。

168 只用一把槍混日子

我在我的第一個散彈槍專欄裡曾經寫過一篇文章《一把槍搞定一切》。有一位朋友說他看過該文章。我急著想聽聽他的看法，但他卻說：「非常感謝你。我太太看過你的專欄後就問我：『為什麼你需要這麼多槍？《田野與溪流》說一把就夠了。』」

從那時起我就知道書上不能寫太多東西，不過上文的確是一項事實：如果逼不得已，你還是可以只用一把槍混日子。當然，關鍵就在於挑選一把合適的好槍。

能夠搞定一切的槍，必須擁有合金槍匣、3英吋膛室、12號鉛徑，以及槍管為26至28英吋的氣動式半自動獵槍。為何如此？讓我們一項一項的來解析。合金槍匣能讓重量保持輕盈，方便你攜至高山，而槍管也必須夠長，讓你打鳥或陶靶時能保持平衡，宛如一把更重的槍。

接下來是氣動式槍機：雖然重量很輕，但仍可減低其後座力，讓它適合用來打定向飛靶、運動陶靶，以及不定向飛靶聯賽。選用3英吋而不用3½英吋的膛室，是要讓非常輕的子彈有較好的穩定性（即使是幾乎無後座力的7/8盎司練習彈亦然）。但反過來說，若與3½英吋相比，3英吋水禽麥格農彈、火雞彈，以及鹿彈所犧牲的有效射程也不會太多。

因此，答案是肯定的，你的確可以用一把槍混日子。但如果你認為這種做法是個好主意，也不用讀這本書了。

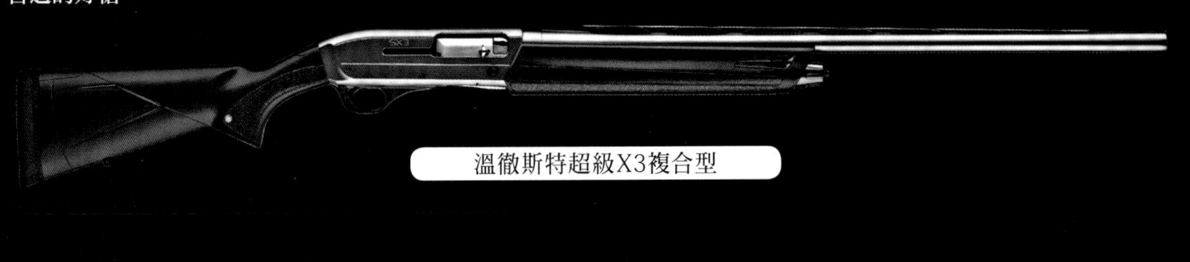

溫徹斯特超級X3複合型

169 細說槍托

一把合身的好槍必須能夠看到哪裡就打到哪裡，它涉及了以下四大要因：

落差（Drop）貼腮部頂點與肋條向後延伸直線之間的距離。落差決定了頭和眼睛與槍管之間的相對關係。落差通常採用槍後跟（槍托底板的頂端）和貼腮部（槍托背部的最前端）作為測量點。落差太小，射出的子彈偏高；如果太大，射出的子彈就偏低。

扳機扣發距離（Length of Pull，縮寫LOP）扳機前端至槍托底板中央的距離。就某種程度來說，合適的扳機扣發距離就是感覺最舒適的距離，大致上是讓拇指至鼻尖的距離保持兩指寬的幅度。如果改變LOP，落差也會受到微幅的影響，因為臉頰與貼腮部的貼合點會跟著移動。

斜度（Pitch）槍托底板的斜度或角度，它決定了槍與肩窩之間的緊密程度。如果斜度太小，槍托就會戳到胸部；太大的話槍就會往上滑，打到你的臉。

偏角（Cast）槍托在橫向的微小彎曲稱之為偏角，以便肋條與射手的眼睛能夠形成一直線。慣用右手者必須關閉偏角，慣用左手者必須打開偏角。此外，臉瘦的人只需要很小的偏角，因為他們的眼睛就長在顴骨上方，而圓臉的人就需要多一點。比如說哈台就需要很大的偏角，勞萊就不用那麼多。（勞萊與哈台是黑白片時代的喜劇角色，一胖一瘦）。

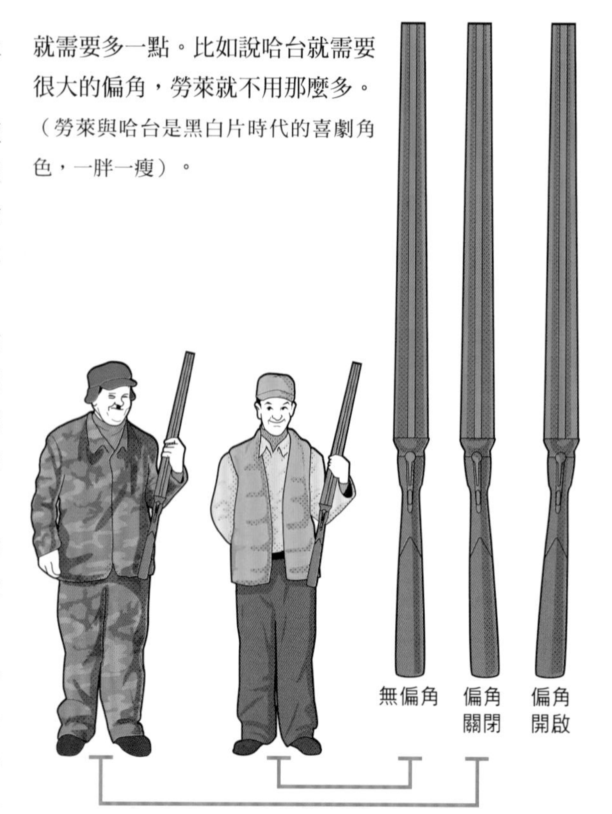

170 射擊床單

射擊床單是一種迅速簡便的方法，可以讓你知道槍枝是否合身。

只要把床單掛起來，畫上靶心，量出16碼的距離。站在此處，由槍口朝下的位置開始，平穩地舉起槍枝，一旦槍托觸及肩膀就毫不遲疑的開槍。就算感覺打歪了也不要修正，只要一直向靶心射擊就好。經過五、六次的射擊後，床單就會形成一個大洞，代表射擊的平均中心點。如果大洞圍繞在靶心四周，或是偏高一英吋左右，你的槍在野外射擊時就能完美地搭配你的身材。依據槍枝調適理論，每偏離目標一英吋，就需要修正槍托的落差或偏角1/16英吋。

如果彈著點距離瞄準目標有巨大的差異，就把床單捲起來，帶著它和你的槍一起去找槍匠。

快速上手

171 快速檢查是否合身

槍合身嗎？一種粗略但不受時空限制的簡易檢查方法是閉上雙眼，再舉槍瞄準，然後看你是否正俯視著肋條。不要讓臉緊壓在貼腮部上。在販槍的櫃台你會把臉頰貼在槍上，檢查槍枝是否合身，但在野外沒人會這麼做。

172 墊開間距

多數最新款自動填彈獵槍逐漸增加了槍托墊片組合包，而這也是現代半自動獵槍能作為全功能槍枝的另一項理由。這種墊片毋須對槍枝作永久性的改變，就能讓你調整合身的尺寸。現今有許多槍枝也會附加調整長度的墊片，讓你能夠輕鬆使用不同的尺寸做實驗。

173 善待女性

許多女人只能挑選縮小版的男性狩獵服來穿，而不是專為女性設計的服裝。同樣的道理，她們也只能使用「青少年及女士」散彈槍；這種槍忽略了男女生理結構的差異，單純只是把男性用槍的槍托截短而已。許多女人的脖子比男人長，這意味著不定向飛靶靶槍常見的蒙地卡羅槍托（Monte Carlo Stock）、或是瓊斯槍托調整器（Jones stock adjuster），這類的可調墊片都能讓一把槍變得更為合身。

同樣的道理，散彈槍的槍托趾部也可能刺痛女性胸部，如果槍托的斜度稍微大一點，墊片的趾部（槍托的底部）向外傾斜，就能為女性提供更多的舒適度。

174 關於散彈槍的最大誤解

英國愛德華七世時期最優秀的射手里彭勳爵，他在非獵季都用.410獵槍射蜻蜓來鍛練眼力。.410自19世紀末開始流行，至今仍比10、16及28號鉛徑更為暢銷。這是現代唯一一款以口徑稱呼的散彈。對於討厭它的人來說，.410宛如廢物或是彈道學之恥。但反過來說，我也認識兩位狂熱的水禽獵人，他們專門以.410自製手工彈來打野雁或天鵝。因此，.410到底是什麼？是玩具？工具？還是對於散彈槍的最大誤解？

讓我們從頭說起。首先，.410絕對不是玩具。它是一把真正的散彈槍，只不過外形小了一點。儘管.410重量輕，後座力小，但對於小孩來說它還是一項糕糟的選擇，因為它很難命中。簡單來說，在口徑宛如簽字筆大小的彈殼內，並沒有足夠空間可以容納太多彈丸，所以彈群分布核心（命中目標及包圍飛鳥的部分）以直徑來說比更大鉛徑的散彈彈群分布還要小，也沒有多餘的散彈可以填補彈群分布的邊緣。

25碼是.410的有效射程。在一次不科學但有啟發性的試驗中，我用7½鉛徑的狩獵子彈射擊橫向飛行的目標。我能在21至22碼的距離轟掉3、4，和5號位置的飛靶。等我後退十步後，我就只能把目標打成兩半，最好也不過是讓它裂成三塊而已。

如果你在.410的有限能力範圍內用它，它就是萬無一失的殺手，無論蜻蜓或天鵝都一樣。一旦超脫這個範圍，你就會犯下散彈槍的最大誤解：以為.410能夠取代更大的散彈槍。

白朗寧奇多利白色閃電

175 做一個驕傲的娘娘腔

有一個朋友從愛荷華西北部回來，他對當地鳥類的數量印象深刻，但是當地居民待他的方式也讓他深感困惑。「他們說我是娘娘腔獵人，因為我用的是12號鉛徑，」他向我控訴：「他們說真正的男人都用20號鉛徑。」

我擁有各種鉛徑的槍，但我真正會從槍櫃裡面拿出來打獵或打靶的五、六把槍，都是12號鉛徑。其他鉛徑用起來都不如12號那般靈活。我用的槍範圍很廣，有重量比大多數20號鉛徑還要輕的雙管獵槍，也有槍管32英吋、重量近乎9磅的靶槍，我用的子彈從¾盎司（打靶）一直到最大的1¾盎司（打火雞）都有。

如果你射的是鋼彈，就需要12號鉛徑的彈殼才裝得下足以殺死鴨或鵝的散彈。雖然輕巧的小口徑散彈槍用起來充滿樂趣，但我相信，一把略微結實一點，能讓你滿把握的槍射起來更加輕鬆。

對我來說，以上似乎都是12號鉛徑合情合理的使用理由。但有些獵人仍堅信小鉛徑的槍更具運動氣息、更有男人味，因為它能賜給鳥類「機會」（或許是飛走之後再因傷而死的機會）。不過我還是會繼續使用12號，因為被它射中的鳥都會摔死。如果這樣就算娘娘腔，那我也無所謂。

176 散彈槍的鉛徑

步槍射手必須面對一大堆讓人眼花撩亂的口徑，但散彈槍射手完全不用，他們只有六種選擇：10、12、16、20，以及28號鉛徑，外加.410口徑。每一種鉛徑各有其特長，也各有其愛好者。

10號（.775）是美國最大的合法鉛徑，也是黑色火藥時代的全能口徑。它只有一個用途：打野雁。用BB號以上的鋼彈所射出來的彈群分布非常好，而超過10磅的巨大槍身也能夠吸收大號子彈的後座力。

12號（.729）是用途最廣的標準鉛徑。從近乎無後座力的¾盎司練習彈一直到2¼盎司的火雞踐踏者，幾乎沒有不能射的子彈。12號的子彈到處都買得到，且因為銷量大，價格很低。如果你只能擁有一把槍，那應該就是12號。

16號（.662）經典的高山口徑，它的彈道就擠在3英吋20號鉛徑和12號鉛徑之間。良好的16號散彈槍無論是架構在真正的16號基礎上還是20號上，都是高山的一大享受。被譽為「拿起來像20號，打起來像12號。」

20號（.615）高山上的績優生，能打⅞盎司至1盎司的子彈。3英吋20號鉛徑的子彈能射出1盎司的鋼彈，用來誘捕鴨子已經綽綽有餘。若升級為單頭彈，20號鉛徑就抵得過低後座力包裝的12號鉛徑。20號鉛徑的氣動槍是最好的入門槍款。

28號（.550）聽說被稱為「思考者的20號鉛徑」，但事實上它是「粉碎飛靶、殺死飛鳥的.410口徑。」在30至35碼的距離內，後座力極輕的28號¾盎司散彈仍能威猛的擊中目標。我曾用28號鉛徑殺過野雞，但是它更適合小一點的鳥或是短距離的陶靶。

.410（67號）很多小孩是從.410開始的，因為它很輕，後座力也小。但由於裝載能力不大，彈群分布不好，且子彈很貴，所以較適合專業的飛靶射手，對小孩來說不是一項好的選擇。依據我的愚見，松鼠林地是野外最適合使用.410的場所。

10號鉛徑
.775英吋
1½ ~ 2¼ ozs

12號鉛徑
.729英吋
⅞ ~ 2¼ ozs

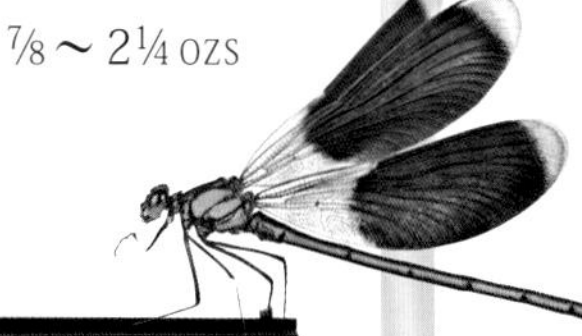

16號鉛徑
.662英吋
15/16 ~ 1¼ ozs

20號鉛徑
.615英吋
¾ ~ 1 5/16 ozs

28號鉛徑
.550英吋
⅝ ~ 1 ozs

.410
.410英吋
⅜ ~ 11/16 ozs

177 認識散彈槍機

你想用哪一種散彈槍機？暫且把單管獵槍放到一邊（獵鹿、火雞，以及單人不定向飛靶都很好用，但是其他用途不多），你的選擇就只剩下壓動式、半自動，和（上下疊排或並排）折開式槍機。

壓動式槍機 這是最便宜，最受歡迎的槍機，至少在美國是如此（其他國家不用這種槍機）。槍前托每後拉/前推一次，壓動式或滑套式槍機就能週而復始的裝填一顆新子彈。在滿布灰塵、污物或污泥的條件下，壓動式槍機仍能射擊，而且容易清潔。壓動式槍機熟手可以射得和半自動槍機一樣快，但由於兩次射擊之間的滑動操作容易讓人分心，所以認真的飛靶射手罕見有壓動式槍機在手上，這也是其中一個原因。

半自動槍機 每扣一次扳機就射出一發子彈。雖然有些半自動獵槍的價錢比壓動式稍貴，也有一些貴到四、五倍以上，但是半自動獵槍仍舊越來越流行。半自動槍機的最大優點就是體感後座力明顯降低。雖然現代半自動槍機極為穩定，但仍不及壓動式和折開式，只能排在第三名。氣動槍機可以進一步減少後座力，但是較難清理。慣性槍枝的後座力稍大，但是維護容易。

折開式槍機 雙管獵槍具有雙縮喉的優點（有時必須立刻選擇縮喉），而許多散彈槍射手也偏愛折開式槍機的平衡性。不用花高級半自動獵槍的價錢，就可以買到一把不錯的折開式散彈槍，但你也可以花一棟房子的價錢去買一把。由於槍管打開就能看到不裝子彈的狀況，所以有很多人認為這是比其他槍機還要安全的設計。這是手工填藥者的最佳選擇，因為幾乎所有重新裝藥的子彈它都能吃，不會讓寶貴的空彈殼拋進草堆裡。

“事實上，我們已經不再使用手搖汽車了，為何還要用手動獵槍？”
已故槍界怪傑唐·祖茲（Don Zutz）在《散彈槍的轉型趨勢》書中解釋，為何壓動式槍機在他心目中早已過時。

178 選擇你的基本架構

經典英式獵槍和偉大的美國雙管獵槍都是並排設計，但是現今最為流行的折開式槍機反倒是O/U。在美國，只有心態保守的高山獵人會使用雙管獵槍。

O/U不會比較好，它只是與眾不同而已。

對於熟悉壓動式或半自動獵槍的獵人來說，O/U在他們手中的感覺更加熟稔。這種槍最受讚揚的優點是「單一照準面」──也就是O/U的肋條頂端和槍管所形成的狹窄剖面只有一個。O/U可以射得更準的說法或許不假，尤其當你在打橫向飛行的飛靶時。

並排的槍托更直，而且肋條更低，讓你舉槍瞄準時可以看到更多的槍管。每當我用並排獵槍射擊時，我總覺得那是一條上山的雙線公路。我心裡總是想著：「這種槍怎麼可能讓你打偏？」這是高山狩獵的好槍，你會看到當地的鳥兒不是直線飛走就是迂迴前進。

179 留心折開式槍機

折開式槍機迷總喜歡談論雙縮喉以及即時選擇槍管的優點（話說該話題僅適用於雙扳機）。雖然我也是一位雙管獵槍射手，但對於這種話題我總是說：「那又如何？」

單就結果來說—也就是單以禽鳥的收獲量來說，壓動式或半自動散彈槍的第三發子彈，以及同等重要的填彈速度，幾乎都完勝雙管和雙縮喉獵槍。

如果你錯過兩次成群結隊的高山鳥，我保證你用第三發子彈打中牠們的機會微乎其微。但如果你用壓動式或半自動散彈槍錯過了兩次，而當鳥群再度飛到你跟前時，你決不可能拿著一把折開的空槍呆立在那裡。

180 認識15款經典散彈槍

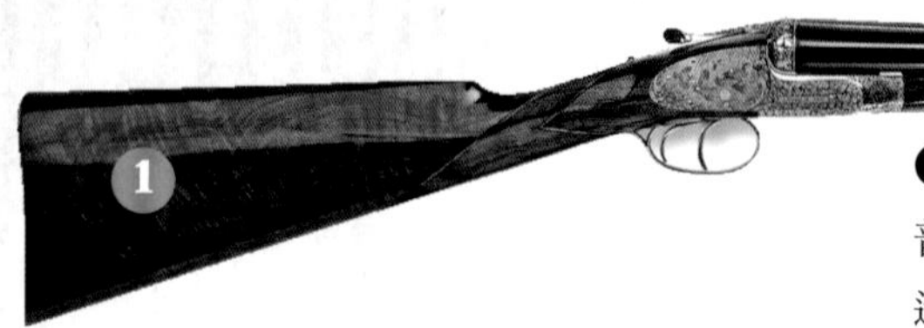

❶ 普德萊自動開啟者

普德萊的工匠去除了所有與槍無關的元素，只留下量身打造的散彈槍精華，以鋼鐵和木材為基礎打造了這款槍。

❷ 雷明頓870飛翔大師

870壓動式散彈槍誕生時，是作為手工打造的M31散彈槍之平價版本。它是量產的典範，因為這是一款既便宜又出色的好槍。

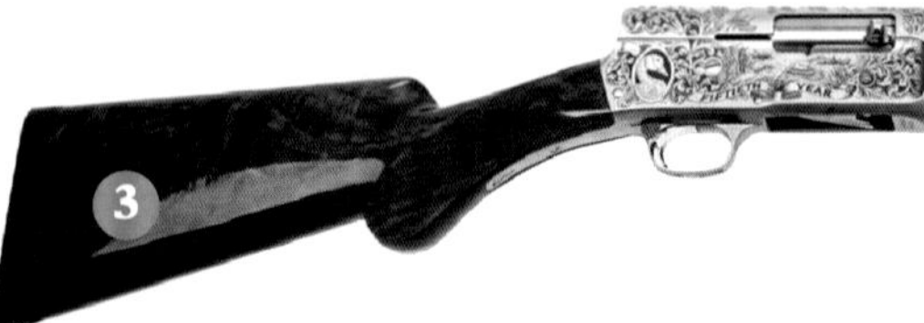

❸ 白朗寧Auto 5

約翰・白朗寧在1903年所設計的長後縮行程自動填彈器，在當時極為先進，美國其他槍械製造商則是花了50年的時間才創造出自己的自動填彈器。

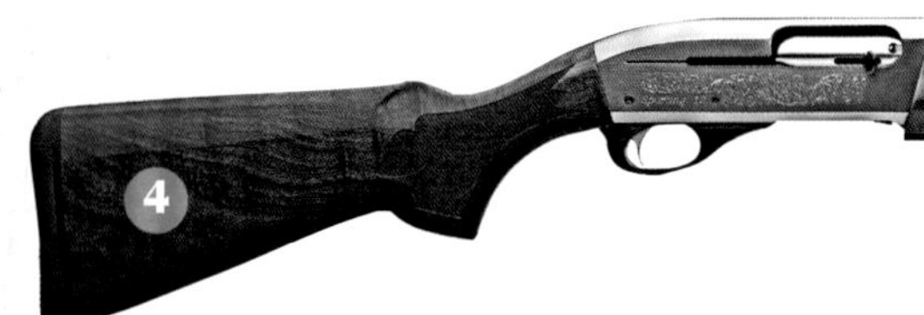

❹ 雷明頓1100

1100是第一把可靠的氣動槍，它的柔軟後座力擄獲了美國射手的心。

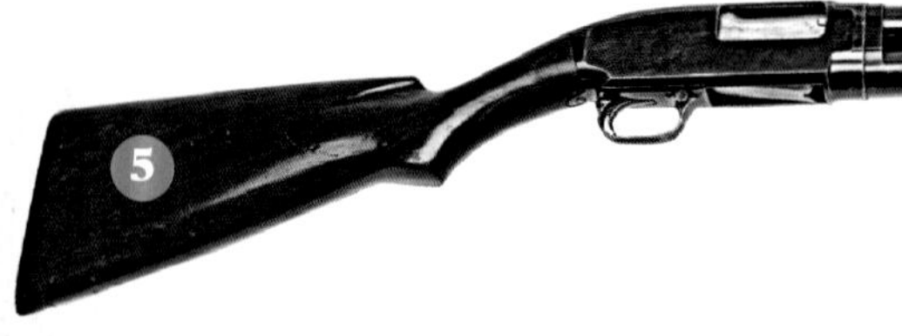

❺ 溫徹斯特M12

溫徹斯特工廠打造了超過兩百萬支的M12，精細的加工，做出了亮麗的精品。

❻ 白朗寧疊排槍

這款上下疊排槍成功的讓O/U屹立在美國射擊界，遠超過其他槍械。

❼ 威利·里查茲公司之下降閉鎖

威利·里查茲發明了槍管折開讓內部擊鎚豎起的概念；若無這項發明，就不會有我們所認識的雙管獵槍。

❽ 貝瑞塔390

貝瑞塔300系列半自動獵槍，為氣動槍的可靠度樹立了世界標準。

❾ 佩拉齊M系列

佩拉齊因為能在射擊比賽中碾碎陶靶而出名，不過這把華麗的O/U獵槍用來打鳥也同等出色。

❿ 伯奈利超級黑鷹

這是第一款能裝填3½英吋子彈的半自動散彈槍，屬於伯奈利慣性系列的旗艦槍款。它以隨時可射擊出名，無論何時。

⓫ 貝瑞塔680系列

680系列和白朗寧奇多利，共同建立了價格實惠的O/U優良楷模。

⓬ 派克雙管獵槍

這把「可靠的老朋友」，已成為美國雙管獵槍的標記。比起其他槍枝，它擁有更多的口徑、尺寸，和等級。

⓭ A.H.Fox

極簡的設計。這把美製散彈槍是許多人的選擇，包括老羅斯福總統在內。

⓮ 克里格霍夫K-80

雷明頓M32 O/U在經濟大蕭條時代停產，後來卻在德國克里格霍夫公司起死回生，成為世界上最常獲勝的靶槍之一。

⓯ 塔爾亨特

這款全膛線的栓塞式槍機，能讓你知道單彈獵槍可以何等精準。

“我買過的二手散彈槍遠比新槍還多，而且折扣都不錯。向有信譽的商人購買，就算偶爾買到爛貨，他們也可以幫你整修。”

181 尋找便宜貨

二手槍是便宜貨。別人承擔折舊損失，而你則是獲得一把能用一輩子的槍。有些人不願意涉獵其間，總認為二手槍肯定有某些毛病，但是射手會出脫一把完美的好槍，背後卻有各式各樣的理由。他們想要換更好的槍、需要用錢、（曾經有人賣掉三把好槍來賠我德國短毛犬的緊急手術費，所以我知道這不是騙人的。）放棄射擊，或只是想換一把不一樣的槍而已。我最喜歡的槍多數是以二手貨買進來的。就我的想法而言，我不只是省錢而已，我也省去了光鮮的槍托第一次遭到刮傷的痛苦。

182 遠距離買槍

許多信譽良好的商人會在遠距離販售槍枝。如果你想尋找特定槍款，上網擴大尋找範圍是合情合理的做法。當你把槍寄給一個聯邦武器執照持有者之後，按傳統慣例會有三天的檢視期。你可以開火測試，除非這是一把無法擊發的收藏品，只不過你必須先向賣家說明此事。確認這把槍就是你所要的。槍必須和賣家所描述的一模一樣，如果感覺不對，或是木質看起來不太一樣，或是覺得哪裡不對勁，就不要買。

快速上手

183 認識它的價值

對二手槍有興趣的人，應該每年花錢買一本費耶史塔德（S.P.Fjestad）的《槍械價值藍皮書》。這本書是二手槍價格的聖經。

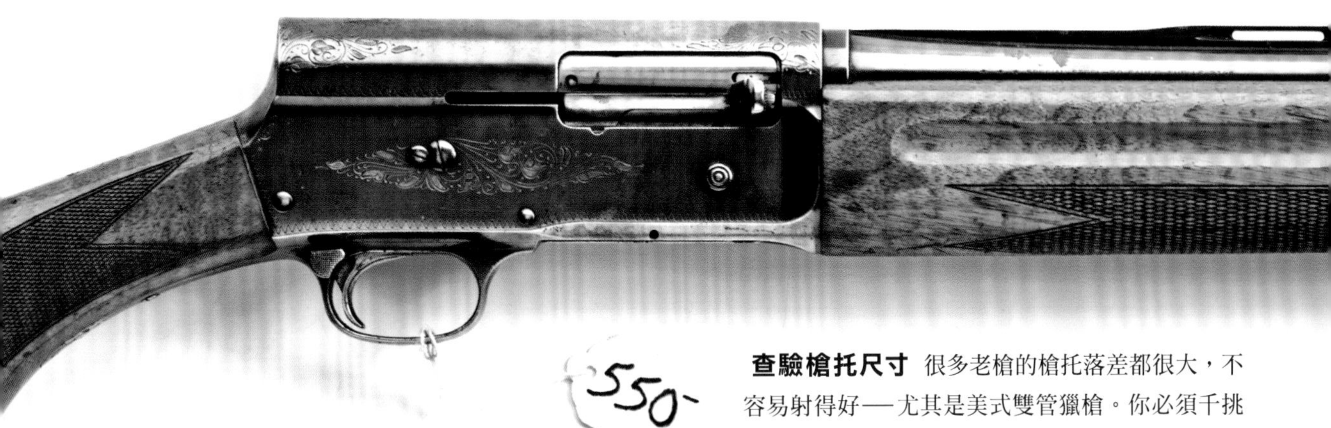

184 評估二手槍

雖然有信譽的商人多半會保證槍沒有機械缺陷，但事實上它畢竟還是舊槍。因此想當然爾，你也必須成為一個明智的買家。以下是你必須查看的事項。

確認縮喉可以拆下來 生鏽或卡住的縮喉可能要花上數百美元才能把它拆下來，而這也是長期缺乏照顧的訊號。

查看槍管內部是否生鏽 你必須決定要忍受輕微的鏽蝕或是把它拋除，但是很深的鏽蝕就無法通融。

確認槍管是流體鋼管，而不是大馬士革鋼管 鑑別大馬士革鋼的方法，是尋找漩渦圖案，或尋找「扭曲（twist）」、「壓層（laminated）」，以及「大馬士革（Damascus）」等字樣的鋼印。除非你是金屬專家，否則離它遠一點。

查看保險的刮痕 檢查槍托趾部和槍匣側面，因為前者會撞到保險底部，後者會被鄰槍的槍機拉柄打壞。

檢視槍管的凹痕 凹痕很危險，但還是可以修復。外突非常危險，不過修復的費用也非常昂貴。

查看木質與金屬的接合面 木質與金屬平齊或低於金屬面，表示槍有可能修理過。

敲響槍管 分解槍枝，用手指抓著槍栓下方或槍前托吊鉤把槍吊起來。用力拍它，你會聽到鈴聲般的清脆聲響。如果聲音較「濁」，就表示側面或上方的肋條需要重焊，而且這項作業還需要加上重新烤藍的花費。

檢查槍托的裂痕 檢查槍托底板四周，以及槍托的頭部和腕部。槍前托也可能有裂縫。在你開始射擊之前，應該先把裂縫修補完畢。

查驗槍托尺寸 很多老槍的槍托落差都很大，不容易射得好──尤其是美式雙管獵槍。你必須千挑萬選，才能找到一個讓槍變得好射的新槍托。

拆開壓動式和全自動槍機 如果槍匣蓋已經生鏽，代表內部可能長久受到忽視。查看半自動散彈槍槍前托下方是否有鏽蝕或缺少墊圈。

檢查螺絲 損壞的螺絲槽，代表有外行人曾經打開槍械內部查看。此外，頂級槍械的雕花螺絲，其更換費用也不便宜。

觀察雙管獵槍的撥桿，查驗是否已經磨損 新槍的撥桿打在右邊，之後會逐漸偏移到六點鐘的方向。如果超過這個位置，就應該重新上緊槍機。

裝上假子彈，測試扳機 如果扳機太重，就請賣家把扳機的修理費用扣除（通常低於$100）。但如果是老式雙管獵槍，扳機的修理費用會大到完全不划算。退殼器也要確認能夠正常運作。（此處所謂的假子彈（snap caps）是指外形和真正子彈相同的子彈，但內部沒有底火、火藥和彈頭，主要用於測試。）

扭動槍管 如果槍管可以連同槍前托一起被扭下來，就需要把槍機重新上緊，這可能要花上數百美元。

檢查膛室長度 膛室長度應該刻印在槍管上。膛室有可能低於標準值，尤其是老式的16號獵槍。許多槍的膛室都可以加長。

> **“我在生老公的氣，我要賣掉他的槍。”**
>
> 這是1982年刊登在《得梅因紀事報》上的分類廣告。我很好奇，但我沒打電話去問。這是好決定。

185 打造一萬美元的散彈槍

一萬美元的靶槍所打到的飛靶，不會是2,500美元的普通奇多利或貝瑞塔687所打到的四倍。但是認真的飛靶射手都很樂意多花這筆錢，希望能在勝負的邊緣用它多打中一、兩槍。

有一位專家曾經解釋687或奇多利與頂級槍械的差異：「它們之間的差異宛如科爾維特（Corvette）與法拉利（Farrari），一種是在某一特定價錢之下的好車，另一種是完美無瑕的極致精品。」

一把新槍當然不會讓你自動變成冠軍射手。「開科爾維特的好車手可以打敗開法拉利的劣等車手，」他說：「但如果兩位車手具備相同的實力，法拉利會贏。」

頂級槍械的架構當然也能抵抗千萬次射擊的衝擊力。我認識一位擁有佩拉齊MX8的專家，那把槍所射出的子彈已經超過一百萬發了。如果你買下了頂級槍的基本款時──例如克里格霍夫K-80（建議零售價10,600美元），我們將在以下的欄框逐條檢視你的錢都花到哪裡去了。

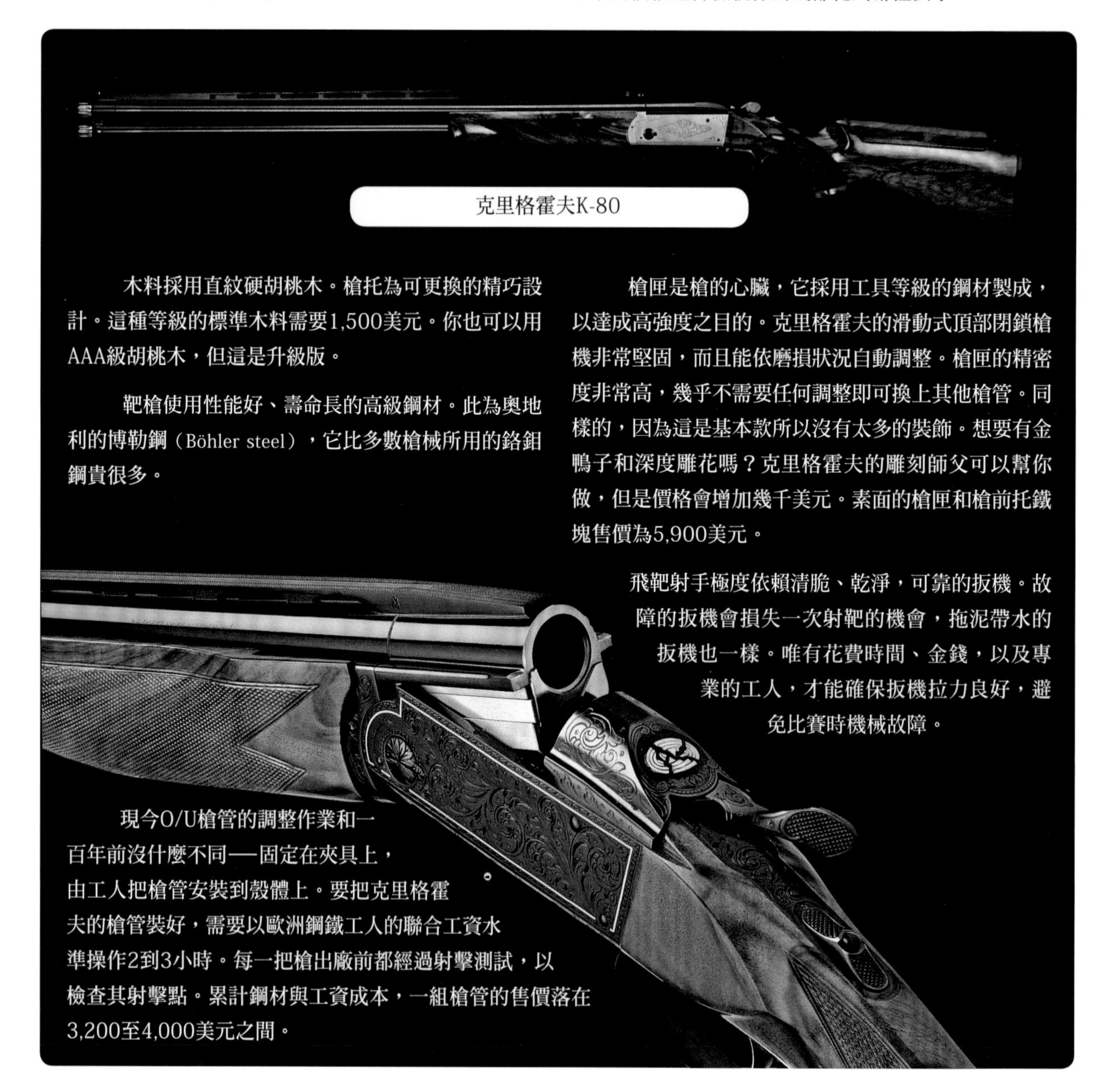

克里格霍夫K-80

木料採用直紋硬胡桃木。槍托為可更換的精巧設計。這種等級的標準木料需要1,500美元。你也可以用AAA級胡桃木，但這是升級版。

靶槍使用性能好、壽命長的高級鋼材。此為奧地利的博勒鋼（Böhler steel），它比多數槍械所用的鉻鉬鋼貴很多。

槍匣是槍的心臟，它採用工具等級的鋼材製成，以達成高強度之目的。克里格霍夫的滑動式頂部閉鎖槍機非常堅固，而且能依磨損狀況自動調整。槍匣的精密度非常高，幾乎不需要任何調整即可換上其他槍管。同樣的，因為這是基本款所以沒有太多的裝飾。想要有金鴨子和深度雕花嗎？克里格霍夫的雕刻師父可以幫你做，但是價格會增加幾千美元。素面的槍匣和槍前托鐵塊售價為5,900美元。

飛靶射手極度依賴清脆、乾淨，可靠的扳機。故障的扳機會損失一次射靶的機會，拖泥帶水的扳機也一樣。唯有花費時間、金錢，以及專業的工人，才能確保扳機拉力良好，避免比賽時機械故障。

現今O/U槍管的調整作業和一百年前沒什麼不同──固定在夾具上，由工人把槍管安裝到殼體上。要把克里格霍夫的槍管裝好，需要以歐洲鋼鐵工人的聯合工資水準操作2到3小時。每一把槍出廠前都經過射擊測試，以檢查其射擊點。累計鋼材與工資成本，一組槍管的售價落在3,200至4,000美元之間。

186

花大錢訂製散彈槍

世界上最為著名的客製散彈槍——例如普德萊或H&H這類倫敦最好的槍械，價格都在十萬美金以上，而且交貨期超過一年。不過客製化的槍械不僅是有錢人的玩具而已。花費遠小於一把普德萊獵槍的錢，你就可以按身材尺寸訂製一把槍，使用你所選訂的握把、槍管長度、緩衝墊和裝飾。這是一把獨一無二的槍，專為你個人以及你的射擊習慣量身打造。

許多獵槍或靶槍製造商都有客服商店，他們多半都能提供一系列的選單讓你選擇——包括槍托尺寸在內，而且通常幾個月內就能交貨。比如說我就曾經訂製一把凱撒・格里尼（Caesar Guerini）的O/U，我讓槍托尺寸按照我的身材打造，再砸一筆大錢買了一片非常精美的皮面緩衝墊。價錢比基本款多了1,400美元，但我打造了一把個人專用槍，外觀和射擊性能同樣出色。

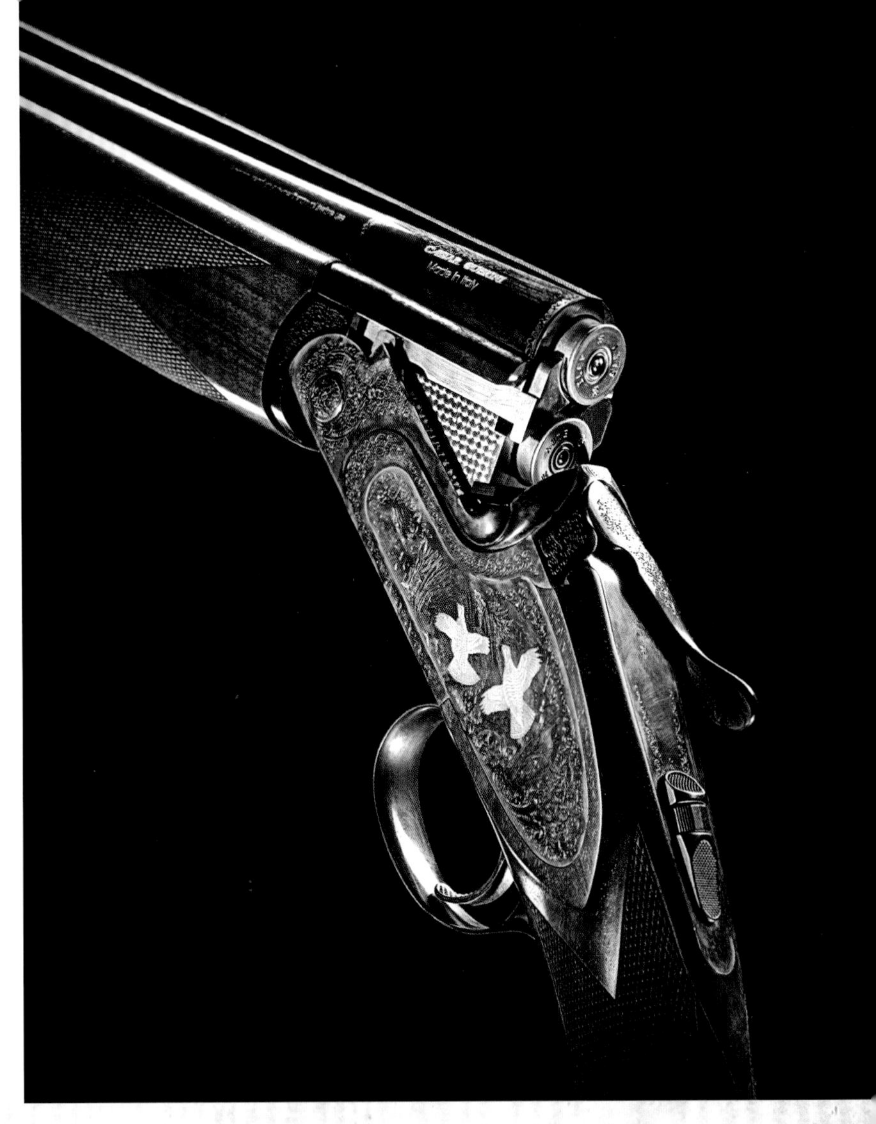

187 增加個人風格

雕刻個性化圖案的價錢，可以低到400至500美金，最高則任你喊價。美國的家庭化槍械雕刻工業非常興盛。每年一月在美國內華達州雷諾舉行的美國槍械雕刻師協會（FEGA)年展，是參觀他們作品的最佳場所。

有一些顧客會指定設計圖案，有一些會任由雕刻師自行發揮。猶他州海德公園的雕刻師李・格里菲斯就曾按顧客的要求雕上蜘蛛和龍。他說，花在雕刻上的錢不應該比槍本身的價值高，這是基本原則；不過規則似乎是專為讓人打破而設的。比如說老式美國雙管獵槍的「優化」或升級，就是一種客製化槍械的流行趨勢。但是格里菲斯卻說：「通常這種槍都是從低階開始做起，因為高級槍本身就有收藏的價值。」

不是每一把雕刻的槍都會拿來展示。格里菲斯曾為一位德州男士在散彈槍上雕製精美的鵪鶉狩獵圖像。後來格里菲斯打電話給他，想要把槍借回來在FEGA會場展示，但是那位男士說不行。格里菲斯說：「我了解。」男士說：「不，你不了解。我現在不能把槍給你。現在是鵪鶉獵季，我每個週末都要用這把槍打獵。」

188 老牌散彈槍

用我們曾祖父那輩子的槍來射擊打獵，它所帶來的懷舊、挑戰與誘惑正吸引著無數人開始使用黑色火藥。對他們來說，射一隻鳥時，如果槍口附近沒有硫磺白煙跟在彈塞和彈丸後面翻滾的話，就不算完整的過程。如果你喜歡調製彈藥，黑色火藥散彈槍絕對能讓你樂得不可開交，因為前膛槍的每一發子彈都要手工裝填，並於槍管內完成組裝。

原則上我們一開始都是使用等量的彈丸和火藥，也就是說兩者的度量要完全一樣。依據公式，12號鉛徑應使用75格令的FFg火藥搭配1⅛盎司的彈丸。這種彈藥可以產生1,000fps左右的槍口射速，依槍管長度之不同而有差異，再從這裡開始往上加或往下減。由槍械手冊查看現代槍械的最大載彈量。若是舊槍就要謹慎小心，並且向見多識廣的槍匠請教意見。

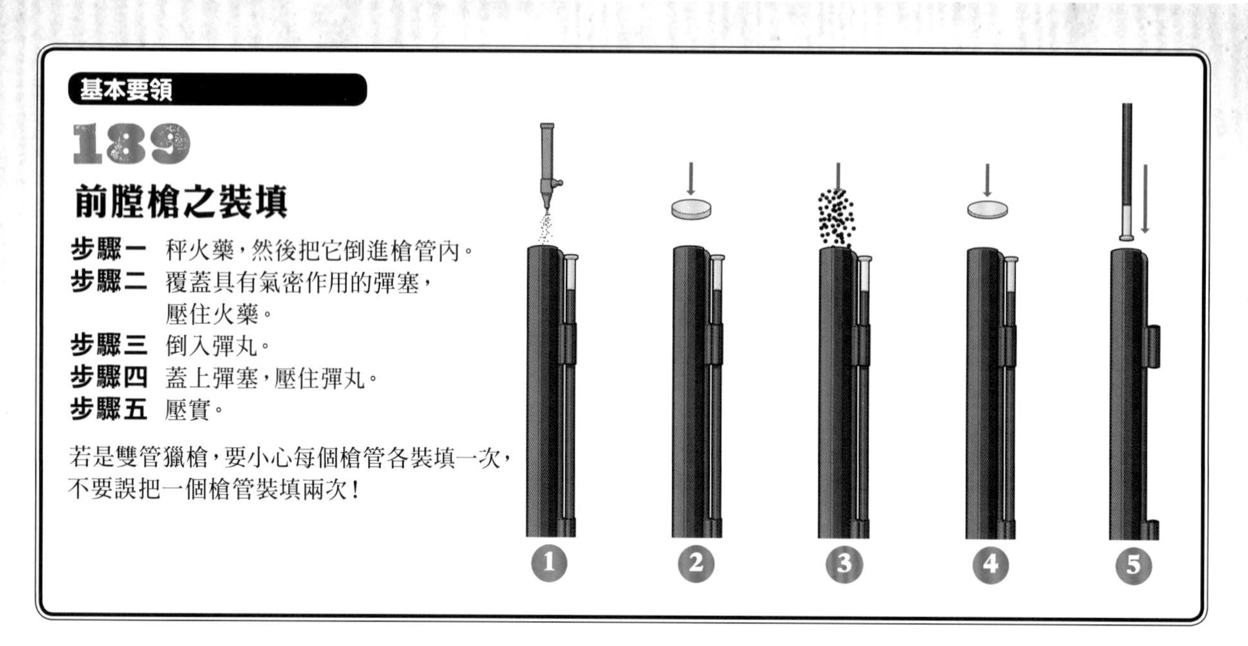

基本要領

189 前膛槍之裝填

步驟一 秤火藥，然後把它倒進槍管內。
步驟二 覆蓋具有氣密作用的彈塞，壓住火藥。
步驟三 倒入彈丸。
步驟四 蓋上彈塞，壓住彈丸。
步驟五 壓實。

若是雙管獵槍，要小心每個槍管各裝填一次，不要誤把一個槍管裝填兩次！

彼得·霍克（騎白馬者）和他的槍匠約瑟夫·曼頓交談，1827年9月1日。

190 做小不如回家

19世紀著名的英國運動員彼得·霍克上校擁有史上最大的一把前膛槍：那是一把雙管平底船槍，口徑為1½英吋（約為0.65鉛徑！），重量193磅，長度為8呎3吋。它安裝在霍克的平底砲船船首；只要霍克和他的船員能把船划得夠近，他就能隔著河埔地用這把雙管獵槍向一群在地面休息的野雁野鴨開火。這把槍必須立起來才能裝填彈藥，用4盎司的黑色火藥可射出1¼磅的彈丸。它有一邊是撞擊點火，另一邊是燧石點火，所以一旦兩支槍管都開火的話，第二發子彈會稍微延遲。

“前膛槍的樂趣在於每一發子彈都是手工裝填的。”

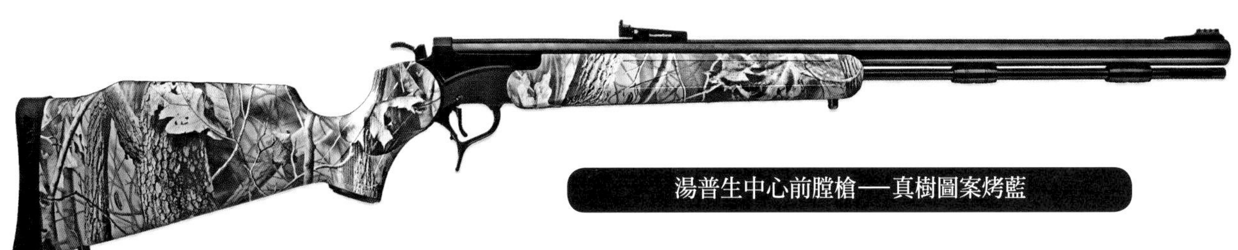

湯普生中心前膛槍——真樹圖案烤藍

191 用前膛槍打火雞

如果你和我一樣，覺得黑色火藥散彈槍很有趣，但又討厭每打中一槍或打偏一槍就要停下來，再以老舊的方式重新裝填子彈的話，有一個非常簡單的解決辦法：打火雞。你可以充分享受彈藥的調製實驗以及裝填子彈的樂趣，而且事實上你每年只需要在野外射擊一次或兩次而已。

加上縮喉管的黑色火藥散彈槍所打出的火雞彈群分布足以媲美現代散彈槍。

加上縮喉管的前膛槍不僅能夠使用雙倍全縮喉（XX Full choke），也可以換上現代化的塑膠散彈杯，因為縮喉可以拆下來。這種杯子可以做為氣密墊，防止彈丸變形，讓槍管內的彈藥聚在一起，打出完全不一樣的分布圖。

燃燒速度緩慢的黑色火藥會逐漸加速，讓低速的彈丸在槍管內部維持圓形，最後再由火雞縮喉完成最後的動作。我曾把1 ¾盎司的5號鉛彈以及90格令的派羅德斯（Pyrodex）火藥裝在我的奈特散彈槍裡，結果射出了90%的分布圖。有一位朋友剖開他的HEVI散彈以及溫徹斯特延伸距離（Xtended Range）子彈，然後把彈藥裝進他的前膛槍，結果更好。

192 解剖散彈

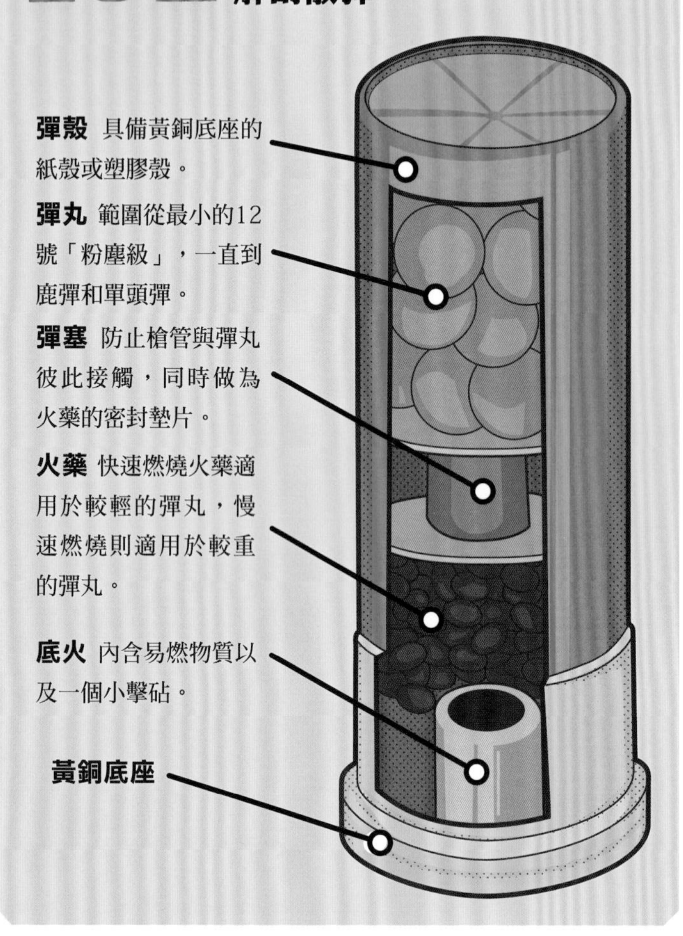

193 全面了解

這些圖片都很漂亮，但是無法讓你看到全貌。鉛彈容易變形（鎢鐵彈和鋼彈較不嚴重），最嚴重的是排在整排散彈後方的彈丸。圓形彈丸一旦被壓扁，其氣體動力特性就會變差，額外增加的空氣阻力就會減低它的速度，並讓它偏離軌道成為「飛行體」，落在主要的彈群分布之外。最好的子彈採用以下三種方法來矯治彈丸的變形：

緩衝顆粒 由碎塑膠粒所製成的緩衝顆粒，可以在優質火雞彈和鹿彈見到。它可以防止彈丸彼此相撞，原理和易碎品之運送所採用的泡綿粒相同。

銻 這種元素和鉛的合金可以增加硬度。頂級鉛彈含有最高達6%的銻。

電鍍 鎳、銅電鍍不會增加硬度，但可以讓彈丸更容易通過狹窄的縮喉。

快速上手

194 射出彈塞

多數的彈塞一遇到空氣阻力就會釋出彈丸。如果彈塞沒有釋出彈丸，所有的彈丸就會擠在彈杯裡，像單頭彈一樣連同彈塞一起飛向目標。

聯邦武器公司的飛控（Flitecontrol）子彈就是值得一提的特例（如下圖所示）。這家製造商的獨特專利設計，能讓彈丸在離開槍口15英呎左右仍留在彈塞裡，而使彈群分布明顯更為集中。

彈群分布圖告訴我們，這種彈塞是火雞彈和鹿彈的最佳設計。飛控彈塞沒有小狹縫，只有向側面突出以及向後張開的小葉片，作為煞車減速之用。

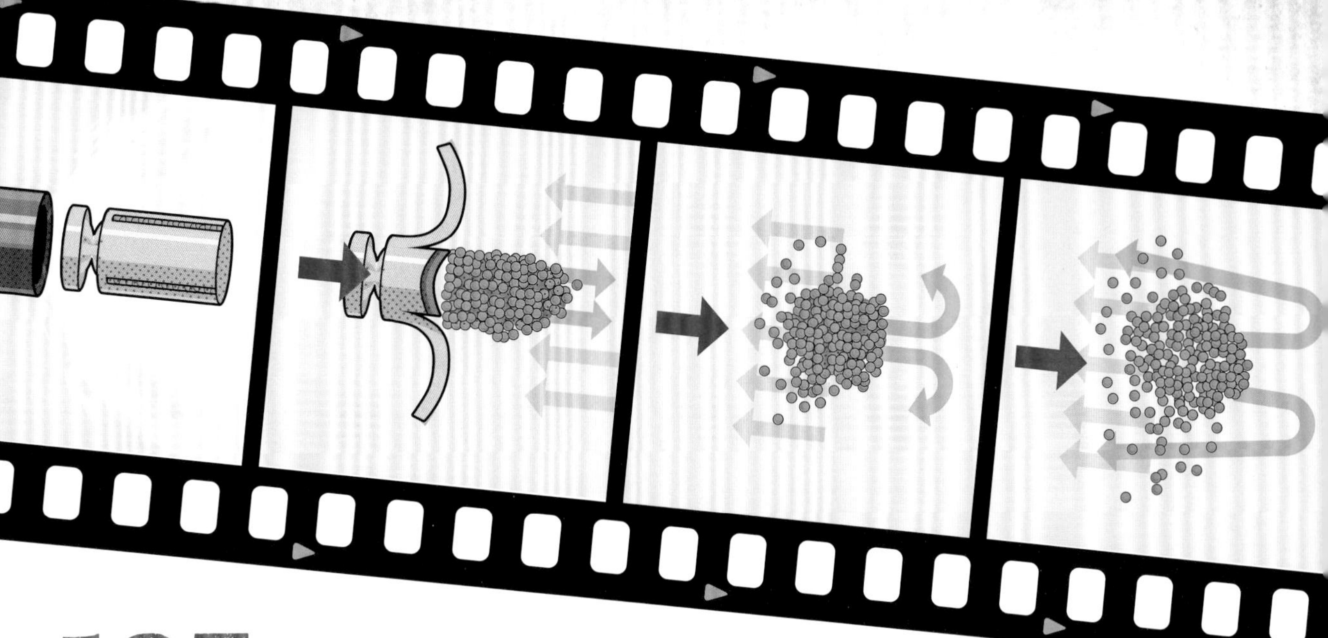

195 體驗爆炸巨響

如果你用散彈槍在真空中開火，彈丸會永遠聚在彈杯裡，飛向永無止盡的黑暗深淵。但如果在地球上，只要彈丸一離開槍管射向陶靶、火雞或飛鳥，大氣壓力就會立刻作用在這些彈丸身上。

灼熱的火藥氣體一離開槍管就會瞬間膨脹，並產生震波，這就是我們所聽到的槍口爆震。在最初3英呎的飛行裡，空氣阻力會讓彈丸減少大約100fps的速度。你讓彈丸在空氣中飛得越快，它的速度也損失得越快。使用快速子彈來增加速度可以增加能量，但不會增加太多。要增加打鳥的力道，最好的方法是發射較大、較重的彈丸。

空氣阻力把彈杯的瓣葉打開，並釋出彈丸。彈杯可以避免槍管與堅硬的彈丸相撞──例如HEVI彈、鋼彈或鎢鐵彈，也可以避免柔軟的鉛彈受槍管的擠壓而變形。用過的舊彈杯會出現坑坑疤疤，是因為彈丸在加速的過程中會因為慣性或「後座力」而回彈到塑膠上。

某些子彈內含碎塑膠緩衝顆粒，它能防止彈杯後方的彈丸被前方的彈丸壓碎，讓它們保持圓形，飛得更加真實。

離開槍口5英呎，彈丸就已經損失了150fps左右的速度。當它遇到空氣阻力，它的分布就會開始擴大，讓彈丸開始四散飛往不同的方向。彈群後方的彈丸宛如「吸引氣流」，就像賽車時緊跟在第一輛車後方的車陣那般。尾端的彈丸最後會形成彈群分布的核心部分，也就是你希望打中目標的最密集部位。

當你使用的縮喉越緊，離開槍管的彈群就會變得更長、更窄，而留在彈群核心的「吸引氣流」彈丸也越多。稀薄空氣的彈群分布會比濃稠空氣來得緊密，因為前者的空氣阻力較小。空氣的密度並不均勻，海平面的空氣就比高海拔來得密，冷空氣也比熱空氣來得密。它們的差異不算大，但是彈群分布最佳紀錄（多數彈丸落在3英吋圓圈內）會出現在空氣既熱又稀薄的晴天，也不能說只是巧合而已。在冷而凝重的秋冬季空氣中改用高速子彈，或選用比原本還要大一號的鉛徑，並加裝一支更緊的縮喉，可以減少你失手的機會。

196 選擇散彈的大小

散彈的大小，必須從能量和密度之間作出抉擇。大彈丸打得較重，但若以一定的重量為前提，則彈丸的顆數較少。小彈丸能保證多重命中目標，但是每一顆彈丸的衝擊力較小。

對於近距離的射擊來說，小彈丸往往比大彈丸更為有效，原因就在於相同的重量之下小彈丸的數量比較多。在30碼的距離內，多數合理恰當的彈丸均帶有足以擊殺獵物的能量，而大量的彈丸則提高擊中頭部或頸部致命一擊的機率（這是所有火雞獵人以及少數野雁獵人都非常清楚的概念）。除此之外，數量龐大的小彈丸也填滿了彈群分布的邊緣，讓你不慎射偏時有更大的容錯餘地。這也就是為什麼以呎磅為比較基礎時，7½號鉛彈的評比很差，但依我的經驗來看，它在現實世界反而能在30碼內重擊雉雞。

由此可知，關於彈丸大小的標準建議，就是選用適合狩獵任務的最小彈丸。但有些時候你也不知道狩獵的距離為何，因為雉雞會靜止不動，也會亂飛；鴨子會伸出雙腳飛到誘餌附近，也會在附近展動雙翅。由此可以推論：狩獵時，如果不知道距離的話，寧可選用較大的彈丸，但是該推論卻與「適用的最小彈丸」原則互相矛盾。大彈丸抗風力較佳，穿透秋冬季冷凝空氣的能力也比較好。基本參考原則為：內含大顆彈丸的子彈，其彈群分布大致上比小一號的彈丸要緊湊4～5%。

197 散彈與鳥類的搭配

下表為散彈大小的快速指南。每個方格內，較大的尺寸應該搭配較大的鳥類和較大的鉛徑。較小的尺寸較適合短距離、小鉛徑，以及開放的縮喉。

野雁

- **鋼彈** T, BBB, BB, 1, 2
- **鉛彈** n/a*
- **鎢鐵彈** BB, 1, 2, 3, 4

野鴨

- **鋼彈** BB, 1, 2, 3, 4
- **鉛彈** n/a*
- **鎢鐵彈** 2, 3, 4

小鴨

- **鋼彈** 3, 4, 6
- **鉛彈** n/a*
- **鎢鐵彈** 4, 6

大型鳥（雉雞等）

- **鋼彈** 2, 3, 4
- **鉛彈** 5, 6, 7½
- **鎢鐵彈** 6

中型鳥（松雞，鷓鴣）

- **鋼彈** 4, 6
- **鉛彈** 6, 7½ ,8
- **鎢鐵彈** 7½

小型鳥（鷸鳥，鵪鶉，鴿子）

- **鋼彈** 6, 7
- **鉛彈** 7½ ,8
- **鎢鐵彈** 7½

*鉛彈禁用於遷徙水鳥。

198 重視尺寸

有些獵人只相信某一特定尺寸的散彈。我們可以這麼說：道理只在於「有自信就射得好」。因此，如果你相信某種特定尺寸的散彈，它的表現也越好。有一位朋友曾在高賭注、高壓力的活鴿射擊圈內參加射擊，他會故意在口袋裡混裝7½號和8號鉛徑的子彈，所以他練習時從不知道自己是用什麼子彈射擊。如此一來，他就沒有偏好的尺寸。「否則，」他說：「當我需要射擊時，如果沒有我愛用的散彈尺寸，那該如何是好？」

WINCHESTER
12 GA
FIOCCHI
12
REMINGTON
12 GA
WINCHESTER
FIOCCHI
12
WIN
20 GA
12 GA
FIOCCHI
16
20 GA
MADE IN USA
FIOCCHI
12
HEVI-SHOT
12
HEVI-SHOT
12
WINCHESTER
12 GA
WINCHESTER
12 GA
REMINGTON
12 GA
FIOCCHI
HEVI-SHOT

199 使用菲爾的頂級子彈

如果要針對不同種類的獵物挑選最好的子彈，你可以有相當多的選擇。經過多年經驗的累積，以下是我個人認為最好的選擇。

	彈殼	鉛徑	裝載
雉雞	2¾ 英吋	12 號	1¼ 盎司6號（鉛彈），1,300 fps 1⅛ 盎司3號（鋼彈），1,500 fps
鴨子	3 英吋	12 號	1¼ 盎司2號（鋼彈），1,450 fps
野雁	3 英吋	12 號	1½ 盎司4號HEVI散彈（鎢鐵彈），1,400 fps
火雞	3 英吋 3 英吋	12 號 20 號	1¾ 盎司6號HEVI散彈（鎢鐵彈） 1¼～1½ 盎司6號重量級或HEVI散彈（鎢鐵彈），1,100 fps
鴿子	2¾ 英吋 2¾ 英吋 2¾ 英吋	12 號 12 號 20 號	1盎司7號（鋼彈），1,300 fps 1⅛ 盎司的7½號或8號（鉛彈），1,180 fps ⅞ 盎司的8號（鉛彈），1,200 fps
鵪鶉	2¾ 英吋	20 號	⅞ 盎司的8號（鉛彈），1,200 fps
披肩松雞	2¾ 英吋	20 號	⅞ 盎司的7½號（鉛彈），1,200 fps
鷸鳥	2¾ 英吋	28 號	¾ 盎司的8號（鉛彈），1,200 fps
鹿（有膛線的槍管）	2 ¾ 英吋	20 號	具優質彈頭的軟殼單頭彈，1,500–1,600 fps
鹿（滑膛槍）	2¾ 英吋	12 號	1盎司單頭彈，配裝彈塞，1,600 fps
練習	2¾ 英吋	12 號 手工彈	⅞ 盎司的8½號（鉛彈），1,200 fps

200 加速（或不加速）

散彈的流行趨勢是高速，原因除了速度具有較大的殺傷力之外，另一個原因是沒有人因為販賣「慢速」子彈給美國人而致富。但是速度到底有多重要？

速度可以從兩個層面來增進散彈的性能：它能增加彈丸的能量，讓散彈打起來更重；而更短的飛行時間，則可以減少打中泥靶的預補量（超前量）。

這是好消息，但缺點是增加了速度，後座力也會明顯的增加。除此之外，因為彈丸是一種球形的不良飛行體，所以你把它推得越快，它變慢的速度也越快。

因此，長距離射擊時，你必須以高出很多的後座力為代價，來換取微小的性能增益。為了增加一成的能量，以及縮小在40碼的位置所需擊中橫向飛靶的超前量，比如說縮小8英吋，你可能要忍受多出五成的後座力。

彈丸的材質越輕，越容易從高速獲取能量。因此，鋼就能從高度獲取最大的利益，因為它是重量最輕的散彈材質。至於鉛和密度更大的鎢鐵彈，在我心目中並不會因為速度的增加而有相等的獲利。

201 用鋼彈吧

雖然我對高射速的流行趨勢抱持懷疑的態度，但我依舊相信世界上能找到速度可以致命的例子。彈丸的材質越輕，它的速度就越重要。因此，如果你能讓鋼彈飛得越快，它的表現就越好，雖然它的速度減損也比鉛彈或更重的彈丸還要快。

早期的鋼彈射速很慢，子彈的品質也不好。1990年代鋼彈的品質開始大幅改善，到了1996年左右，溫徹斯特推出了一款黑色彈殼的優質彈，射速實測為1,450fps。從那時起我就開始射擊優質彈，也開始用它來獵殺鴨鵝，而且不再抱怨鋼彈。些微增加的射速，再加上些微減少的超前量，兩者的結合的確能在最前端重擊飛鳥，完成迅速、漂亮的擊殺。

我覺得更快的鋼彈完全沒有必要，但我也不想射得更慢。

快速上手

202 射擊較大的散彈

增加彈丸能量的最好方法不是讓彈丸飛得更快，而是用較大的彈丸。大彈丸保持速度的能力比小彈丸好，且較大的質量擊中目標更帶勁。比如說，把4號鋼彈的槍口射速從1,400fps增加到1,550就可以讓它的能量從2.22呎磅增加到2.48呎磅。

如果在相同的1,400射速下把4號散彈換成3號，它的能量會從2.22呎磅增加到3.01呎磅，而且不增加後座力。沒有付出就沒有收獲？那倒不一定。

203 學習重新裝藥

幾年前，我和岳母走進一家店裡，她見到門簾和掛門簾的材料，便問道：「這麼好的門簾都已經做好在手上了，為什麼還要自己做？」

在我的小孩還沒有大到可以射擊之前，我對重新裝藥的態度就是如此，因為當時的子彈很便宜。現在我改成自己裝藥，這樣我才能付得起槍械俱樂部的費用。我能自製⅞甚至¾盎司的12號鉛徑子彈，兩者都能保護我瘦弱的肩膀，也能作為新射手的訓練彈使用，因為它們的後座力都很低。

請注意，重新裝藥的子彈對你產生的改變有利也有弊。用自製的子彈射擊肯定能讓你感到驕傲，你可以自定狩獵和打靶的子彈，它很省錢，而且尋找彈殼也能讓你每上一次靶場都能獲得少許尋找復活節彩蛋的樂趣。但你也可能省過了頭，到了一種自欺欺人的地步。我曾經和一位身價每小時100美元的顧問一起射擊，他把原本可以收顧問費的時間都花在重新裝藥的板凳上，裝好的子彈每一盒可以幫他節省75美分。「我每一次扣扳機，都在賺錢，」他自誇的說著。呃，不是這樣的。不過如果你能用5加侖的桶子裝滿子彈，而且想用多少就用多少的話，你就會覺得射擊是不用錢的。

204 正確的重新裝藥

以下是重新裝藥所需的裝備。

穩固的工作台 重點是「穩固」。把裝填器栓在工作台上，不僅可以讓裝填作業更加輕鬆，也可以提高它的一致性。

重新裝藥之壓床 針對你所要裝填的鉛徑準備一台連續式或單步式機器。

精準的秤台 你需要一台以格令為刻度的秤台，最高可秤2盎司。

額外的火藥和彈丸套管 多數壓床的設定都是用來製做基礎打靶彈。你可能需要製做不太一樣的子彈。

組件 彈丸、火藥、彈塞、底火和彈殼。只買前四種，彈殼則是回收再利用。

掃帚和簸箕 你會把火藥和彈丸灑出來。吸塵器的火花不能和火藥共存，但你又必須把灑出來的彈丸再裝回瓶子裡。

205 壓床的選擇

重新裝藥的壓床分成兩大類型：單步式和連續式。單步式填彈器，每裝填一顆子彈都要拉動五次拉桿。

兩者的差異在於它所生產的子彈數量。連續式填彈器每次可以操作6到8顆子彈，每拉動一次拉桿都可以產生一顆完全裝載的子彈。

反過來說，單步式填彈器正如其名，一次只能生產一顆子彈。它是初學者的首選，因為它不貴，而且一次裝填一顆子彈可以讓你完全學會重新裝藥的每一個步驟。

即使是如此，你還是可以用單步式填彈器在12至15分鐘內製做一盒子彈。如果你每個星期只會在夏季不定向飛靶聯盟射掉兩、三盒子彈，為真正的獵季暖身的話，單步式就是一台滿足一切需求的填彈機。單步式也是製做小批量客製化狩獵子彈的最好機器。

連續式填彈器的價格，是以一般單步式的兩倍價格為基準起跳。它可以一次操作多顆子彈，大約三分鐘就可以裝完一盒子彈。它的價格較高，而且只要你不夠小心，它做出壞子彈（比如說未裝火藥）的可能性就會大增。連續式填彈機會讓你灑出更多火藥和彈丸，也會弄壞更多彈殼。我一直都是如此。但是當你一旦習慣連續式的速度，尤其當你是飛靶射手時，你決不可能再回到單步式。

206 節省你的荷包

重新裝藥可以幫你省下不少錢，小鉛徑子彈最高甚至可以幫你省下高價廠製子彈一半的價錢。下文教你如何省下最多的金錢。

大批量購買 一旦你找到喜歡的子彈，就大量買進它的組件。5,000個一包的彈塞、1,000個一盒的底火，或是一瓶8磅的彈丸，比起小量購買的相同組件而言，它可以幫你省下大錢。多數槍械俱樂部都會凝聚購買力進行年度團購。

使用仿製品 克萊巴斯特（Claybuster）和靶場（Downrange）兩家公司有生產三大子彈廠牌的彈塞「仿製品」，可以用來取代原廠彈塞，價錢低很多。

減輕裝載 省著點用，可以省下鉛彈的錢。25磅一袋的彈丸，⅞盎司的裝載量會比1⅛的裝載量多出102顆子彈。較輕的裝載量所用的火藥也比較省。

搜括彈殼 地上用過的彈殼是錢不是垃圾。在地上搜尋雷明頓的Gun Club和Sport Load（此為子彈的商標名稱），要找到它們的機會很大，有時候甚至可以撿到更好的溫徹斯特AA或雷明頓STS子彈。此外，如果你發現高品質彈殼裝上靶場彈丸在拍賣，把它買下來，射光彈丸再重新裝藥。

207 散彈剖析

飛行中的散彈照片，和大腳獸的照片一樣罕見。我所說的照片，就是這張手繪圖所參照的原稿。它把剎那化為永恆，棒極了。把它畫下來是不二的選擇。

彈群分布 這是一隻海番鴨，射程為30碼。131顆2號HEVI彈丸從3½英吋12號鉛徑的子彈射出，我在分布最密集的部位畫了一個30英吋的圓，圓內總共有100顆彈丸。這是76%的彈群分布圖。在理想的情況下，這種縮喉和裝載量的組合能在你希望擊中飛鳥的距離之下，在30英吋的圓內打出70至75%的彈群——在拍照的瞬間，有15顆彈丸即將命中鴨子。漂亮的擊殺通常只要5顆彈丸就夠了。

斑斑點點 任何彈群分布都能找到空隙，本圖也能找到許多大空隙。但即便如此，如果你把鴨子移到圓內任何位置，還是有多個彈丸可以擊中牠。野外的擊殺在紙上看起來不見得都很完美。

流彈 從未經修剪的照片上，可以看出有許多流彈逸出主分布群；位於右上角的一顆彈丸距離彈群圓心已有4英呎。變形的彈丸會增加風阻，讓它們逸出彈丸的分布群。

一串彈丸 有些彈丸看起來比較大，而且比其他彈丸更為模糊，因為它們不在焦點內。它們是跟在主彈群後方的尾絮，而且持續落在後方。當彈群飛越40碼的距離後，這一串彈丸的前後距離可以拉長到6至8英呎。

208 了解縮喉之精義

我的第一把槍是12號的Auto 5，槍口上掛了一個非拆卸式的可調式縮喉——也就是多元縮喉。你可以轉動上面的項圈來調整它的收縮度。但我不知道項圈曾被我父親取下來又裝回去，而且他沒裝好，所以我真正在做的只是轉動一個鬆動的項圈而已，無論射什麼東西都是用一支圓柱形的槍管，完全沒有縮喉的功能。我用這把槍射殺了我的第一隻雉雞、鴨子、兔子、鷸鳥、沙錐鳥、鵪鶉、鴿子和鹿。問題來了：你是否收縮過頭了？對很多人來說，答案是肯定的。

偶爾試著在20碼打一張彈群分布圖。改良式縮喉在許多人心目中是一種「全方位」收縮器，它能在20碼的距離把幾乎所有的彈丸全部收束在16英吋的圓內。同樣在20碼，圓筒型縮喉打出的分布圖大約是25英吋。我們來計算一下：16英吋的圓所涵蓋的面積是210平方英吋，而25英吋的圓則是490平方英吋，何者容易打到鳥？由於圓筒型縮喉的致命距離為20碼，到了30碼它的分布已經變疏了。我們打獵的飛鳥多半落在距離槍口25碼的範圍內，所以你所需要的縮喉其實就是「無縮喉」。

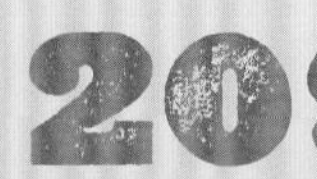

209 展示百分比

下圖是12號鉛徑的縮喉規格表。通常小號鉛徑不需要太大的收縮度就可以達到束緊的彈群分布。彈群分布百分比係採用距離40碼的30英吋圓來計算。

縮喉	收縮度	彈群分布百分比
圓筒型	(.000-.004)	40%
加強圓筒型	(.011)	50%
改良型	(.020)	60%
加強改良型	(.027)	70%
全縮喉	(.036-.040)	80%
雙倍全縮喉	(.050-.070)	90%

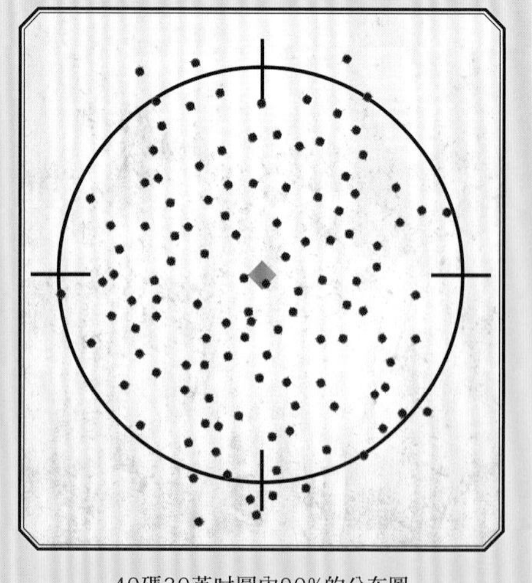

40碼30英吋圓內90%的分布圖

210 簡化縮喉

依據不負責任的簡單說法，縮喉的功能就像花園裡的水管噴嘴。當它打開時，散彈就會散開；當它緊縮時，子彈就會射出緊縮的分布圖。

縮喉的收縮度是用千分之一英吋來計算（從完全無收縮一直到.060英吋以上），其內部的幾何線條也各有不同。僅就有用的縮喉來說，我發現長筒形內管在收縮前有一段平行的剖面效果最好。旋入式縮喉在1960年代問世之後，我們就因為有太多種選擇而眼花撩亂，應接不暇。放輕鬆點，以下五種縮喉就夠你用了。`

這些都是我所用的縮喉。如果要進一步縮小選擇範圍的話，我會把加強圓筒型和改良型換成輕度改良型縮喉（Light Modified）。

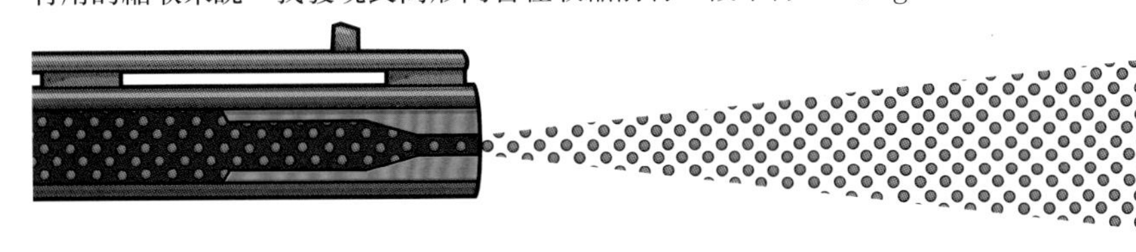

雙倍全縮喉

打火雞

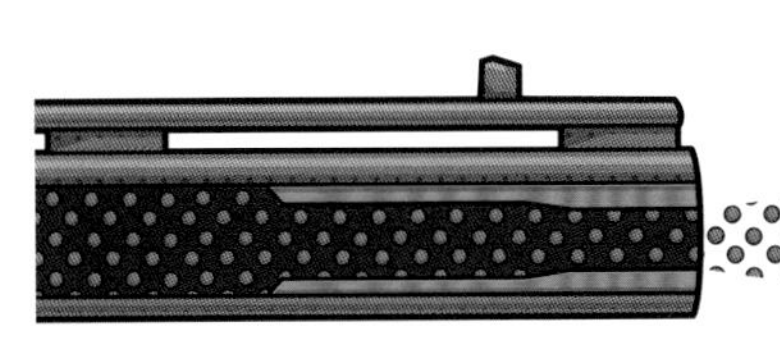

加強改良型

不定向飛靶

鎢鐵彈和大號鋼彈的飛越射擊

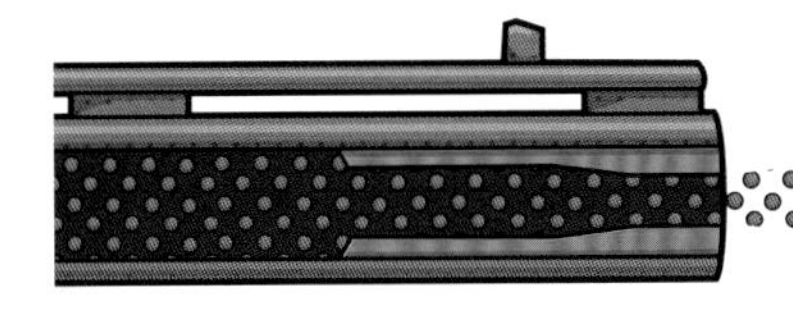

改良型

用鋼彈打水禽

傍晚或多風的天氣打雉雞

打高空的鴿子

鹿彈，打掠食動物

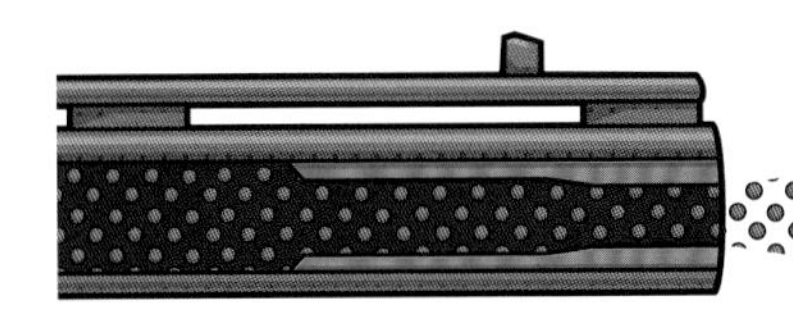

加強圓筒型

運動陶靶

大多數的高山鳥和鴿子

誘捕野鴨

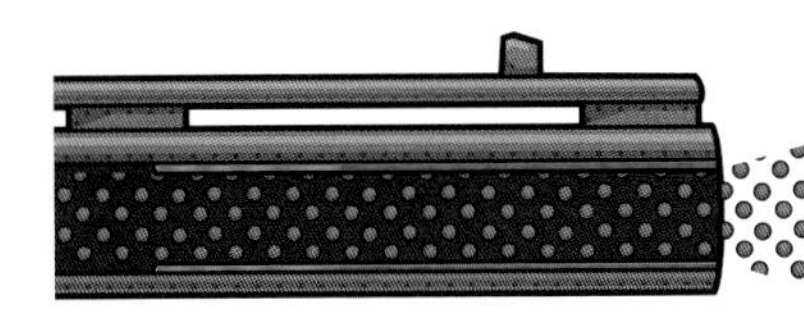

定向飛靶

打定向飛靶

近距離的高山鳥

福斯特單頭彈

211 用或不用準星

觀察運動陶靶射擊專用槍，你會發現有一樣東西不見了──準星球。現代有許多射手會把槍上的準星球轉下來扔掉。移除準星球是一種反反復復的潮流趨勢。但明亮的光纖準星球現今仍十分流行，原因也令人費解（製造商也熱衷於這種準星，也會用它來標榜「運動陶靶」槍款，其中有一部分原因是作為提高價錢的藉口）。但無論哪一種射手，他們都不願意讓目光從目標物飄到槍口，因為他必然會失手。一旦你看著槍，槍就會停下來，這時你的射擊就會落在後方。

你必須知道槍管和飛鳥之間的相對位置，但又必須把目光留在飛鳥身上，而且讓槍口保持在餘光之下。對於某些射手來說，移除準星球可以讓他們不致於分心，但對於另一種射手來說，餘光中有一顆明亮的球可以讓他更容易瞄準目標。

因此，到底用不用準星呢？這是個好問題。答案是：無論哪一種方法都好，只要讓你不注視槍管就可以。

212 留意你的扳機

我的不定向飛靶用槍是白朗寧BT-100，它擁有可拆卸的扳機：這是更貴的槍所擁有的諸多優點之一。

如果比賽時斷了一條彈簧，照理說你可以輕易的修復它，或是從絨布袋裡面拿出備用槍機，幾分鐘之內就可以重返射擊線。但事實上我的機簧幾乎不曾斷過。我喜愛BT-100扳機的原因是它的做工精細，宛如鑲金鑲鑽。我可以說，「嘿！來瞧瞧這個，」然後把扳機拿出來給大家看。我曾經把它拿給一位朋友看，但是他卻告訴我一個故事：在馬里蘭州東海岸一家槍械俱樂部裡，有一位從維吉尼亞州北部跨越海灣而來的同隊射手，他開了好幾個小時的車，只為了展示一把全新的克里格霍夫K-80。這傢伙把槍從盒子裡拿出來，期待眾人投以欽羨的眼光。其中一位朋友看著槍說道：「好槍！但是扳機在哪裡？」

扳機在家裡，裝在天鵝絨皇冠絨布袋裡。

213 探究後裝市場的縮喉

旋入式縮喉的發明，催生了縮喉管後裝市場的整個產業鏈。加長的槍管曾經一度毀掉一把好槍的線條感，但是現代火雞槍或靶槍若少了它，看起來反倒不夠「酷」。加長的縮喉管擁有三大優點：較長的管子可以讓製造商拉長內部的收縮斜面或平行面，以便形成改善幅度優於短管的彈群分布；在射擊大彈丸、硬彈丸或無毒彈丸時，較長的管子可以把應力移到槍口外部，保護你的槍管；最後，較長的管子更容易檢查、更換。在你砸下大筆金錢之前，先用你的槍打出縮喉的彈群分布圖，它有可能本身就已經很不錯了。依據我的經驗，使用後裝市場的火雞縮喉來取代廠製品，必然能看到彈群分布有最大幅度的改善，但通常只要把最短的廠製縮喉管換上一支長一點的管子，你就能看到效果了（至今還有莫斯柏格及其他槍廠在使用老式的溫氏縮喉管）。如果要有非常好的客製化縮喉效果，就把你的槍交給縮喉專家。他會測量槍管，專為你的槍打造一個極為精準的縮喉管。

214 為自己加墊子

後座力墊是時下最流行的商品。槍越來越輕，後座力越來越大；因此後座力墊也越來越高科技，越來越軟。新墊子的效果遠優於某些槍的硬橡皮墊，也比老式紅、棕色的蜂巢式橡皮墊好。話雖如此，製造商對於自家產品的吹捧還是有點過了頭。比如說：「我們的墊子，能讓我們的壓動式獵槍之後座力比對手的半自動獵槍還要小。」這種說法根本不是事實。乖乖的把軟墊裝在槍上就好，這種廣告詞不用太相信。現代許多流行槍款都有預製的墊子可以選用，也有能讓你自行裁剪的墊子。

快速上手

215 逐風而行

大家都知道狗用鼻子打獵。但我感到驚訝的是，竟然有如此多人帶著狗打獵卻不把風的因素一併考慮進去。規劃狩獵路線時，讓狗逆風而行才能找到最有可能的棲息點。帶著狗走下風，宛如把牠矇上了雙眼──除非鳥正好在牠的腳下，否則差不多等於讓牠去撞一隻不曾嗅過的鳥。

216 帶一隻忠心的狗

有很多人打鳥不帶狗，我也曾經如此，但現在不會了。如果高山打獵沒有狗，我就不去。為什麼？這麼說吧，如果你帶了一條狗，打獵時你就會看到更多的鳥。你獵殺的鳥會更多，傷殘鳥也會大大的減少。除此之外，狗還能告訴你看不見的草底下藏了什麼東西。如果沒有狗，你只能一個人走走跳跳而已。

獵水禽時我不會帶尋物犬。有很多人和我相反，但極有可能，他們的做法比較正確。不帶狗獵鴨表示你必須限制射擊次數，當你決定開槍時，還得隨時注意鳥兒掉落的地點。帶一隻訓練有素的尋物犬打獵，就代表逃走的傷殘鳥變少了。我見過拉不拉多犬不止一次隨著鴨子一起潛進水裡，但直到牠破出水面，嘴裡還叼著一隻鴨子後，我才鬆了一口氣。

217 眼睛朝上

當你走進獵犬的指示點，或是接近一隻非常激動的激飛犬時，請把視線從狗鼻子前方的地上移開，並保持直視。如果往下看，飛鳥就會變得模糊，然後你就要跟在後面追趕，造成慌亂匆促的射擊。如果眼睛保持向上，注射著你要打鳥的地方，就可以從容不迫的進行射擊。

218 定點指示或激飛驅趕

指示犬和激飛犬的主人總愛比來比去，爭論不休。兩種獵犬我都帶過，我只能說兩大陣營所爭論的差異其實也沒有那麼大。我喜歡狗幫我指示鳥兒，但我所獵殺的雉雞當中，有一半的數量不是來自於牠的指示。經常狗一發現鳥，我就開始提高警覺。如果狗無意間讓鳥飛了起來，我也準備好要開始射擊了。我很快樂，因為我不是純粹的指示犬主義者。

同樣的道理，激飛犬不會每發現一隻鳥就撲上去。通常是等鳥兒靜靜候一陣子之後，激飛犬才開始翻找牠的藏匿點，這時候你就有足夠的時間接近牠，作好準備。這和帶著指示犬獵鳥差不多。

219 相信狗

「永遠相信狗」是獵鳥最重要的信條之一。我有一隻老塞特犬「艾克」，我曾帶著牠和一群老朋友去打獵。走過一條長步道後，我們停在一道圍籬的角落休息。艾克把頭倚在我的大腿上睡覺。一會兒，艾克突然睜開眼睛，把頭抬起來嗅著空氣，站了起來，走了15碼，指示附近有鳥。

我說：「艾克找到一隻鳥了。」但沒人相信有一隻雉雞會笨到停在一群坐著吃東西聊天的人附近好幾分鐘。我自己也不太相信，但是信條就是信條。我是裡面唯一站起來的人。我帶著槍，走到艾克那邊，只見一隻公雞從牠的鼻子下方衝了出來。我開槍射牠。又有一隻飛了出來，我也開了槍。這兩隻是我們當天唯一見到的雉雞。

220 槍口朝上

不久前，我和一位海軍軍官一起去獵松雞。等他第一次走進獵犬指示點時，我不得不告訴他：帶著獵犬打鳥時，原本他所學到的安全持槍姿勢（槍橫掛在身上，槍口朝向地面）都是錯的。若以這種方式持槍，舉槍時槍口就會掃過你的狗。如果手指太快壓到扳機（我自己就發生過一次，所幸當時沒有狗在射擊線上），你就會射到狗。帶狗打獵時，槍口至少要與地面平行，最好是朝向天空。不要用上膛的槍指著人類最好的朋友，狗主人才會安心。

221

整理你的清潔用品

我會隨時準備好下列清潔潤滑用品：

- 偷懶時用的通槍繩
- 各種鉛徑尺規的通槍條，附帶黃銅刷頭及羊毛刷頭（10號刷子是用來刷12號膛室的好刷子）
- 舊牙刷
- 圓形刷子
- 塑膠挑鉤（看起來像牙籤）
- 鉸鍊銷及彈匣蓋螺紋之專用油脂
- 縮喉管油脂
- 散裝槍油（非WD-40）
- 徹底清洗槍機專用的洗槍劑或液體扳手。
- 清潔槍管專用噴霧罐或火藥溶劑
- 小布片
- 抹布
- 細鋼絲絨
- 我總是缺少：壓縮氣體噴罐

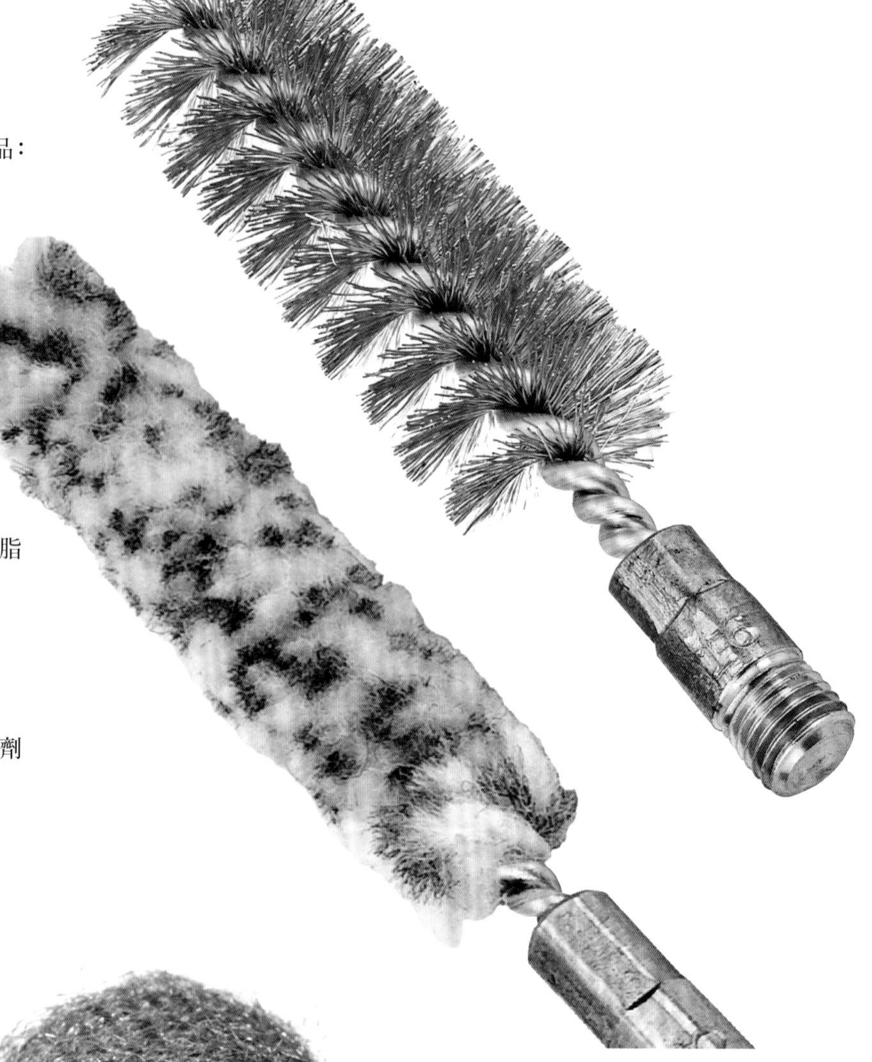

222 別像他一樣

有一位朋友曾在雷明頓公司的客服中心工作，他告訴我以下一段顧客來電。

顧客：「我的1100總是卡彈。」

客服：「你有清潔它嗎？」

顧客：「每一次我開槍射擊，我都用爸爸教我的方法把它清潔一遍。我用黃銅刷和溶劑把髒污刷出來，再用布片把槍管通一遍，直到它乾淨為止。」

客服：「你有把槍前托卸下來清潔氣動系統嗎？」

顧客：「槍前托能卸下來？」

223 散彈槍的清潔

當你從野外或靶場回到家裡，最低限度也要用通槍繩把槍管通一遍，再用蘸了少許油的布片把槍的外表擦一遍。用舊牙刷把退殼器後方、以及其他手搆不到的地方之沙礫刷出來。如果你射了很多子彈，就用刷子來清潔半自動獵槍的氣動活塞，把彈匣管的污垢刷掉。極細鋼絲絨加上少許油的效果非常好。

若是折開式獵槍，則是清除後膛室表面和槍匣內部的污垢。先移除槍前托再擦拭槍管。

224 在必要的地方添加油脂

少量的潤滑油對於槍的多數機件非常有效，但是有三個位置最好使用少量的油脂──例如廣受歡迎的Shooter's Choice紅色油脂，它的包裝是相當方便的注射筒。

油脂凝固不流動，專門應用在潤滑油容易流失的表面上。為折開式獵槍的鉸鍊銷或耳軸添加少許油脂。為縮喉管的螺紋添加油脂，以免它卡在槍上拔不下來，尤其在你射完大量大號鋼彈之後。彈匣蓋上的螺紋也要上油脂，以免它在槍受潮時開始生鏽。油脂要省著用；因為只要你清潔槍枝就要把它抹下來，再重上一次新的。

225 快速取巧的手法

我第一次見到這種花招是Birchwood Casey的液體扳手。從此以後，許多廠商也開始推出他們自己的噴霧槍機清潔劑。你必須先準備一大疊報紙。把槍拿到屋外，移除壓動式或半自動式獵槍的槍管，然後握住把手，讓它朝下指著地上的報紙。把洗槍劑往上噴進槍機內部，讓髒水流出來滴到報紙上。等到流出來的水變乾淨之後，槍機就已清潔完畢。加上少許潤滑油，再把槍裝回去。

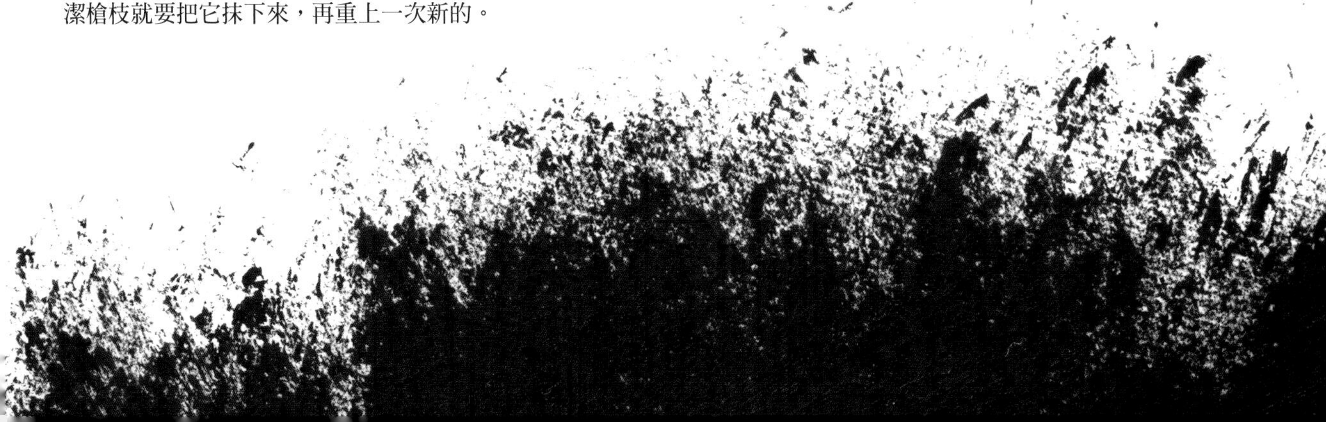

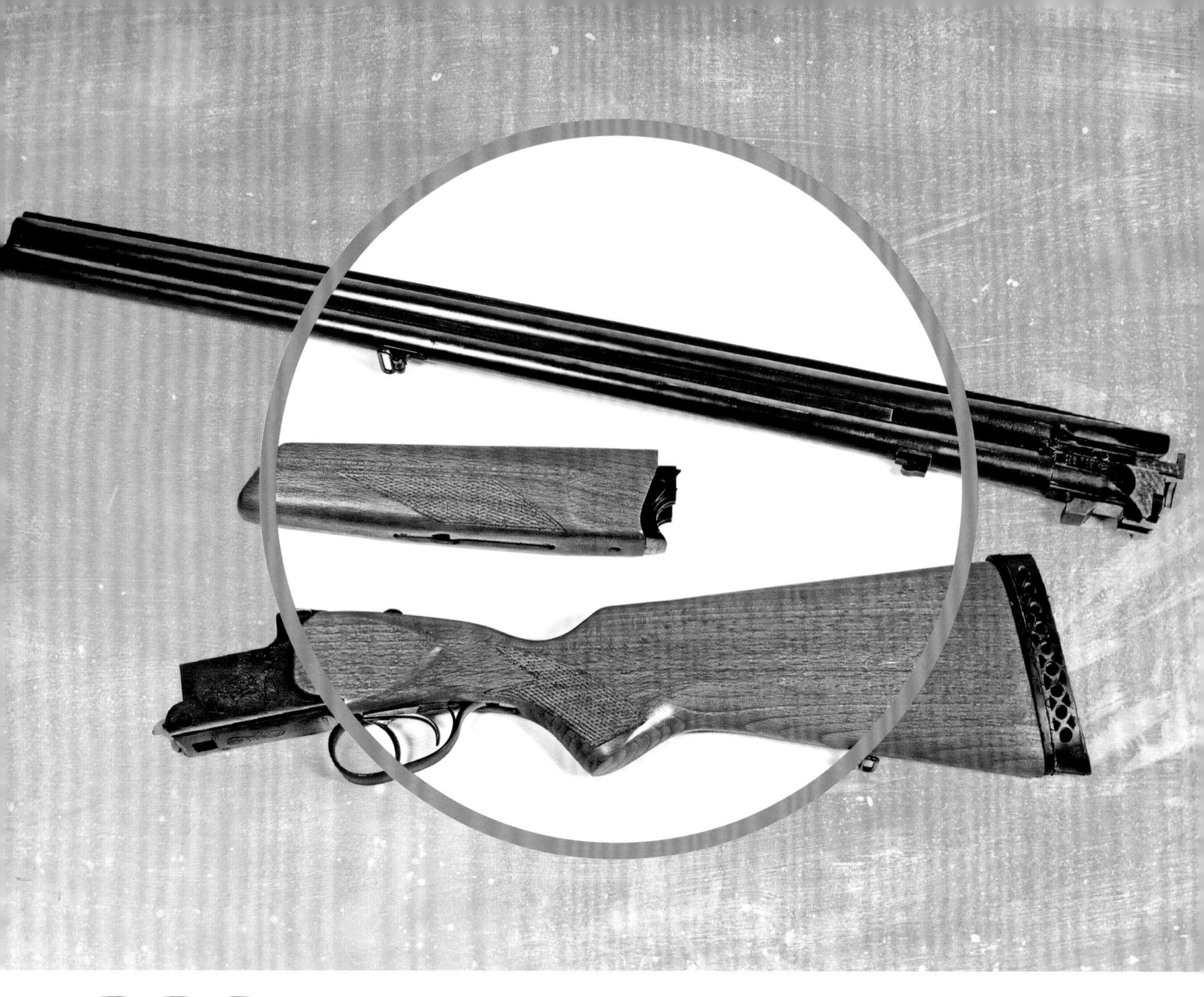

226 深度清潔

獵季結束時，或是用靶槍射擊幾千發子彈後，就要做一次徹底的清潔。

首先，把槍完全拆開。把半自動獵槍的槍栓和其他氣動系統機件浸在溶劑裡，再徹底清潔它們。

接下來，你必須把壓動式或半自動獵槍的槍栓拆下來，然後把所有的機件徹底清潔一遍。為撞針加上極少量的油，以免它天冷時變得遲緩。

把扳機組拆下來，用尼龍刷加以清潔，然後輕微的上油。把槍匣內部擦拭一遍。

如果是壓動式或自動獵槍，有一些特定的槍款能把彈匣彈簧和托盤拆下來；若是如此，則用10號刷子來清潔該彈簧和槍匣管。

你也可以把半自動獵槍的槍托卸下來，再把復進簧拆下來清洗。這樣做很痛苦，但是水禽獵人真的必須確認有做到這一步。

用浸泡在溶劑裡的黃銅刷來刷槍管，然後用抹布擦，再用蘸油的羊毛刷把它擦一遍。

在12號的膛室使用膛室刷或10號黃銅刷加溶劑來去除累積的塑膠層。用小鑽頭做為刮刀，來刮除氣孔上所沉積的碳。

把縮喉管卸下來，用浸過溶劑的刷子把它裡裡外外刷一遍。把槍管上的螺紋也刷一遍，然後在縲紋上加油脂，再把它裝回槍管上。

通風肋條底下及四周不容易觸及的死角，牙刷是非常有效的清潔工具。

折開式獵槍可以射擊數千發子彈之後再把槍托卸下來，然後為槍機上油。如果你自己不想做這些事，就去找槍匠。

227 攜帶最基本的修理工具包

有一次，我在前往獵鹿台的途中摔倒在泥濘的溪床上。正當我重心不穩的揮舞著雙手時，我的白朗寧壓動式散彈槍就像標槍一樣飛到了溪的對岸，槍管就這樣直接插進污泥裡。槍口塞進了好幾英吋的泥土，而我身上又沒有工具，所以我就把槍管拆下來，把它泡在冰冷的溪水裡，讓溪水把它沖乾淨。等到我的手指回暖後，我把槍組起來，裝上子彈，一個小時後我還打到一頭鹿。從那時起，我總會隨身攜帶下列工具，或把它們擺在附近的車子裡：

1.一瓶Break-Free CLP，用來釋放卡住的撞針。（CPL為清潔、潤滑、防腐三效合一溶劑之縮寫）。
2.一支組合式通槍條，用來清除障礙物或把卡在槍膛內的子彈戳出來。
3.一把Leatherman迷你工具組，用來把扳機組插銷推出來（尖嘴鉗可以讓它挪動）。我曾用平頭銼刀作為緊急退殼器，把卡在槍膛內的子彈撬出來。

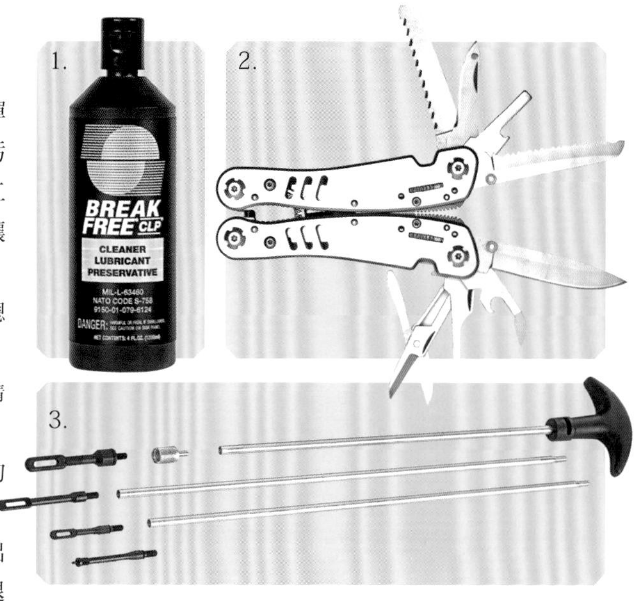

228 認識最好的修理工具包

我有個朋友曾帶一位不懂獵雉雞的人過來。他們裝填子彈時，那人發現他的槍裝了獵鴨的塞桿（美國法律規定，獵水禽的散彈槍只能裝三發子彈。所以原本能裝五發子彈的彈匣必須依規定裝入塞桿）。因此，他堅持在原地停下來，讓他能把槍拆開，把塞桿拿出來。彈匣彈簧通常都會射出來——他的彈匣彈簧就這樣連同彈簧托盤一起掉進茂密的草堆裡，再也找不到了。所幸我的朋友還帶了一把備用槍。

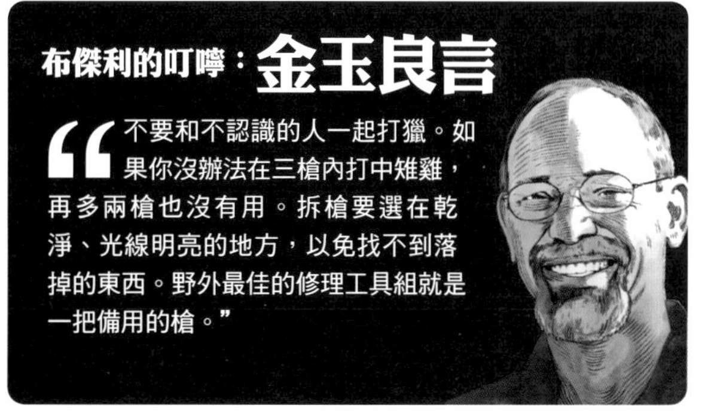

布傑利的叮嚀：金玉良言

“不要和不認識的人一起打獵。如果你沒辦法在三槍內打中雉雞，再多兩槍也沒有用。拆槍要選在乾淨、光線明亮的地方，以免找不到落掉的東西。野外最佳的修理工具組就是一把備用的槍。”

229 掌握實用的彈群分布圖

你的槍射得直嗎？它會射得太密集，讓你打不到辛苦追逐的獵物嗎？它的分布是否散得太開，讓你無法乾淨俐落的射殺？只有一種方法可以幫你找到答案：在一大張紙上轟出彈孔。找出彈群分布圖是你不得不做的家庭作業，在良好的條件下它是一項無聊的事情，起大風的日子你又得追著紙跑。整天忙著拍打紙張、瞄準、射擊，這件事無聊透頂了，但家庭作業會有好玩嗎？到了期末考，如果考的是綠頭鴨飛到你的誘餌上，或是一隻鵪鶉聒噪的飛進叢林裡，你會很高興見到你的槍已經在白紙上射足了子彈。

步驟一：檢查衝擊點 旋入一支收束較緊的縮喉，然後在25碼處從托架上（我們希望讓槍處於這個平衡狀態）瞄準射擊同一張紙兩、三次。彈群分布的中心點應該已經把你的瞄準點打爛了，或是打在它上方1、2英吋的位置。就算你打偏了好幾英吋也不用擔心，但如果衝擊點離你的瞄準點很遠，就換幾支不同的縮喉上來，看看原先那支縮喉是否壞了。如果不是，就把槍送回原廠。

步驟二：檢查彈群分布圖 實用的分布圖，會發生在你用來射鳥的距離。把一張40英吋見方的紙貼在一面擋牆上，後退到適當的距離，然後開始射擊。在靶上標示槍款、縮喉，子彈和距離，換另一張紙，返回槍的位置，然後至少再射兩輪。

回家後，以彈著最密集的點為圓心在靶紙上畫一個30英吋的圓。不用計算彈孔數目；只要找尋一種分布圖形，該圖形分布能在你要打的獵物身上擊中四、五發致命的彈丸即可。特別注意中央20英吋的範圍，因為無論任何分布圖形，這裡都是最可靠的擊殺點或飛靶粉碎點。你可以用紙板描出活鳥的體型輪廓，然後追蹤它在靶紙上的情形，或是單純用眼睛分析你的分布圖。

它一定會有空隙。不可能有彈丸完美平均的分布在圓內每一小塊面積這種事。中央的散彈群會比較集中，邊緣則是四散亂飛。如果你的分布圖可以找到很多很多空隙，空隙內只有一、兩顆彈丸能打中鳥的話，你就需要改用較小的彈丸、較重的裝載，或是較緊的縮喉。如果分布圖過度集中於中心，邊緣的彈孔稀少，就表示你用的縮喉太緊。

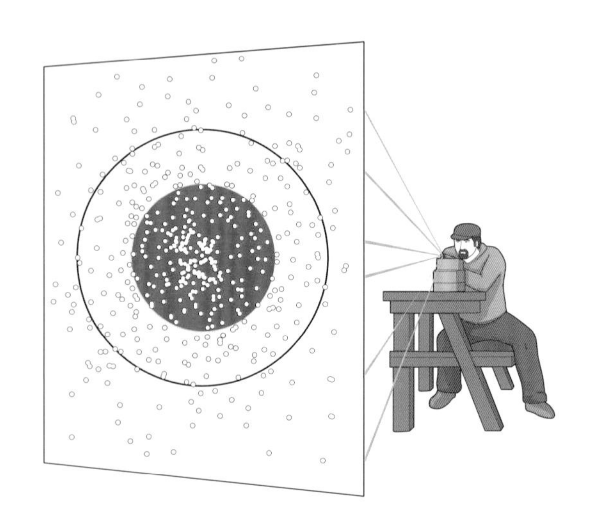

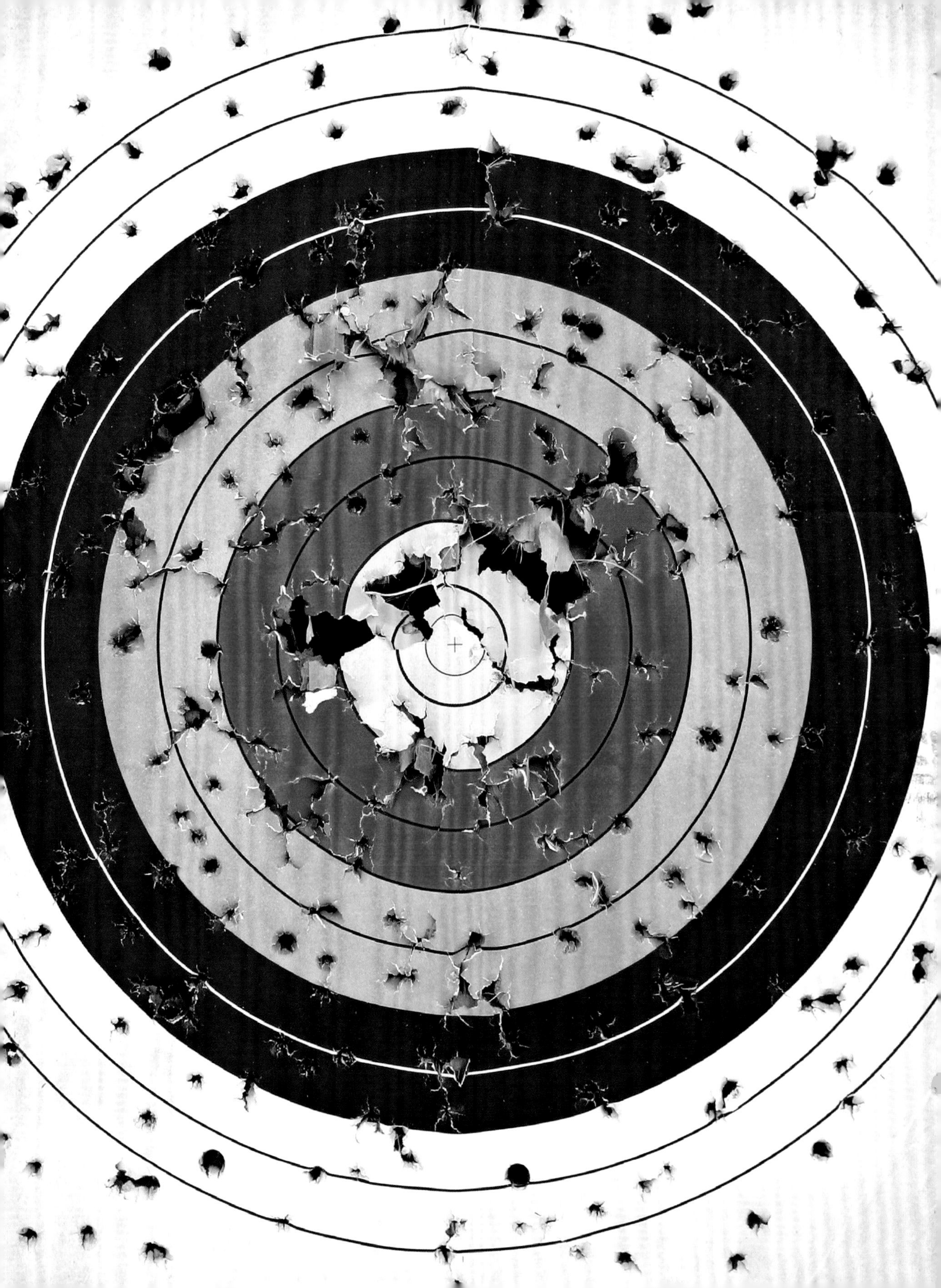

230 練習換邊

新射手最好練習使用主視眼來射擊，即使要換到非慣用手來射擊也一樣。我的大兒子有交叉主視眼，但我還是教他用左手來射擊。他在野外做得非常好。他完全不用右手射擊。

我個人認為，換邊射擊、以及交換兩眼射擊的能力，與視覺深度或餘光沒有任何關係。簡單來說，當你閉上一隻眼睛射擊時，你的視力會清楚聚焦在槍上。雖然看得越清楚就越容易瞄準──但是用在散彈槍上，卻是完全錯誤的方法。你的眼手協調力和你的潛意識，遠比你有意識的舉槍瞄準更容易把槍指向目標。用兩隻眼睛會使槍管變成一團模糊，讓你可以「看穿」槍管，進而全心全意的瞄準任何目標。

231 找出你的主視眼

多數人都是一隻眼睛比另一隻眼睛強，就如同慣用右手或慣用左手那般。雖然多數人較犀利的眼睛和強壯的手臂會在同一側，但未必人人如此。交叉主視眼對女性來說相當普遍。你的主視眼應該是直視槍管的那隻，這一點非常重要。

每一位初學者都要做的一件事，就是進行主視眼測試。讓他們把手臂往外伸直，掌心朝外，手掌交疊，使虎口擺出一個三角形的孔。

要他們睜開雙眼，並以該距離注視一個目標物。接下來，讓目標物保持在視線之內，把雙手往回縮，直到三角孔靠在其中一隻眼睛或另一隻眼睛的外圍，但目標物仍在視線內。未被遮住的眼睛就是主視眼。若要確認，可重複進行測試，讓他們的雙手往回縮，遮住你認為是主視眼的眼睛，此時他們所注視的目標物應該會被遮住。進行該項測試時，你必須非常小心的觀察他們。有些年輕射手會騙你，因為他們不希望讓你知道他們是交叉主視眼。也有極少數人是中央主視眼，無論遮住哪雙眼睛他們都能看到目標物。

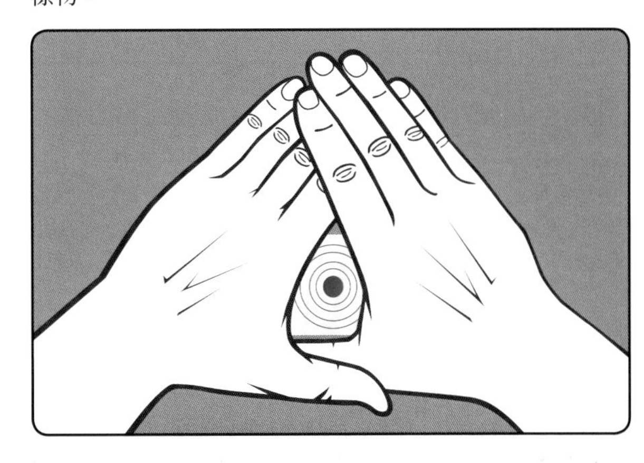

232 了解何時用單眼射擊

要用一隻眼睛射擊也不是不可能。偉大的不定向飛靶射擊冠軍射手諾拉．羅斯就是緊閉一隻眼睛射擊。我在射擊比賽中絕對贏不了諾拉，但如果她兩眼同時張開的話，你想我會輸得多慘。

儘管如此，有些人因為用錯誤的一邊射擊太久，以致於無法換到另一邊或根本不願意換。有些人是中央主視眼，只要他們兩隻眼睛一樣強的話，兩隻眼睛就可以交換使用。這些射手應該練習舉槍時閉上一眼，或是在眼鏡鏡片上貼一條膠帶來遮住他們的主視眼。

膠帶的寬度大約是拇指指甲的大小。如果貼的位置正好讓你舉槍時能遮住視線，它的位置就夠高，你正常抬頭時就不會干擾到視線。

233 準備姿勢

在散彈槍射擊的領域裡，「就位」代表把雙腳移到定位、擺好姿勢，而持槍的姿勢應能讓你迅速而順暢的把槍移到射擊位置。槍托應該輕輕的夾在手臂下方。如果有獵犬在場，槍管應與地面平行或略微朝上。

務必確認槍口在你的視線下方。握槍的手應該放輕鬆，手指不應該靠在扳機上，更不應該伸到扳機護弓內。

在野外時，除非情況不允許，否則我一看到小鳥就會朝目標的方向跨出一小步，然後從任何持槍的姿勢換到這種準備姿勢。

234 達成正確的平衡

用散彈槍射擊時，很多人會把身體極度前傾，讓前腳彎曲後腳打直，再不然就是往後斜倚。這種習慣通常是在開始射擊時想要舉起一把太長或是太重的槍所養成的。

正確的射擊姿勢是身軀打直，膝蓋不應該彎曲也不應該僵直，只要放鬆就好。身體略微向前傾，讓身體有稍微超過一半的體重落在前腳。最簡單的記憶口訣就是假想「鼻子在腳尖上方」。如果你的姿勢正確，你的鼻子應該會在前腳腳尖的正上方。

235 為自己而站

散彈槍射擊時，雙腳張開的幅度不應大於肩膀的寬度。如果從後腳跟到前腳大拇指畫出一條直線，它應該延伸到你要射擊的飛鳥或靶上。在召出陶靶之前，顯然你可以從容的調整角度，但是在野外時，朝向你打算射擊飛鳥的方向跨出半步，就能讓你的雙腳對正方向。

採用這種立姿，就能讓你的身體和目標形成良好的關係：也就是讓你介於側向和直角中間的位置。雙腳儘量保持合攏，就能讓你輕易的以臀部為軸心轉到任何方向。

236 駕馭長槍托

只要調整槍前托的手持位置，多數射手都能使用長度超過他們所慣用的槍托。這是簡單的小技巧，但是非常有效。如果槍托太長，試著把槍前托持短一點，握在接近槍匣的位置。較短的持槍位置可以在舉槍的動作讓你把槍托往外推，以免它鉤到你的衣服。相反的，如果你覺得槍托太短，試著把手改握到槍前托的最前端，它可以立刻讓槍感覺長一點。理論上，只要調整持槍的位置，我（身高6英呎）、林肯（6呎4吋），或是葛蕾妮．克藍佩（5呎2吋）都能用同一把槍來射擊。（葛蕾妮．克藍佩是美國影集《豪門新人類》裡面的角色）。

基本要領

237 舉槍上肩

舉槍上肩是散彈槍在野外最為重要的基本技能。如果你能把槍舉到面前，而不是放到肩上再低頭就槍的話，你就能毫不遲疑的注視目標並擊中它。舉槍的動作，做得好就能讓上肩和擺動一氣呵成，而不是由步槍射擊跳過來的美國散彈槍射手那般——先舉槍上肩，再尋找目標，然後擺動，射擊。

從準備姿勢開始（參見條目233）。在開始移動槍枝之前，你必須先清楚的看到目標，讓眼睛告訴雙手槍應該往哪裡擺，而你的頭也必須略微的往前靠，準備好就槍的位置。眼睛要鎖定目標的前端，然後開始舉槍上肩，把槍口移往目標的方向——彷彿要從腰部射擊那般。槍口一移到目標之後，就把槍托抬高到臉上。當貼腮部正好托住臉頰之際，立刻把槍托往鎖骨下方的肩窩裡送。槍托底板一接觸到肩膀就立刻扣下扳機。

238 打閃光

拿一把未裝子彈的槍，把小型手電筒裝在槍管內（AA適合12號鉛徑；AAA適合20號；通常纏上一、兩圈透明膠帶就可以讓它塞得很牢），用來練習舉槍上肩的動作。在屋內進行這項練習，站在不開燈的黑暗房間一角，然後把手電筒的光束調到最集中的設定。採取準備姿勢，槍托朝下，讓光束射向對面牆壁與天花板的交界處。

舉槍上肩，先把槍托抬高到臉頰，同時集中注意力，防止光束跳出牆壁交界的角落。每天晚上只要練習個幾分鐘，野外就能立即展現成效。

239 在目標下方移動槍口

千萬不要讓小鳥飛到槍口之下。你必須把視線集中在鳥身上，才能打中飛行的目標。如果讓鳥兒竄到槍口底下，你就會暫時失去目標。一旦失去了凝視的目標，你的視線就有可能回到最不該看的準星球上。相反的，如果讓槍管保持在目標下方，則當你把焦點緊聚在小鳥身上時，槍口就會留在你的餘光中，成為一團模糊的參考點。你能看到槍口會往哪裡擺動，而把這些點連起來。

快速上手

240 跟上步調

每當我失手而且不知道為何失手時，我會試著改變運槍的速度，而且通常都是放慢速度。散彈槍必須及時跟上目標才能發揮功效。我不是全然了解它的道理，但請相信我，事實就是如此。

241 擺動你的槍

散彈槍的用法不是瞄準，而是指向目標物。正確的擺動在你開始舉槍上肩時就已經開始了。第一個步驟是把視線鎖定在目標上。如果眼睛無法告訴你槍要移往何處，就沒有動槍的理由。

如果能清楚看見目標，且能讀出牠的路徑，就把槍口移往目標物。當你把槍托拉高到臉頰時，必須讓槍口沿著鳥兒的飛行路線擺動，不能停下來。槍口必須保持在飛鳥下方，讓你永遠能清楚看到目標；槍必須及時跟上鳥兒。這兩個要訣，再怎麼強調也不嫌多。

如果超前量抓得太精準，你的速度就會減緩，甚至連槍都停了下來，最後就打不中了；這就是許多工程師使用散彈槍射擊會有困難的原因：因為他們希望十分精準。考量超前量時，除了不能斤斤計較外，還須考慮三種程度：少許、多一點，以及很多。少許是指中等射程所見到的超前量，多一點就是少許的兩倍，而很多則是比多一點還大一倍。

散開的彈丸能容許一定程度的誤差。在最後一秒鐘才試圖瞄準，和失手沒什麼兩樣。相信你的手眼協調力，把槍擺到正確的位置之後就開槍，不要有任何遲疑。

基本要領

242 使用正確的方法

有兩種射擊方法能讓槍口擺在飛行目標的前方：「飛越法」以及「保持超前量」。優良的射手多半能夠依據實況而在兩種方法之間交替切換。

飛越法 飛越法幾乎是一種直覺的方法，對於高山狩獵或是中、長射程的水禽都非常好用。追蹤小鳥的飛行路線，當槍口通過鳥嘴時就開槍射擊（這就是英國人所說的：「屁股、肚子、尖嘴、砰」）。揮槍的速度必須比鳥快，這樣你才能追上牠，飛越牠。在你扣下扳機開槍射擊之前，槍會不斷移動，並且飛越飛鳥的身體，因此你不會看到太多的超前量，但是飛鳥已經掉下來了。

保持超前量 這是定向飛靶的主流射擊方法。保持超前量是射擊長時間橫向穿越目標的最簡單射擊法——比如說鴿子或是水禽等等。本方法和後方追趕飛鳥的「飛越法」大不相同。在保持超前量的射擊方法中，你不會讓飛鳥穿越你的槍管。把槍舉在目標物前方，讓它和飛鳥的速度一致之後立刻開槍射擊。比起飛越法，保持超前量的射擊需要更大的感覺超前量。

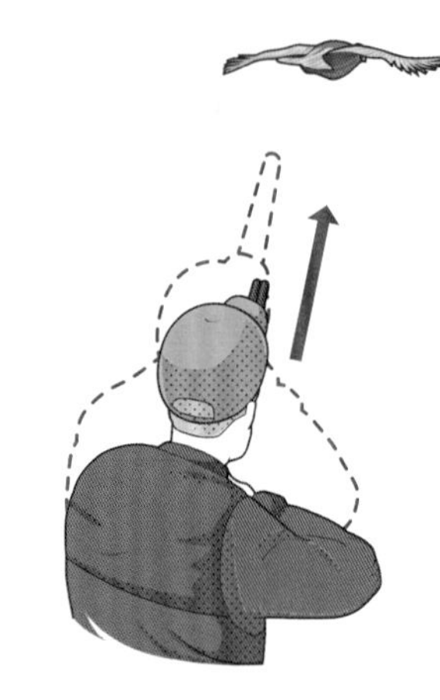

243 刺殺直飛的鳥

要射擊從你腳下飛走的鳥，最好的方法就是想像你的散彈槍上有一把刺刀。當鳥兒起飛時，把槍放在腰上，讓它與地面平行，作好準備姿勢。往小鳥的方向跨出一小步，當你把槍托拉到眼前時，就想像你要用刺刀來刺牠。由低位開始刺，才能讓你看清小鳥。把槍往外推向小鳥，就能確保你的外套不會纏住槍托。大聲喊「殺」的動作就不必了。

快速上手

244 打高空的鳥

若要長射程射擊高空的飛鳥，用原本該有的一半速度來移動槍枝，當槍口穿越鳥嘴時立刻開槍射擊。放慢速度見似不會成功，但其實不然。

245 保持專注

子彈廠商會告訴你，高速可以解決飛行目標後方失手的問題。槍械俱樂部裡愛出主意的人也會告訴你，若不拉大超前量，就必須讓槍一直保持移動的狀態。但事實上，落後失手多半是因為回顧準星球，造成超前量之誤判所引起的。從經驗上來看，這是一項難以應對的失誤，因為在你看見準星球之前，你所瞧見的最後一件物品就是目標物前方的槍。不管怎麼說，當你看見準星球時，槍就已經停了下來。儘管你認為你已經拉到了鳥兒前方，但是你終究還是射在後方。這種問題，不是每秒多幾英呎的射速、增加幾英呎的超前量，或是堅持不懈所能解決的。重點還是在於目標物本身。把眼睛專注在鳥兒身上，槍管就交給餘光去處理。心中默唸「清楚的目標，模糊的槍管」，就能把你萬般打不中的無解之謎轉化成命中。

雷明頓870 ShurShot合成槍托超級單頭彈槍

246 買一把精準的單頭彈散彈槍

槍管 重槍管有助於增加硬度，減少後座力。

膛線 每34英吋纏繞一圈。1：34的慢速纏距，通常對於射速1,200至1,500fps的單頭彈有較佳的效果。快速纏距（低於1：30）較適合1,900至2,000fps的單頭彈。

打釘 槍管會固定在機匣上，用以減震。槍管是製槍廠釘牢的，但無論什麼槍，槍匠幾乎都能幫你加裝固定螺釘，釘牢槍管。

槍托 較高的貼腮部，適合加裝瞄準鏡。

機匣 設有瞄準鏡的安裝螺孔。

鉛徑 12或20號。20號軟殼彈幾乎達不到12號的彈道，但是後座力較小。

後座力墊 軟後座力墊。

瞄準鏡 安裝在散彈槍的機匣，有較長的適眼距離（4到6英吋）。中低階可調倍率。粗十字線，枝葉濃密的背景也很顯眼。

扳機 輕快的扳機（3至4磅的拉力）比較容易射後座力大的槍。多數廠製的槍都可以由合格的槍匠來調高扳機的性能。

247 認識單頭彈

福斯特單頭彈 用於無膛線槍。彈頭上的「葉片」只能幫助它擠出縮喉管，無法讓它旋轉。

彈塞黏合式單頭彈 有膛線或無膛線的槍管均能使用。黏合的彈塞能讓彈頭保持直線飛行，宛如羽毛球上的羽毛一般。

軟殼單頭彈 子彈一離開槍管之後，它的軟殼就會分成兩半脫落。雖然價格昂貴，但是值得應用在有膛線的槍管，因為它能精準的在150碼的距離獵殺一頭鹿。它在無膛線的槍會非常不準。

福斯特單頭彈

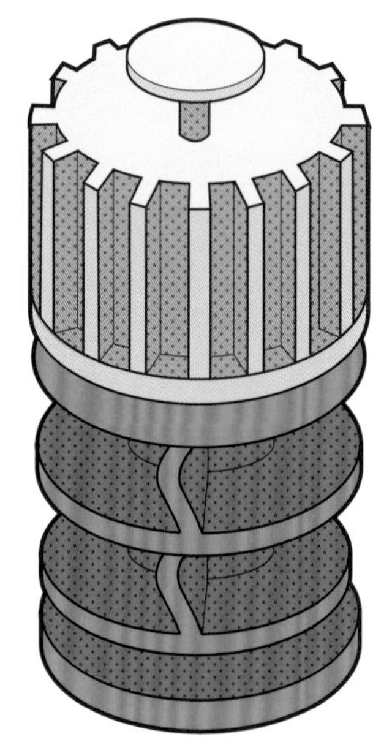

彈塞黏合式單頭彈

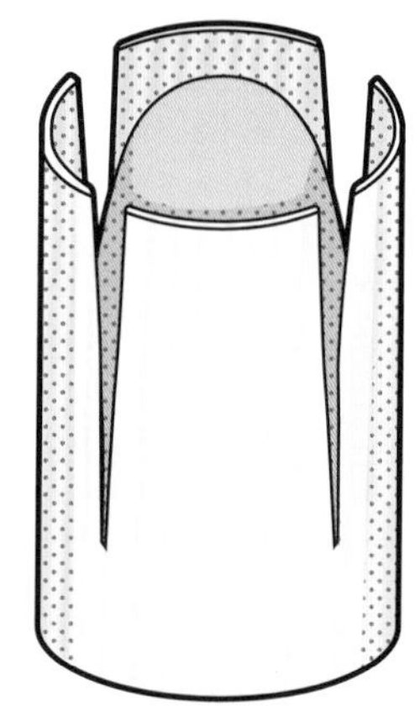

軟殼單頭彈

248 使用正確的縮喉

「單頭彈會傷害全縮喉槍嗎？」這是我最常聽見的讀者提問之一。答案是不太可能，因為彈頭是鉛做的，而槍管是鋼。較好的問題是：「全縮喉會傷害我的單頭彈嗎？」答案是：「會。」舉例來說，不久前我曾用聯邦Truball單頭彈進行射擊，一開始我用加強型圓筒縮喉（IC）裝配在莫斯伯格500散彈槍上，然後再換成改良型和全縮喉型。IC在50碼射出了3½英吋，改良型結果也一樣，但是全縮喉的彈群則是擴大為7½英吋。

249 握緊槍枝

從射擊台射擊單頭彈時，我們都可以感受到它的後座力。但是你可能不知道，單頭彈的後座力也可能對我們亂開玩笑。單頭彈的速度實在太慢，當它還在槍管裡面爬的時候，槍本身就會因為重拋射體在膛線上旋轉的扭力而產生向上和向左的後座力。如果你鬆開握住槍前托的手，然後從射擊台上看著槍身，你所瞄準的點真的會比你在野外正常握住槍前托所射擊的點要高出5至6吋，而且略微向左偏。

調整射擊托架的結構。緊扣住槍前托，甚至用手從槍管上把它往下壓，它和中央底火步槍的射擊不同，你不需要用手去敲沙袋讓它鼓起來。

250 嘗試滿口徑單頭彈

由於軟殼單頭彈一顆要3美元，所以滿口徑單頭彈仍有其市場，因為每盒五顆裝的售價不到5美元。如果你的獵鹿槍是滑膛槍，或是你希望在獵鹿的行程中把彈匣打光好幾次，或是你的射程都在100碼內；這時，滿口徑的單頭彈就很適合你。它還附帶另一項好處：任何口徑為.729的單頭彈，無論擊中什麼都會打出一個大洞，而且會貫穿另一側。

今日的滿口徑單頭彈已經非常精準，遠非昔日可比。最好的子彈搭配合適的槍，能在75碼的距離打出小於2英吋的精準度。超過75碼就開始不準了，因為單頭彈會在75碼至100碼之間緩慢的穿越音障。它的彈群分布通常很糟，會在靶上留下非圓形甚至橫向的孔。

快速上手

251 切勿聽信「不要停止擺動」

「不要停止擺動」是你在槍械俱樂部最常聽到但也是最糟的建議。它點出了「槍停下來」的病徵，但沒有點出「看著槍」的真正病因。很多人把「不要停止擺動」這句話記牢了，然後在「擺動──停止──射擊」的順序裡勉強加上搖搖晃晃的收尾動作，結果一樣是換湯不換藥。

252 相互指導

一座手動拋靶器加上幾盒陶靶，你就可以和朋友相互指導如何射得更好，宛如在練習教學一般。告訴某人哪裡有缺失，不會有什麼幫助；你必須告訴他真正的原因。關鍵就是注視射手的槍口。眼睛看到哪裡，槍口就會跟到哪裡。稍加練習，你就能從槍所走的路線讀出射手的心思。

如果槍短暫停止了片刻，並不是射手刻意停止擺動，而是因為他想測量或再確認超前量，並由目標物回去看槍管所致。如果槍口突然跳到向前飛離的小鳥頭部，往往代表射手的眼力不夠。因為偏高或落後而打不中橫飛或斜飛的目標，往往代表射手槍舉太高，把視線暫時擋住所致。

你也必須觀察他的頭是否抬高，這是射點偏高的另一個主因。

253 閱讀高爾夫球的書

關於散彈槍如何射擊，我只知道有兩本好書。歐維斯（Orvis）所著的《飛禽射擊手冊》是一本紮實的野外教材，而吉爾和維奇·艾希（Gil and Vicki Ash）的《無心至上》則是一本有趣的射擊心理學讀本。讀完這兩本書後，接下來呢？去書店看看高爾夫球書。

你會看到書名很窩心的高爾夫球自修書擺滿了一長排，諸如《高爾夫的內心遊戲》、《無懼高爾夫》、《你的高爾夫夢》、《超越高爾夫的意志力》，以及《喬佩拉的高爾夫啟蒙教材》等等。不要笑，這些教你如何打高爾夫球的心理戰術書籍，也能幫你成為一名優秀的散彈槍射手。

著名的《禪意推桿》和《禪意高爾夫》的作者喬·帕倫博士（Dr. Joe Parent），他揮別童子軍的歲月後就再也沒有射擊過，但他告訴我：「他曾訓練一位不定向飛靶射手一年。2003年她在書店發現了我的書。後來我們開始用電話進行教學諮詢。我幫她突破200次連擊。」

快速上手

254 減少後座力

減少後座力的最好方法就是射擊裝彈量較輕、速度較低的子彈。其次則是使用氣動式半自動獵槍射擊。

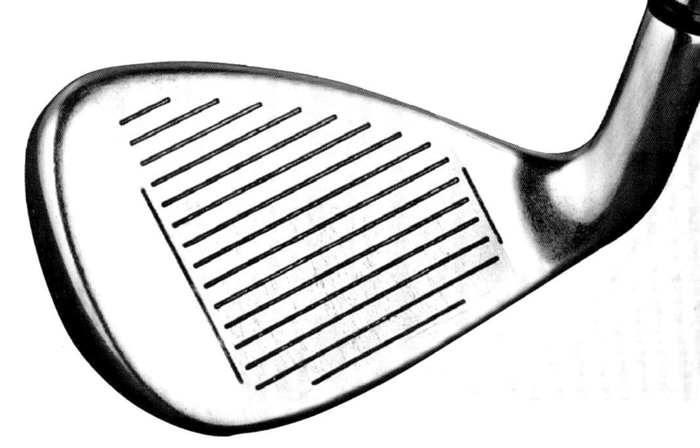

255 為自己錄影

參加《槍迷電視秀》帶給我的意外驚喜之一，就是讓我有機會看到並修正我在其他地方不可能看到的射擊錯誤。比如說射擊由右向左橫向飛行的目標時，我偶爾會把槍從我的面前拿開。

找人用錄影機或手機幫你錄製一段影片，也能達到相同的效果。你會對自己所學到的東西感到驚訝，它只會幫助你改善。

256 使用原力

你可以像《星際大戰》裡的路克．天行者那般，閉上眼睛使用「原力」來擊中目標。這一項訣竅是我從吉爾和維奇．艾希那裡偷學的。感覺目標物的真諦，既是一種有趣的試鍊，也是一種打破舊有習慣的好辦法，讓你在射擊前不再往回察看槍管、重複確認（對我來說重複確認就等同於保證失手）。射擊時閉上雙眼，你才能捨棄它。

張開眼睛，召出飛靶。瞄準它，判讀角度，舉槍跟上。當你準備好扣下扳機時，閉上雙眼。你能把飛靶打碎。如果這樣做過於簡單的話，先召出飛靶，在射擊前把雙眼緊閉整整一秒鐘。把時間拉長，像絕地武士那般運用你的感覺，接下來你會對於自己所能達成的境界感到不可思議，宛如你能讀出飛靶的路線，並且拿著槍同步對準陶靶。

我曾把這種技巧展示給兩位高中射擊學員看，他們都有察看準星球的壞習慣。我向其中一位挑戰，要求他在扣下扳機前閉上眼睛射一整輪。他的成績是22x25（25擊22中），後來我們同意他每一輪可以睜開眼睛兩次，但兩次他都沒擊中。

257 從腰部射擊

只要學會練習的技巧，要學會從腰部來射擊陶靶是意外的簡單。不要裝子彈，把用來扣扳機的手指放在機匣旁邊，此時你手指的方向就是槍所指的方向。

召出少許目標物，然後假裝射擊。關注你扣扳機的手指，而不是槍。經過多年的摸索以及失敗的腰部射擊經驗之後，我用上述方法練習過幾次之後就能從腰部射擊飛靶了。經過練習之後，我就能在不定向飛靶的27碼射擊線擊中飛靶，雖然只是偶爾。

258 射擊碎片

射擊碎片很有趣，是一種很好的練習。它不困難，所以容易讓人留下深刻的印象。離你而去的飛靶最容易進行碎片的射擊。先射飛靶，找出最大的碎片再射一次。你絕對不敢相信你能把碎片粉碎到何種程度。它能讓你學會「保持射擊姿態」：也就是在第一次射擊之後，仍把槍拿在面前。借用一句釣魚的諺語：「昂貴的陶靶只射一次就太可惜了。」

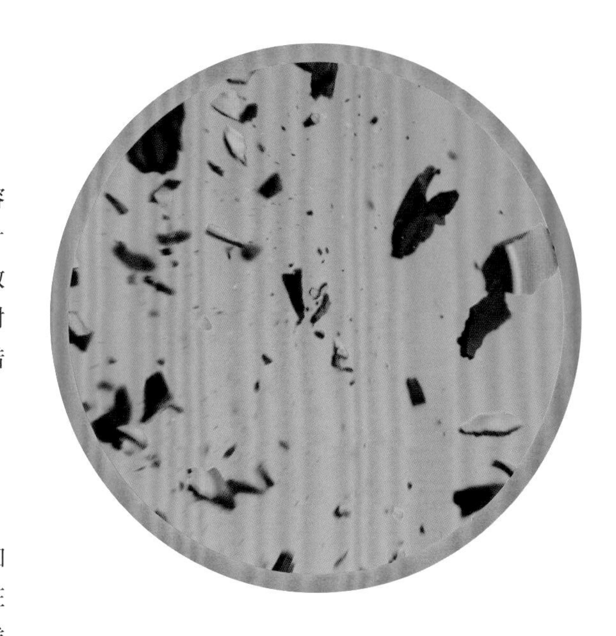

259 快樂的玩靶

你可以買我們在《槍迷電視秀》所射擊的煙花靶來增加靶場的樂趣，也可以自己做一個。買一些粉彩，把它倒在飛靶的碗口內，然後在上面黏一張紙。最簡單的方法是找一個大小適中的飲料瓶蓋來裝粉彩，然後把它放在陶靶下方，但是射擊完畢之後你必須把它收拾乾淨。

在靶上裝尾巴 使用18英呎的捲尺。用透明膠帶把捲尺黏在陶靶碗口內側，然後把尾端捲在飛靶內。拋出陶靶之後，它的尾巴就會拖在後面。

大靶背小靶 用橡皮膠水把小靶黏在標準陶靶內部。當你打掉大陶靶之後，小靶還是會繼續飛，有人說：「宛如逃生艙一般。」

260 射一輪不定向飛靶

一輪不定向飛靶共有25次射擊。你必須站在5個射擊位置與其他射手輪流各射5次。你需要一個深口袋來裝子彈，最好還有另一個口袋來裝空彈殼。

不定向飛靶需要安靜的射擊，因為順暢而不受干擾的節奏能讓每個人射出最好的成績。前一個人射擊時你就可以開始裝子彈。如果半自動獵槍把彈殼拋到地上，就讓它留在地上，等到射完五發子彈更換射擊位置時再撿。

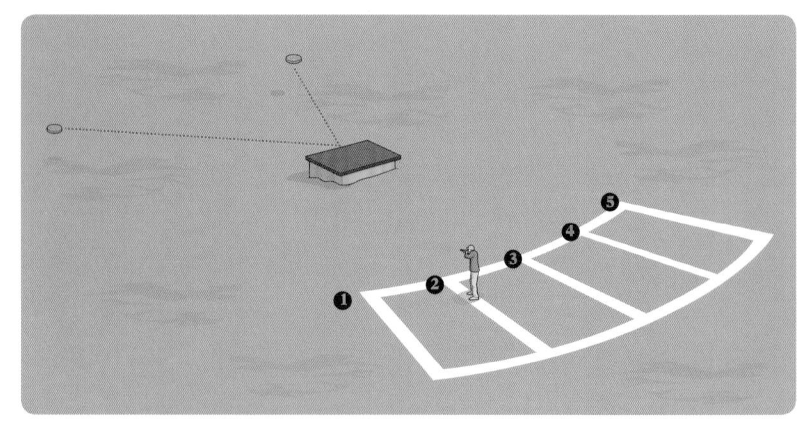

快速上手

261 認識你的停點

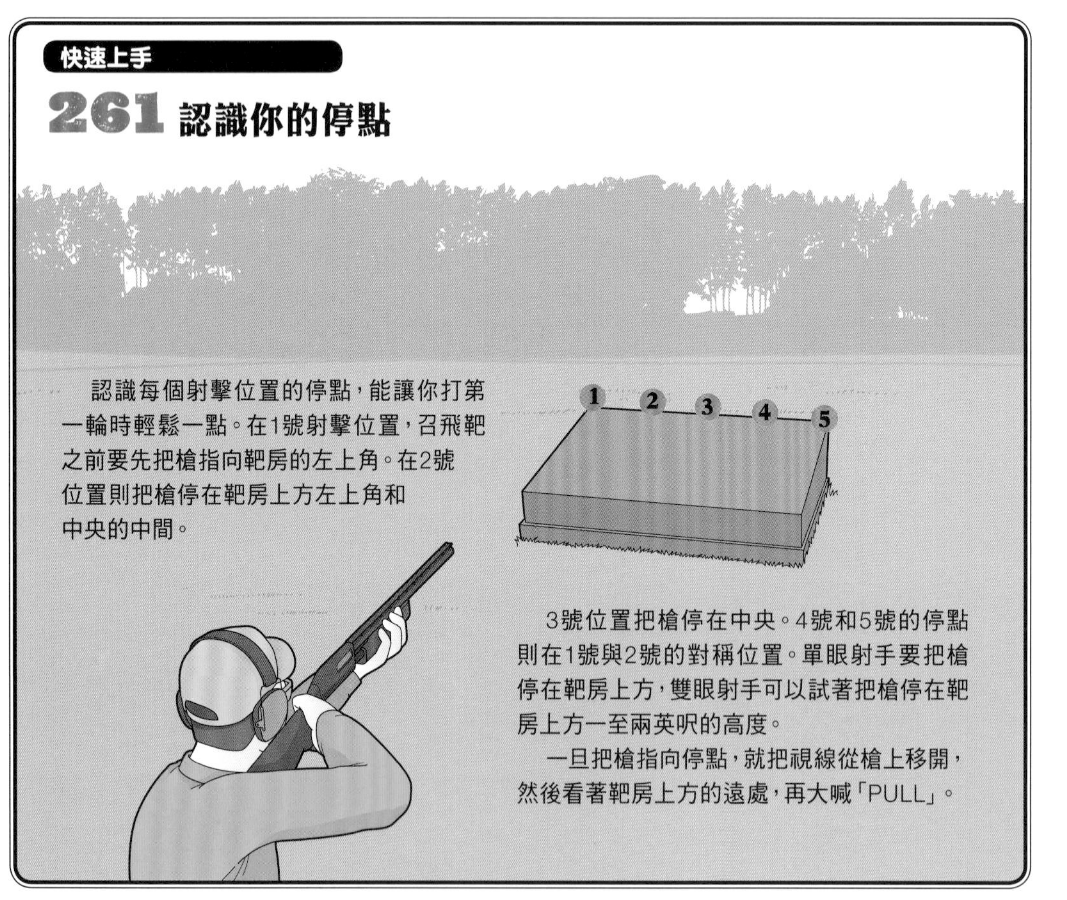

認識每個射擊位置的停點，能讓你打第一輪時輕鬆一點。在1號射擊位置，召飛靶之前要先把槍指向靶房的左上角。在2號位置則把槍停在靶房上方左上角和中央的中間。

3號位置把槍停在中央。4號和5號的停點則在1號與2號的對稱位置。單眼射手要把槍停在靶房上方，雙眼射手可以試著把槍停在靶房上方一至兩英呎的高度。

一旦把槍指向停點，就把視線從槍上移開，然後看著靶房上方的遠處，再大喊「PULL」。

白朗寧奇多利不定向飛靶槍XT

262 取得正確的飛靶槍

不定向飛靶是中、長程射擊比賽，多數的靶都在35碼外。靶槍為12號鉛徑，加上緊束的縮喉。它有較長的槍管和較重的槍身，能讓你順暢的瞄準並吸收後座力。多數的靶槍都有較高的彈著點，專用來對付上升、遠颺的飛靶。許多靶槍都有奇形怪狀的高肋條以及減震槍托，也有其他配備，用來幫助射手減緩比賽時重複幾百次的後座力。

263 改裝野戰槍打飛靶

野戰槍能讓你輕鬆應付飛靶友誼賽或社團聯賽，以及最初幾回的25次連擊。旋入改良型、加強改良型縮喉或全縮喉，使用8號子彈，1盎司的裝彈量。

只要目標物不被槍管遮住，要擊中飛靶就不是難事。加裝墊片，或是用後裝市場買來的槍背墊片把野戰槍的貼腮部墊高，就能經由槍托的調整讓槍射高一點，並且讓目標物「浮」在你的槍口上方。

如果你用的是半自動散彈槍，就絕對需要一個彈殼捕捉器，或至少用一條粗橡皮筋把機匣箍起來，以免空彈殼打到右方的人。

264 射一輪定向飛靶

一輪定定飛靶含有25次射擊。射擊位置排成弧線，從高靶房排到低靶房，而最後一站的8號射擊位置則位於兩個靶房之間的場中央。每一站須射擊高靶和低靶各一次，而1、2、6和7號則是加射雙靶。第一次未擊中可以再射一次，此為「選擇權」；若是全部擊中，則在8號射擊低靶兩次作為最後一次射擊。

除了遵守基本安全規則之外，務必等輪到你、而且等你站到射擊位置之後才能裝子彈，而不是走到射擊位置時就裝子彈。

265 挑選靶槍

定向飛靶始於打松雞的射擊練習，而定向飛靶場則是磨練全方位飛禽射擊技巧的最佳場所。任何開放式縮喉的槍，只要能連射兩發都能用來打定向飛靶。定向飛靶的短距離射程，也是小口徑散彈槍的絕配。我在定向飛靶射出的第一次25發連擊，用的是28號鉛徑的白朗寧壓動式散彈槍。28號是低後座力、命中力道強勁的定向飛靶口徑，而.410則可以說「還要加把勁」。

定向飛靶用的是9號子彈。如果買不到的話，8號的效果幾乎一模一樣。

“雙扳機才是真正的『即時槍管選擇器』，但是很多人認為他們學不會。只要用雙扳機散彈槍打幾輪定向飛靶，我就能不假思索的在兩個扳機之間來回切換。你也辦得到。”

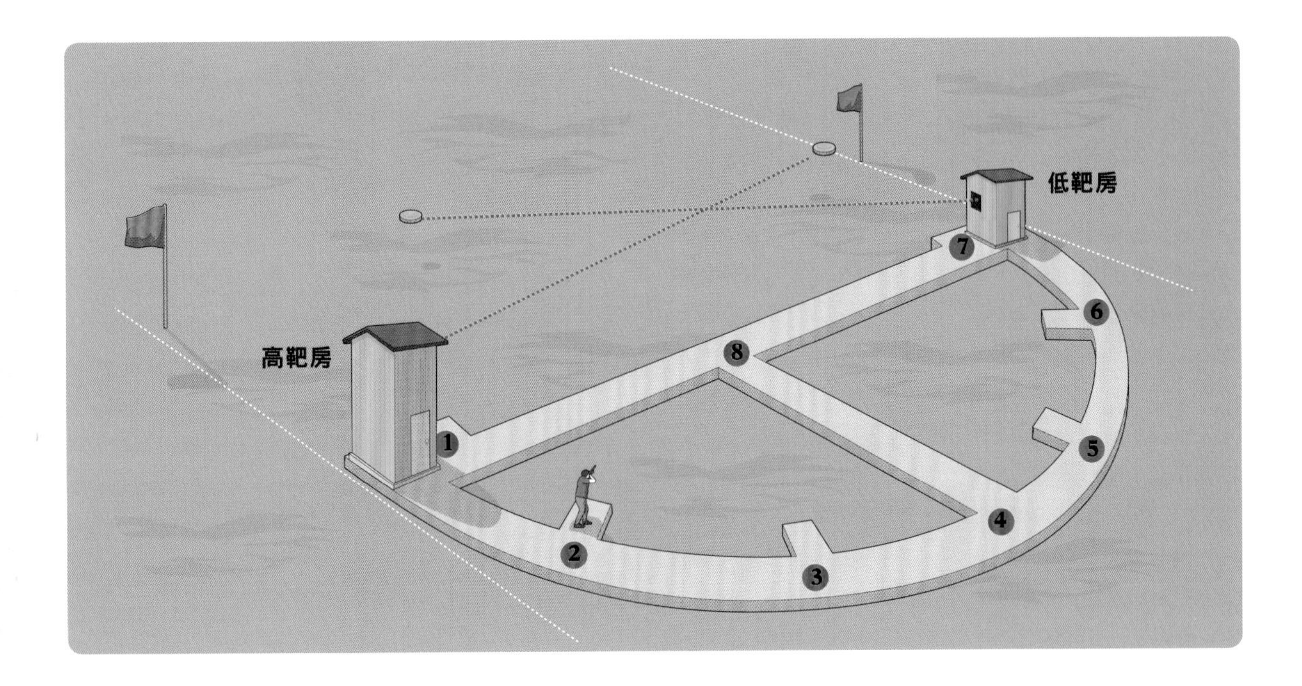

266 擊中飛靶

召靶的時候，定向飛靶會以既知的路線飛行。你可以做好一切準備來迎接每一次的射擊。除了１號和８號高靶的射擊位置之外，右手射擊者應該把肚臍朝向低靶房的窗戶（左手射擊者除了7號和8號低靶的射擊位置之外，應把肚臍朝向高靶房的窗戶）。一開始，把槍指向你要射擊的靶房到場中央約⅓的位置，然後把槍壓低，免得看不見槍上的靶。

3、4和5號的靶需要很多超前量，儘管它只有20碼而已。別忘了你能在飛靶前方擺上寬度30英吋的彈群分布，所以不需要太精準，只要把槍口對準目標物前方，瞄準飛靶，再扣下扳機即可。

8號射擊位置的飛靶幾乎是直接向你飛來，初學者會受到驚嚇，但熟悉如何處理之後就不會太過可怕。把槍指向靶房窗戶下緣，並且往側邊移幾英呎。注視著窗口，全神貫注等待飛靶出現。射它的前緣，它就會變成一團黑煙或白煙（取決於材質是瀝青或是生物可分解物質）。

267 認識你的選項

美式定向飛靶賽分成12、20、28號鉛徑，以及.410口徑四種。優秀的美式定向飛靶選手多半使用能降鉛徑的O/U，這樣他們用同一把槍就能射出四種鉛徑。定向飛靶槍具有開放的縮喉，因為射擊的靶為近距離射程。多數定向飛靶槍都有28或30英吋的槍管。

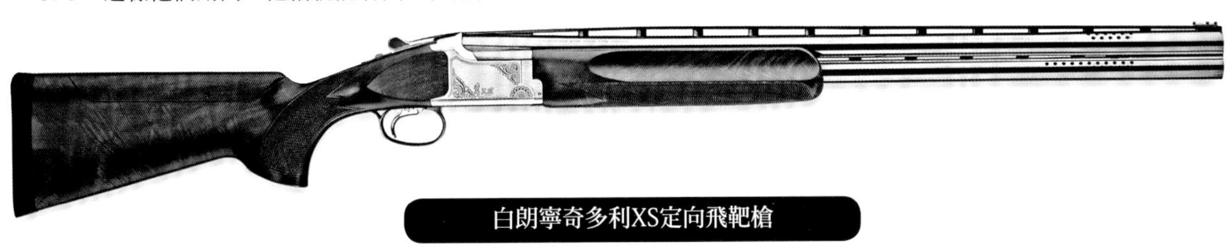

白朗寧奇多利XS定向飛靶槍

貝瑞塔A400 Xcel

268 用你所想用的

能夠連發兩槍的任何槍枝，都可以作為運動飛靶槍。如果你只是想練靶，不用害怕把獵槍拿出來用，但如果是比賽，一般傾向使用O/U或是半自動獵槍，其中又以12號散彈槍為主流，而且多數都有長槍管：30英吋的半自動散彈槍，或是30、32，甚至34英吋的O/U。加長的縮喉管便於在比賽中更換。因為有太多靶需要在下降時射擊，所以最好有一把射得很平的槍。

如果你想用一把槍通吃所有飛靶射擊賽（包括鴿子），一把運動飛靶專用的靶槍就是傑出的選擇。

269 射一輪運動陶靶

一輪運動陶靶共有50或100個靶。攜帶等量的子彈，再多帶幾顆。陶靶是成對的射擊，輪到你時，你必須在射擊籠內連續射擊五對。槍內裝填的子彈不可以超過兩發，而且進入籠內之前不得裝填子彈。每個射擊位置的第一位射擊者可以要求觀看一對「展示」靶，而射擊順序則是一站一站的按順序輪流。

比賽時你需要一個裝子彈的口袋，而且你可以帶著縮喉，在各站之間隨你的選擇更換。我通常會在袋子裡丟一瓶水。採用7½號或8號彈丸，裝上加強型圓筒縮喉，大多數的運動陶靶都能打破。

相較於定向和不定向飛靶賽（尤其是不定向飛靶），運動陶靶比較像非正式的友誼賽，所以祝賀、頂拳和善意的起鬨行為等等，一般都不會禁止。

270 專精於運動陶靶

射擊運動陶靶時，你可以看到定向飛靶及不定向飛靶所用的各種靶，外加幾款特殊靶，它們讓這種運動變得更加有趣、更加難打，但也更挑戰性。你必須成雙成對的射擊，以下是規則。

兔子 在槍管前方跳動的特製硬化陶靶。要訣就是讓槍口保持在兔子的路徑下方，這樣你才能看到它。接下來用力瞄準目標，你的手眼協調力足以克服任何不良的跳躍（提示：會有幾次不良的跳躍）。

水鴨 水鴨會直接往上飛，彷彿瞬間掛在空中，再落下來。把你的槍指向飛行路線的其中一側，免得看不見鳥，並且讓槍保持在最高飛行點⅓處。當它懸掛在空中時，想像那是一個大鐘面，看著6點鐘的方向，然後開槍射擊。

急速躍升和追獵 迴旋和下墜，急速躍升和追獵需要同時抓前方和下方的超前量。我們再用大鐘面來作比擬，右側的靶看著5點鐘的方向，左側的靶看7點鐘，多抓一點超前量，比你原本所想像的再多一些。

271 玩獵人的遊戲

「混合式飛靶」是一種兼具定向飛靶與不定向飛靶優點的高山射擊練習，亦有人稱為「高山角度」，使用的是定向飛靶與不定向飛靶的混合場地。雖然定向飛靶是松雞獵人發明的，適用於高山獵槍，但卻是最好的鴿子和水禽狩獵練習，因為它有向你直飛以及橫飛的靶。在不定向飛靶中，離你而去的靶是仿效高山上四散飛走的小鳥，但它允許你先把槍架好，所以不定向飛靶的專用槍在野外全無用武之地。

「混合式飛靶」是在定向飛靶場地射擊不定向飛靶。各地玩法不盡相同，我的玩法是從低位置舉槍開始，每個靶射擊兩次，命中第二槍時，計分和第一槍一樣。拋靶器可以延遲最多3秒再拋靶。在1號至7號的射擊位置分別射擊3個靶，8號則射擊4個，總共有25個靶。很好玩，射完一輪之後你就變成更優秀的獵鳥射手。

272 嘗試小口徑獵槍

你可以修改「混合式飛靶」的玩法，把射擊位置設在更接近靶房的地方，讓它更適合使用小口徑獵槍，更容易模擬典型的高山射擊。《披肩松雞協會》在當地的分會經常舉辦趣味射擊比賽，鼓勵獵人帶著開放式縮喉、小口徑的松雞獵槍來參加比賽。他們在靶房後方7至12碼處用呼拉圈來標示射擊位置（射手至少要有一隻腳站在圈內），1號及7號射擊位置分別設在拋靶器兩側，而8號射擊位置則設在拋靶器的正後方。

273 混合式飛靶槍的挑選

除了8號射擊位置之外，混合式飛靶的射程都很長。如果你的鳥槍能裝縮喉，在射擊位置 1 到 7 號就用改良型縮喉或全縮喉，最後剩下的4個靶再改用定向飛靶縮喉或加強圓筒型縮喉。它不限定任何口徑或任何型款的槍，但運動陶靶專用靶槍仍會勝出──儘管它是一種為仿效打鳥而設計的陶靶射擊遊戲。

274 準備打火雞了

我年紀很大了，所以我記得以前到處都是火雞的年代。當年，漫長而無聊的非獵季長達八個月，過後才是火雞獵季。不久後我就知道，獵火雞已經不是讓我從一秋度過一秋的過渡跳板而已。

雖然火雞有羽毛，但牠還是屬於散彈槍所打的大型獵物。當牠們站在地面時，要射殺牠們易如反掌。打火雞的真正挑戰在於扮演另一隻火雞，以及進入誘叫火雞的位置如何不被發現。如果做得好，就會有一隻興奮震顫的雄火雞作為 賞。接下來，或許你會看到一隻雄火雞鼓著脖子擺出求偶的姿勢，雄壯威武場面，看起來又帶著幾分滑稽。

我說過射火雞不難嗎？一旦思念一整年的大鳥終於跳進了射程內（的確如此，即使是一年內其他時節亦然），而你的心臟不會乒砰亂跳，呼吸也不會急促的話，它就不難。

雖然春季打獵所佔的新聞版面較大，但有許多州也能在秋季合法獵捕雌雄兩性的火雞。秋季的打獵模式和春季完全不同。如果你能在獵鹿、鳥、小型獵物和水禽之間找到閒隙，你就有機會成為少數自己打下感恩節大餐的幸運兒之一。

275 打雄火雞的裝備

打火雞只需要適量的裝備，大致上介於高山狩獵的最低裝備和誘餌塞滿一整個拖車的水禽獵人之間。你只需要一組隱藏自己的舒適道具，然後在林裡誘叫火雞即可。以下是你所需要的基本裝備清單。

服裝 你需要一件從頭遮到腳的偽裝服，包括手套和面罩。某些地區甚至還要穿上防蛇靴。

驅蟲器 殺蟲劑或ThermaCELL驅蚊器都能幫你在獵季末期的林裡避開蚊子的侵襲。

背心 特製火雞背心能幫你攜帶裝備，而且有一張內建的座墊來增加你在林裡的舒適度。

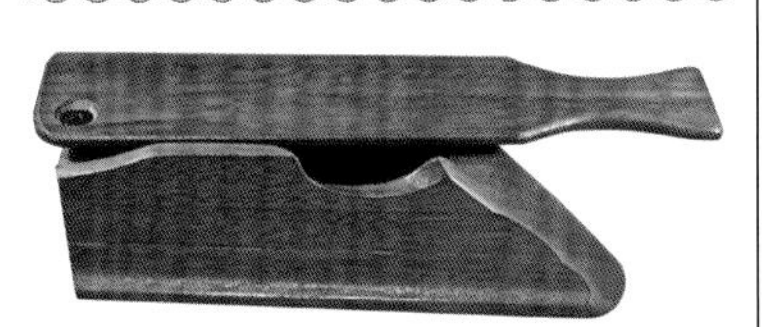

盒式誘叫器 此為大音量發聲的最佳型式。大風時，或要讓聲音遠颺打動遠方鳥兒時，它非常好用。

口吹式誘叫器 薄膜式口吹誘叫器需要花時間練習。不過，一旦你學會了急促的咯咯叫聲之後，你就能騰出雙手誘叫並接近牠。

石板或玻璃誘叫器 這種「鍋和棒」的誘叫器能發出極為真實的聲音，且範圍廣闊。玻璃誘叫器雨天也能用，能發出鳥兒喜愛的高調音效。石板的聲音最為逼真，且容易學習。

貓頭鷹誘叫器 使用貓頭鷹口笛，或是不藉助任何道具學貓頭鷹叫，是讓雄火雞暴露其位置的最佳辦法。

隱蔽棚 彈出式火雞隱蔽棚不僅越來越受歡迎，也是一種隱蔽火雞視線的好方法。大好的春天坐在尼龍盒裡面，透過一扇小窗來看外面的世界，這是我個人無法忍受的事，但有些人不用它就無法打獵。

其他誘叫器 你還能找到其他的誘叫器：長管式、翼骨式或按鈕式；火雞叫聲，用來定位的烏鴉、老鷹，及郊狼的嗥叫聲。有經驗的獵人差不多會全都帶上，因為你不會知道火雞在當下想聽到什麼聲音。

假鳥 假的雌火雞能吸引急著想交配的雄火雞前來，再不然就是讓雄火雞站在原地等待雌火雞過去。假的小火雞（一歲的火雞）或雄火雞能讓雄火雞飛來爭奪地盤，不然就是把牠嚇跑。

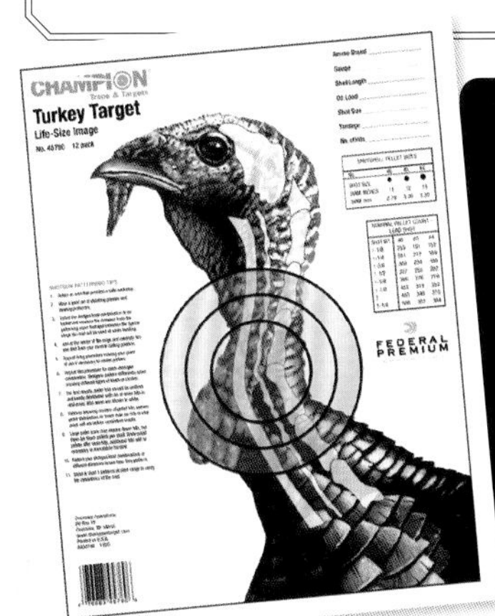

布傑利的叮嚀：火雞彈

“有人說你應該寫一些你知道的事。但我再清楚不過的一件事情，就是沒打中的野火雞。沒打中的原因之一是火雞縮喉非常的緊，它在20碼打出來的彈群分布就像一顆排球那麼大。

在一次距離最近的失手（5碼）之後，我又以該距離射了一張分布圖，它打出來的洞連一顆高爾夫球也塞不進去。”

276 選用正確的火雞槍

在散彈槍的世界裡，火雞槍極可能是獨樹一幟的槍。它的瞄準方準和步槍一樣，你能用一顆熱騰騰的緊密散彈打中目標的頭部或頸部，以一擊斃命的方式來達成你的任務。火雞槍多半是壓動式或半自動獵槍，其次是單管獵槍，雙管獵槍排在最後面。

火雞專用槍要有較短的18至24英吋槍管、有非常緊的縮喉，而且槍身通常是霧面或迷彩。較輕的重量和槍背帶環對於這種槍都是加分，因為這種槍的持槍時間畢竟還是比開槍的時間多。12號是火雞槍的標準鉛徑。10號鉛徑曾經一度稱霸火雞獵場，但是較輕的3½英吋12號槍就幾乎能辦到10號槍所能做到的一切。

對於99%的火雞狩獵來說，一把3½英吋12號鉛徑就抵得上很多獵槍，而20號獵槍則是輕巧易於攜帶，射擊效率意外的好。

快速上手

277 仔細觀察火雞

或許你會認為射程在50碼內的槍不需要加裝瞄準鏡，但如此一來它就很容易射偏。只要密集的彈群核心沒擊中頭部和頸部，其偏幅就足以讓鳥兒逃走。別問我為什麼知道，我偏偏就是知道。低倍率（1至1.5X的瞄準鏡）用起來既快速又簡單。十字線一移到火雞身上就開槍。紅點準星能讓你更快速移到目標，而且新款式的電池不再以小時來衡量其壽命，而是用年。

278 拒用3½英吋火雞彈

不久前，我曾有一次能用貝瑞塔O/U裝填.458溫徹斯特麥格農來射擊的機會。我沒用過大口徑步槍，我擔心它的後座力可能會很強，但我還是扣下了扳機，結果鋼製的靶子叮噹作響。不瞞你說，我當下第一個感覺是：「它比火雞彈好太多了。」事實上它有某種樂趣，所以我又對著鋼靶射了20幾發。

最近一次用3½英吋火雞彈射擊時，我射了很多發。結束後我的肩膀、脖子和頭都在痛。後來甚至有點疼過頭，連要把槍裝進盒子裡或裝填子彈之類的簡單動作都感到十分吃力。

用10.5磅.458口徑的雙管步槍以2,100fps的速度射出510格令的子彈，能產生53呎磅的後座力。而一顆3½英吋2盎司的火雞彈以1,300fps的速度由8磅的壓動式獵槍射出時，會有66呎磅的力道衝擊你。一顆能夠先殺死大象再殺你的子彈，如果用起來比殺20磅的鳥還要舒適的話，一定有什麼事情不對勁。如果我射的火雞會爬起來飛走，或是跑來攻擊我的話，我或許同意3½英吋火雞彈是不二的選擇。但事實並非如此，牠們都是倒地而死。

279 褲子拉下來時別被逮到

這是我朋友菲爾的故事。（這不是裝可愛用第三人稱來描寫我自己的手法。我的朋友是和我同名的菲爾。）他說他很幸運，而我說他有遵守獵人的「第一條守則」。

有一天早晨，這位名為菲爾的朋友在昏暗中走進了火雞林裡，意外撞見一隻正在休息的雌火雞。他認為雄火雞可能有興趣來找牠，所以他擺了一隻假火雞來取代真正的火雞，然後跑到20碼外的樹下坐著。隨著雄鳥往下飛的時間逐漸接近，菲爾的腸子也開始咕嚕咕嚕的叫著。最後他終於忍不住了，只好小心翼翼的走到溪邊，找了一棵大樹幹開始辦事。等他踮著腳尖返回原處時，正好看到一隻雄火雞以全速衝向他的誘餌。鳥兒一飛到假雌雞的跟前，他就開槍射牠。他說：「我什麼事也沒做，連誘叫都省了。」

這就是所謂的「第一條守則」？其實很簡單，無論你在林裡做什麼事，一定要把槍帶在身邊。如果菲爾把槍留在林裡，那隻雄火雞有可能在他褲子還沒拉上的時候逮到他──無論用白話文還是文言文來說都一樣。但結果卻完全相反，因為是他打到鳥。打獵時，最好是你的運氣好得不得了，否則還是把槍帶在身邊比較重要。

280 挑一把最好的水鳥槍

高山獵槍亮麗、快速，且外型好看。若說高山獵槍宛如一輛跑車的話，水禽獵槍就像一輛小貨車：專門在雨天、泥地和雪花中運貨。以下是我對於鴨、雁獵槍的偏好選項。

槍機 選用壓動式或半自動槍機。重複射擊的槍機比折開式能多裝一半的彈量，而且能在待發射的狀態下把彈匣填滿。有人說壓動式比半自動更可靠。如果這是真的話，壓動式的優勢也不大，而半自動槍機所減少的後座力，遠比追平兩者的差異更為重要。

鉛徑 一把3英吋12號的槍，差不多就能打遍所有的水鳥。3½英吋的12號及10號鉛徑，是用大型BB號鋼彈和更大的彈丸來射擊飛雁的最佳選擇。如果注意射程的話，用16號或20號鉛徑來射擊誘餌上方的目標也不錯。

重量 槍應該要有８磅左右的重量。低於７磅也可以，但是少許的重量可以幫助吸收後座力。

槍管長度 28英吋的槍管能讓槍體有平順、重心前移的感覺。

塗裝 霧面塗裝不會像鏡子一樣在太陽下反光。迷彩是多餘的，不過浸泡式塗裝卻能多一層防止風雨侵蝕的效果。

槍背帶環 槍背帶對於徒步的獵人是必要的，對任何水鳥槍來說都很方便，因為我們的手不是隨時都能騰出來持槍。

281 吃烏鴉，萬一不得不吃的話

容我先插一段題外話。在兩個獵季以前，我吃了烏鴉──更確切的來說，正如字面上的意思，我煮了一隻烏鴉來吃（英文「吃烏鴉」還有另一層涵意：「認錯」）。我的朋友獵鴨時射到牠，但把牠留在野外我也覺得不妥，所以我就把牠剖開，煮成三分熟。牠的味道很像鴨子，但我內心還是無法忽略牠終究是一隻烏鴉，所以我沒把牠吃完。

既然我已經吃了一隻真正的烏鴉，要我再吞下另一隻形式上的烏鴉（認錯）也不會是什麼難事了。

我喜歡的水鳥槍是槍身重、槍管長的氣動槍。我總以為這樣的話題不會有下文，所以我才會這麼說。如果有人問我伯奈利這種慣性槍的意見，我總是回答：「它太輕，後座力太大了，我不喜歡。」

但是我錯了。

如果附近的店裡出現一支使用次數不多的伯奈利M2，而且價錢好到錯過可惜的話，我會買。12號慣性槍的重量為6磅14盎司（和大多數20號散彈槍差不多），它有26英吋的槍管，重量平衡稍微偏向槍托；無論哪一項都不是我偏好的水鳥槍屬性。但我愛用它。當我把誘餌卸下來之後，M2就能輕巧的吊在我的肩頭；雖然它的槍管較短，重量平衡也偏向後方，但是我開的每一槍幾乎都沒有留下鴨子的活口。裝填合適的子彈──也就是射速1,450fps，1¼盎司的子彈，它的後座力就不會太糟。使用輕巧、結實的水鳥槍是一件樂事，所以我以前說錯話了。但儘管如此，我還是會使用又長又重的氣動槍。

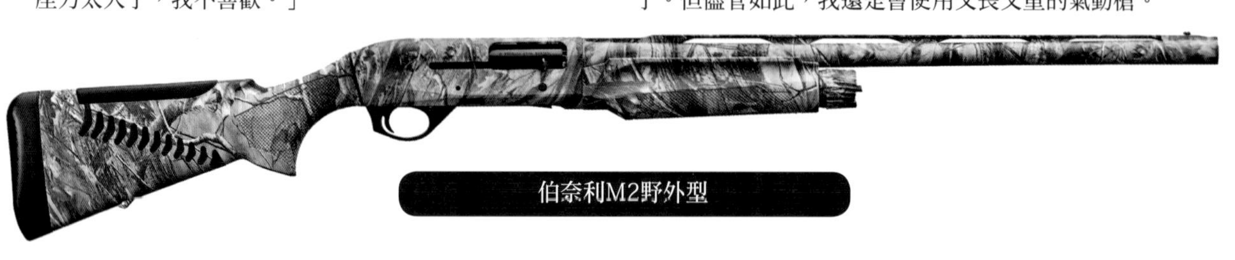

伯奈利M2野外型

282 躺著幹活

臥式隱蔽物改變了水禽狩獵的生態，因為它能讓獵人隱藏在地面。只要你能掌握坐起來射擊的竅門，臥式隱蔽物就如同水鳥的死神。以下是基本提示。

調整隱蔽物的角度 慣用右手的射手，左側30度是用坐姿最容易射擊的角度。調整你的隱蔽物，讓趾尖指向你要射擊的方向右邊。

挖坑 坐起來有困難的長者或是體重較重的獵人，可以在座位下方或腳下挖一個小坑，兩種方式都能讓你輕鬆坐起來。

慢慢來 準備著陸的水鳥眼睛會看著誘餌。牠需要一小段時間才能注意到有人從地面上跳起來。不要著急，但也不要讓扣扳機的手離開槍。用另一隻手臂撥開隱蔽物的門之後再去抓槍。緊接著坐起來，然後舉槍射擊。

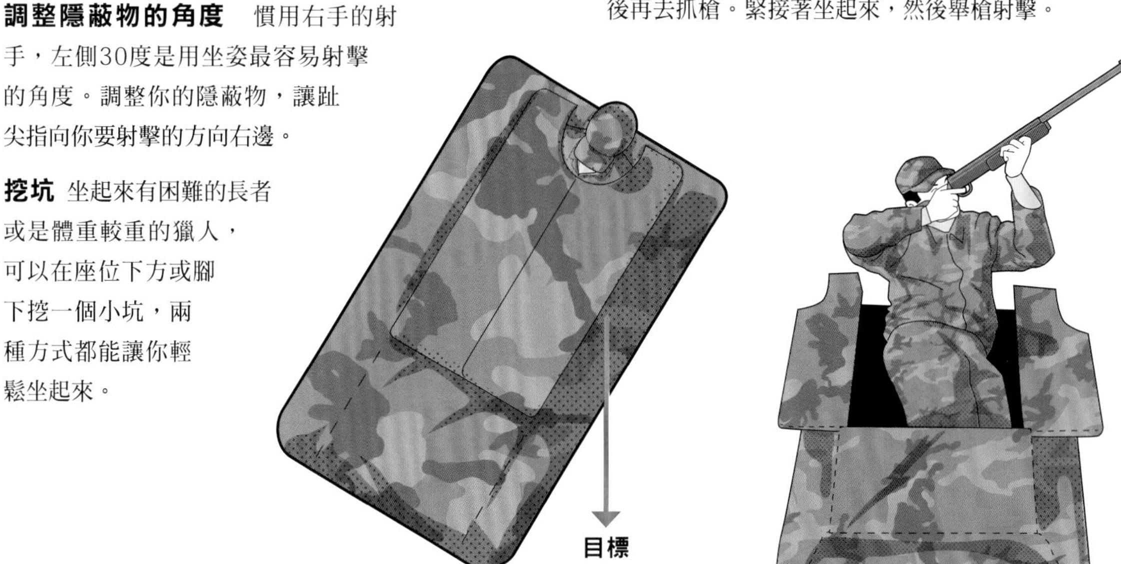

283 雙殺

水禽會成群飛翔，讓你有機會雙殺，甚至三殺都有可能。如果你懂一些技巧，雙殺的機會更大。聰明的挑選第一個目標，就能增加雙殺的機會。道理和打撞球一樣，要讓第一桿的撞擊為你留下好位置，方便你進行第二桿。

如果是橫向飛行的鳥，最容易的打法通常是先打後面的鳥再打領頭的鳥。

如果這種打法失靈，就跟著原先的鳥繼續打，不要變換目標。

如果是飛向誘餌的一群鳥，則先打飛最低的鳥。如此一來，等你開完第一槍之後，其他的鳥兒都會在你的槍上面，讓你可以看見牠們，同時看清槍口應該對準哪裡才能射殺第二隻。我這輩子唯一的一次三殺，是從一群鴨子的最下方開始打起，再一路的往上打。合乎射擊道德的雙殺，必須確認第一隻鳥已經死亡才換到第二隻。你還必須考慮鳥兒的墜落點。拿收割後的玉米田來說，它就比濃密的香蒲叢容易找到兩隻墜落的小鳥。

布傑利的叮嚀：說出你的願望

“我曾在一個濃霧的日子於北達科他州打野雁。當時我的限額已經打滿了，只好沒事晾著。嚮導對我說，我可以射他的限額。我說：「不用了，謝謝。」但是他堅持要我射，所以我們就站在那裡吵了起來。最後我說了:「這樣做雖然很好，但是三隻野雁對我來說足夠了，現在我想射的其實是鴨子。”

說時遲那時快，我們竟然在大霧中聽到了野鴨的叫聲。我吹了鴨笛，只見鴨子朝我們飛來，鴨叫聲也越來越近。最後牠在霧中現身，飛到了我們頭上。我開了一槍，牠就落在我的腳下。我向前跨一步，把牠撿起來說：「瞧，我現在可以回家了。」”

284 辛勤獵鴨，而且熱愛牠

我這輩子遇過最冷的天氣是在獵鴨的時候。我們在阿肯色斯州梅托河口野生動物管理區敲破密林深處的巨大冰塊，然後站在齊腰的冰水中一整個上午。當天我一隻鳥也沒打到，再度見證了一項事實：獵鴨必須忍受苦難，但是忍受煎熬卻不代表一定成功。相較於其他鳥禽狩獵活動，獵鴨大體上需要長時間的煎熬、辛苦的作業，以及更冷、更加危險的環境條件。

獵鴨也是一種成人版的童年樂趣：偷窺鴨子（我們稱為偵察）。先蓋一座能夠躲藏的城堡（我們稱之為「掩體」，但實際上它還是一座城堡），然後開始在泥地裡遊玩。我們還會把玩具鴨子放到水面上。

獵鴨最大的回報莫過於拱起的翅膀，它有時安靜無聲，有時又滿佈著颼颼聲，宛如老一輩的人模仿暴風雨中的帆船遭到撕裂的聲音。當野鴨齊聚在誘餌旁邊，或是在上方盤旋時，你會低下頭把臉藏起來，同時把眼睛抬高，目不轉睛的試著從帽緣觀看鴨子緊密而整齊的飛行隊伍——自從上個獵季結束之後，這就是你企盼已久的夢中景象。

285 調整獵鴨的縮喉

雖然隱蔽體內部深度不及腳踝，但是打到地面的空彈殼數量卻遠多於打到水面的鴨子。成群的野鴨在隱蔽體後方飛行最後一程之後，突然下墜到眼前15至20碼的距離內，唯有一陣倉促的射擊才能把牠們打散。

圖上三位射手都是經驗老道的水禽獵人，而且和其他獵人一樣，他們裝配了長射程的縮喉和子彈。用改良型縮喉射出來的HEVI散彈和聯邦黑雲彈，在40碼至50碼仍能致命，但是近距離的彈群分布卻有哈密瓜那麼大。傳統的獵鴨思維，總認為40碼的彈群分布為最小，才是縮喉/子彈的最佳組合，無視於水禽狩獵的目標是要把鳥兒引到上述的一半距離。

出於好奇，後來我拿同伴的槍在20碼試打了彈群分布。3英吋的聯邦黑雲2號子彈用改良型縮喉在20碼射擊時，所有的彈丸都落在一個15～16英吋的圓內。HEVI 7½號的彈群比黑雲彈還要緊一些，它打出了密集的一群彈孔，這種彈群似乎更適合火雞林而非林沼地。

為了讓近距離彈群有明顯的改善，就必須改變子彈和縮喉。溫徹斯特Xpert 1½盎司子彈裝填3號鋼彈，配合加強型圓筒縮喉，能在20碼打出23英吋的圓。對比於黑雲彈和HEVI彈，Xpert打出的彈群面積足足有兩倍大：也就是415平方英吋對比於176平方英吋。如果你要打的是飛行的目標，這是很大的差異。

把HEVI和黑雲留到第二發或第三發再打，它們能從同一支加強型縮喉打出較緊的彈群。

286 擺好誘餌，讓你容易打

誘餌能引來更多的鳥。如果擺得好，誘餌能把鴨子引到槍邊，讓你乾淨俐落的射擊。鴨子都是迎風著陸，所以你可以預測牠最後的飛行路徑。如果環境允許，把最遠的誘餌放在離隱蔽體30至35碼的位置，作為距離標記使用。

在誘餌與誘餌之間留下鴨子著陸的間隙，讓間隙正好位在你想射擊的位置。如果用的是旋轉式誘餌，就把它擺在鴨子的著陸圈內。我特別喜歡把兩群誘餌放在一個大約10碼寬的著陸區兩側。真正的鴨子會照這樣坐在一起嗎？不常見，但是牠們通常也不在意這樣的安排。

最後，找好自己的位置，別讓自己面向著夕陽或朝陽。我寧願有個看到鴨子橫飛的好視角，也不願鴨子從太陽那裡向我飛來，讓我連公鴨母鴨都分不清楚。

287 記住你的鴨子

記住鳥兒的精確落點；在你走到落點之前，不要讓眼睛離開它──這是不帶狗打獵的重要事項。事實上，即使帶狗打獵，我也會為鳥兒做一個標示點。如果你們是兩個人，也可以做三角測量標記。讓你的視線保持在落點上，然後直接走過去。如果你看旁邊或是回頭看，就會失去你的標記。

多年前的冬天，我在北達科他州一個壺穴打獵，壺穴四周長滿了香蒲。我們輪流打，設法讓擊中的鳥兒掉在水裡而不是掉在茂密的林裡，方便我們撿拾。湯姆沒算準角度，讓一隻野鴨掉到了遠端。他說：「應該找不到牠了。」我們在壺穴四周一再的尋找，但最後還是沒找到牠。不久之後，我打到一隻對岸的水鴨。我記住了牠的落點，把視線注視著某一株香蒲。我不是繞著湖邊走，而是直接涉水走過去，所以我沒有失去目標。

我發現鴨子正好在我記往的標記上，牠已經死了。我還把湯姆的野鴨撿起來；純屬巧合，因為我的鴨子正好掉在他的鴨子身上。

快速上手

288 用防水膠封住自動填彈槍

使用合成槍托的半自動獵槍具有野外防水的功能，但是它有一個致命的罩門：水能經由螺釘孔和後座力墊滲進中空的槍托內。一旦水滲了進來，就會讓機簧生鏽，而使連發的射擊變成單發。為了讓你的全天候槍能夠防水，槍托和後座力墊之間的接縫以及螺釘孔四周就要塗上一圈防水膠。到了獵季結束的分解槍枝大清洗時，才把它去除。

289 發號施令

在正確的時間點發號施令，可以打到更多的鳥，讓每個人的射擊次數變多。若是發號施令的時間點不對，或是完全不發號射擊的話，就會讓人沮喪難過。

後者的情形非常容易避免。先推派一位隊長，然後討論是否只射誘餌旁邊的鳥，還是射程內的鳥都算獵物。如果由你來發號施令，當鳥兒接近時必須及時報知，讓每個人作好準備。保持耐心，尤其是由側邊飛來的鳥。讓牠們一路飛到誘餌再發口令，以免射擊線最遠端的射手沒機會打到鳥。盤旋的鴨子很難下口令。如果牠們飛得越來越低，先等一等。如果牠們一直在同樣的高度盤旋，等牠們經過第三次再開槍。如果只有一隻鳥飛進來，呼叫一個獵人的名字，要他射擊。如果你不認識團體內的人，給他們編號再呼叫號碼。

290 打運動陶靶，為獵鴨作準備

拱翅的野鴨看起來很大隻、很近，似乎不容易失誤，但牠們會降低高度，有時也會斜飛，這意味著超前量既要抓在前方也要抓在下方。打運動陶靶時，任何朝你低飛的靶都可以取代你要誘捕的鴨子。等待靶向你飛來時，把槍指向左側或右側，以免擋住靶的視線。

你必須練習抓下方的超前量。最簡單的方法通常是把目標想像成鐘面。如果鴨子正面朝你飛來，瞄準6點鐘的方向；如果由左至右，瞄準5點鐘方向，由右至左則瞄準7點鐘方向。鴨子的視線務必保持在槍口上方，而且要「留在槍上」──也就是說不要讓你的臉頰離開槍托。

291 對付誘餌四周俯衝嬉鬧的鴨子

高處俯衝的鴨子通常會快速掠過誘餌，而且完全不減速。位於定向射擊靶場中央的4號射擊位置就需要抓最長的超前量，最大可達4英呎，所以這裡是最好的練習位置。

如果要打4號位置的橫向靶，把槍指向靶房和靶場中央的中間，並確認它位於靶的視線下方。當陶靶拋出時，全神貫注的注視飛靶，把槍移到靶前方但是速度必須與靶一致，在你認為超前量是正確的瞬間就開槍射擊。對於右手射手而言，高靶房（左手邊）的靶會誘使你把槍從臉部拿開。而低靶房（右手邊）就比較難打，因為它是從靶房的低位射出，槍會把右手射手的視線擋住。在4號射擊位置失手，一般是認為超前量抓得不夠，而更常見的毛病則是射手回去看槍，來確認或測量其超前量。

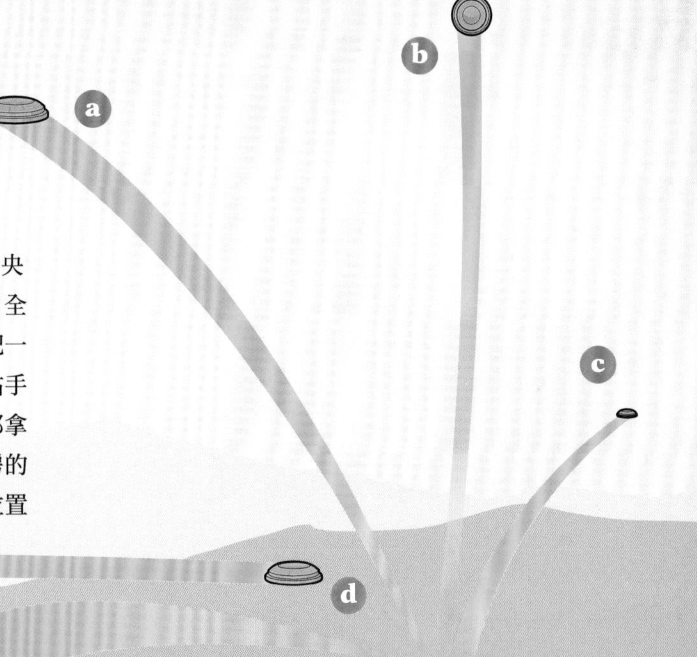

- **a** 朝向你高飛的靶，可以練打頭上的野雁
- **b** 彈跳的水鴨，可以練打展翅起飛的鳥
- **c** 離你而去的飛靶，可以練習躍射
- **d** 號射擊位置的橫向靶，可以練習在誘餌附近俯衝嬉鬧的鴨子
- **e** 向你低飛而來的靶，可以練習引誘而來的鴨子

292 練習躍射鴨子

當你躍射鴨子時，就能打飛走的鳥兒，宛如高山獵人常用的手法那般。由於不定向飛靶是以未知的角度往上離你而去，所以它是絕佳的躍射練習。你可以從任一個射擊位置，採用16碼的不定向飛靶來練習。

如野外那般，從準備姿勢開始。大喊「Pull！」，在你移動槍之前立刻讀出角度。激飛的鴨子往往出奇不意，所以練習在你動槍之前先確認目標，就能避免衝動無效的射擊。看好目標之後再把槍移到射擊目標，然後扣下扳機。把臉頰貼在槍托上，眼睛盯著目標跟著它走，直到你擊發為止。

293 練打展翅起飛的鳥

獵鴨時，通常第二發子彈是要打展翅飛離誘餌的鳥。牠們看起來像是吊在半空中，但事實上是要往後上方飛走。

為這種目的而設的陶靶練習，就是「彈跳的水鴨」（參見條目270）。靶是直接往上跳出來，以一種真正的鳥不會這樣飛的路徑射到空中。儘管如此，它還是絕佳的練習，只要在它還在繼續往上飛行的途中，等它接近最高點的位置再進行射擊即可。讓你的槍偏離它的飛行路徑，以便靶能看得清楚，再把槍口刺向鳥兒的頭，讓它完全被遮住。相信你已經瞄準靶了，再立刻扣下扳機。想像你要射的是靶的最頂端，彷彿你要為一隻跳起來的鴨子剃頭一般。

294 獵雁

「若沒了雁鳴聲，將會如何？」這是奧爾多·利奧波在1949年所寫的經典名著《沙鄉年鑑》裡的句子。現今野生環境所受的威脅，比利奧波德的年代還要嚴重得多，但是我們並沒有缺少雁鳴聲的問題。相反的，加拿大雁在郊區已經過得很安逸，而雪雁的數量則已爆增到足以傷害本身的安危。某些地區已經開放從8月底到隔年4月底為獵雁季節。

一般的獵雁完全不如獵鴨來得困難。你可以丟掉隱蔽物和誘餌，然後開車到野外去。把槍架好，接下來就是等待，期待今日鳥兒所做的事和昨日見到的一樣。下午狩獵時，你的希望就會隨著時鐘的滴答聲而變得越來越小，直到射擊時間終了即轉變成絕望。但老實說，一天內的最後半小時才是黃金時間，轉瞬間，空曠的天空就會出現漫天的飢餓雁群朝你飛來。

雁群會大聲通報牠們的到來，也會對我們的呼叫和移動作出反應。我第一次用雁形的旗子向一群加拿大雁揮舞時，看著牠們在空中散開，下降20英呎後重新組隊，然後朝我的方向飛來。我讓這個景象給迷住了。我被深深迷住了好幾秒後才開了兩槍，只見一隻25磅重的加拿大雁墜地而死。

295 獵雁專用彈

北美地區有11種加拿大雁，從最小只有３磅重的白頰雁，一直到超過15磅的巨大加拿大雁。小型野雁有和鴨子一般大小的３磅重羅斯雁，一直到體型稍大的雪雁，牠最小有５～６磅，最大可達7到8磅。白額雁的體型和小隻的雪雁差不多。

如果要挑一種子彈來打全部的野雁，我會選射速為1,500至1,550fps的1¼盎司BB號鋼彈。

這種子彈內含足夠的彈丸，讓你打出適合打小雁的適當彈群密度，以及適合在50碼左右打大雁的衝力。若你單純只想射擊飛越而過的、10磅以上的大型加拿大雁，應把彈丸升級至BBB號。

296 在靶場練打野雁

當野雁來到一片空地，決定在你的隱蔽物上盤旋而不著陸時，你就必須往頭頂上射擊。在運動陶靶的任何射擊位置上，只要拋的是飛越你頭上的高靶就能模擬相同的射擊。

當你朝向你飛來的鳥射擊時，手要一直放在槍托上。擺動槍枝，從後方追上目標──屁股、肚子、鳥嘴，砰！一旦槍口遮住了鳥的頭（或是陶靶的前緣）立刻開槍，不要再去反複查看超前量了。有許多射手會抬頭看著槍四周找鳥兒，但是這種目標你必須把頭貼在槍上，然後相信它一定能命中──即使你看不見。

297 跳開這樣的團隊

最近的一次經驗再次提醒我，我在獵雁時喜歡什麼事，不喜歡什麼事。我的朋友M.D.打電話來，說他有一個滿是野雁的農場，問我想不想去打？他說了一個令人心動的條件：「你可以睡在裡面。牠們會在9:30左右飛來，所以我們8:00以後再離開屋子就好。」還沒等他說完，我立刻回說：「好。」

鳥兒準時飛來了。不久之後有一群飛得很近，我就打了一隻鳥。幾分鐘後，有三隻飛到了M.D.身邊。我不想在他頭上射擊，只是看著他射了兩隻。他的槍指向第三隻之後，就把槍管垂了下來。我們的限額是兩隻，所以他不想幫我打我的第二隻鳥。雖然後來我沒打中那隻雁，但是我很感激M.D.的行為，因為在流行群獵的現代水禽狩獵當中，像他這種行為越來越罕見。

首先，群獵是違法的行為：限額的規定是針對每一個人而設，不是指團體的總和。儘管如此，群獵依舊十分盛行，因為快速打滿群體限額是吹牛的重要本錢，也能讓他們在網路上張貼令人印象深刻的照片。每一個人胡亂射擊，再找一個人清點數量，等到團體限額總數達到之後就停止射擊。

撇開法律不談，讓每個人努力打滿自身的限額，這樣的狩獵更有趣味。你可以挑一隻鳥用自己的節奏和速度來打，不用擔心有兩、三個人會在你開槍之前先把牠打爆。再不然你也可以等到你想打的類型出現之後再開槍。如果我比其他人更早打滿限額，我不是卸下子彈就是回頭捕打還沒死的殘鳥。我不會打其他人的鳥，也不會希望其他人射我的鳥。如果最後沒有打滿限額，也沒什麼大不了。

布傑利的叮嚀：

落下的野雁

“我看過一個朋友被一隻死掉的加拿大雁打到頭部受傷。從此以後，我對天上掉下來的野雁就格外的小心。我會開一槍，然後注視天上掉下來的鳥。確定牠不會打到我之後，我才會開第二槍。”

298 愉快的獵鴿

陰暗處是攝氏37度，額頭上的汗水滴到腿上的槍。拍打著蚊子斜看著夕陽，但是你完全不想離開這裡。野外的槍聲宛如開香檳一樣，齊聲慶祝9月1日的到來──對獵人來說，當天就像新年一樣。從這天開始，你可以打一整個獵季，而且幾乎無法免俗的都用槍聲來慶祝這一天的到來──通常都是三連發。

子彈製造商愛死了鴿子獵人，因為鴿子的限額是12至15隻不等，而且一般射手平均要用5到8發才能打一隻鴿子入袋。對一位不重視夏季陶靶練習的獵人來說，即使一隻單飛的鴿子也是困難的挑戰。只要射擊一開始，鴿子就會高速迴轉、下沉，以及來回穿梭閃避，對你展現真正的「挑戰」。

獵鴿混合了飛越射擊和誘餌狩獵，有時候也要步行接近鴿子，不過基本上都是坐在水桶上望著天空，然後進行大量的射擊。由於多數的獵鴿活動都是在有人管理的私人或公共獵場四周進行，所以你完全可以如同獵鴨或雁那般對鴿子進行偵察，然後找出個人專屬的熱門地點或水域。

獵鴿的報酬除了樂趣以及社交狩獵的同伴情誼之外，還能享受一頓黑暗美味的鴿肉大餐，讓你知道獵季已經再度開始，而且你正以一種最好的方式展開獵季的活動。

299 射你想要的

你想讓獵鴿槍變成什麼樣，它就是什麼樣。有些獵人喜歡坐在水坑旁的樹下，用.410打鴿子。想起多年前我讀過的一篇雜誌文，內容是教你如何用手工裝填10號鉛徑子彈來打長距離的鴿子。兩種方法都行得通，但都不盡理想。

許多人認為鴿子很小，所以輕而短的小口徑獵槍就是最好的槍，但我不同意這種看法。

去年秋天，我在家鄉用12號貝瑞塔391搭配加強型圓筒縮喉和7號鋼彈來打鴿子。在南達科他州我有過一次稱心滿意的狩獵，用的是槍管32英吋的奇多利725運動陶靶槍搭配加強型圓筒/輕度改良型縮喉。對我來說，以上的槍枝總結了我對一把獵鴿槍的要求：它必須夠長，以便你能夠順暢的擺動，而且要有足夠的重量（或是氣動槍）以減少其後座力。

以上兩種槍改成20號鉛徑也堪用，甚至28號鉛徑也可以，只要它是一把和1100散彈槍類似的槍枝，再添加配重塊即可。

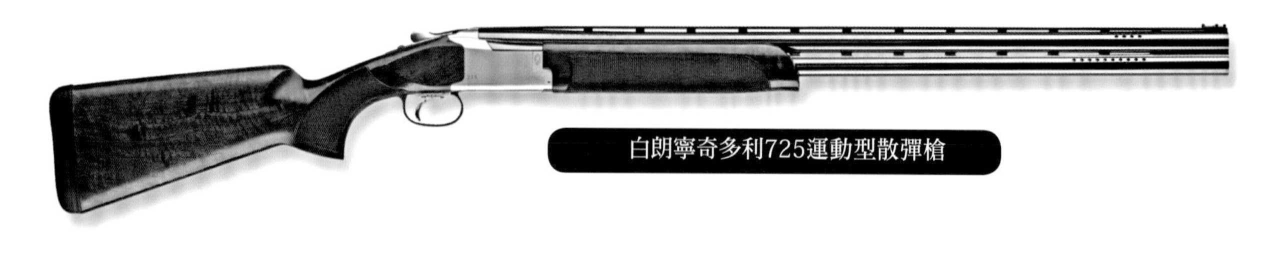

白朗寧奇多利725運動型散彈槍

快速上手

300 小口徑的數學計算

概略說來，假定要讓你用⅛盎司的子彈在5碼的射程乾淨的擊殺，.410就是一把20碼的槍，28號就是30碼的好槍，依此類推。我喜歡用小口徑獵槍裝填8號彈丸，因為它所增加的彈丸數量超過7½號。

301 用「一盒子彈」射滿限額

對於鴿子獵人來說，用一盒子彈射滿限額是有意義的，也就是說你用掉的子彈不會超過25發。雖然在人多的獵場也不是不可能完成此等絕技，但用一盒子彈射滿限額的獵人多半都是單獨一人。他們射擊來回巡弋的鴿子，因為牠們不知道附近有獵人。

用一盒子彈射滿限額的最好方法，是去找個滿是污泥的池塘，最好附近還有棵死樹。這是落日前的最佳狩獵場所。一般來說，找水喝的鴿子會先飛到林裡再下去喝水。你可以把水桶放在附近，然後像獵鴨誘餌那般射擊牠們。

只要不是在躲子彈，鴿子對於誘餌的反應會比鴨子更熱烈。把假鴿子放在離地面高一點的地方，讓它比較醒目。如果附近沒有籬笆或是死樹，就用塑膠管自己做一棵，只要是8英呎高的簡單T字形台子就可以。把假鴿子夾在水平的台面上，再把它插在土裡。鴿子的反應不一，但是至少會有鳥飛到誘餌附近，讓你輕鬆射擊。

把旋轉式誘餌放在岸邊的泥地上，模仿一隻正要飛下來喝水的鴿子，再舉槍射擊。

302 學阿根廷人射擊

若說美國獵鴿賽像在開車閒逛，南美洲的獵鴿賽就像戴通納500頂級汽車大賽那般。這種大比賽不僅考驗射手，對槍本身也是一項考驗。阿根廷槍械供應商澤克．海耶斯就說，他的顧客每天平均要打掉1,250發子彈，但是只有兩種槍能撐得住這種用量：貝瑞塔390和伯奈利蒙特費爾托。海耶斯一向把20號留作屋內槍使用，因為它不僅後座力低，槍身也比12號輕。如果你每天要舉槍好幾百次，每一盎司的重量你都會感受到。貝瑞塔是比伯奈利還要重一點的氣動槍，且在它的射擊較為柔和，但海耶斯卻說：「伯奈利是一把不可思議的好槍，它的活動部件很少。」

在獵鴿季節裡，槍會在午休時間稍事清潔，但到了晚上內部零件都會用柴油徹底清洗過，以便去除髒污以及殘餘的潤滑劑。貝瑞塔的槍栓和活塞需要特別照顧；而伯奈利的槍栓表面在擊錘四周有一個孔很容易被火藥餘渣堵住。

海耶斯的槍匠會為備妥兩種槍的替換零件，尤其是貝瑞塔的連接桿和伯奈利的慣性槍栓彈簧，這種槍的復進簧每射3萬至4萬發子彈就要換一次。

303 完成五種最難的射擊

作為一名獵鴿人，平均要射5到8發子彈才能有一隻鴿子入袋。考慮到子彈的價格，我負擔不起這麼多失誤。獵季開始時，我總希望三發就能打中一隻；如果鴿子進到射擊距離的各種狀態你都要射的話，這是個很好的平均數。雖然獵場內的鴿子會左右亂飛，代表我們的射擊方式也變化多端，但是多數的射擊都可以歸納為以下五大類：

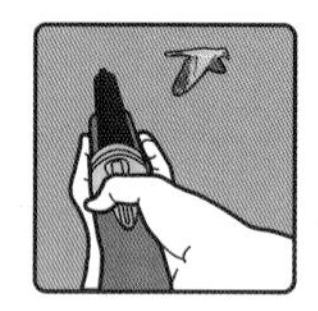

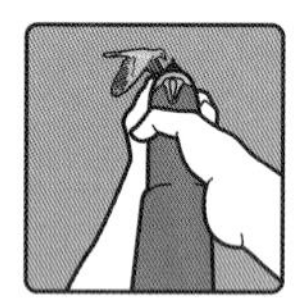

打開噴射機引擎的鴿子 在人多擁擠的獵場裡，為了方便你自己射擊，有時你必須促使鴿子穿越其他人。問題是鳥兒接近你時，牠會以極高的速度在天上作各種假動作。這種方法是一種不須經過大腦的直覺反應射擊──也就是說你必須相信你的手眼協調能力，屏除一切有意識的思考。我喜歡積極擺動槍枝，讓它滑過鳥兒，因為牠們能夠巧妙的從維持超前量的擺動中逃脫。擺動槍枝，讓它從目標的後方滑過目標，一旦槍口離開鳥嘴就立刻開槍。由於你的槍枝快速擺動，所以你不需要抓太多的超前量，只要槍口一離開鳥嘴就立刻開槍。如果鴿子在最後關頭作了一個逃避的動作，只要你緊盯著目標，你的眼睛就會神奇的把你的手送到正確的位置。

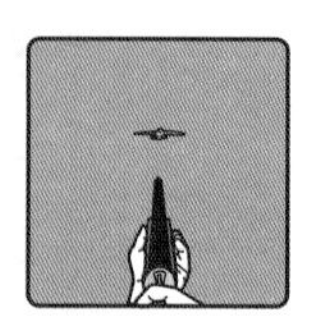
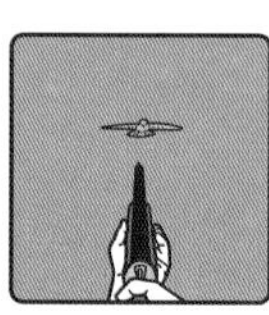

迎面而來，永遠在你的視線裡 直接越過獵場向你迎面飛來的鳥，失誤率卻是意外的高。如果你向旁邊的人說：「我要射這隻鴿子。」（我就曾經這樣做過），結果通常更糟。避免太早把槍架到肩上，再一味的追蹤牠的路線。如果是這樣，你將會無可避免的回頭去看準星而把槍停下來，再不然就是鴿子突然沉到槍口下方，讓你不得不倉促的回去找牠。相反的，你必須持槍等牠過來，讓槍托輕輕的夾在你的手臂下方。當鳥飛進射程的時候，看著鳥嘴，平順的把槍移到肩上，然後對著牠的鼻孔開槍。這不是你和鴿子之間的拔槍速度比賽，順著目標物的速度及時舉槍瞄準，緊盯著鳥嘴，一旦槍靠上你的肩頭就開槍射擊。

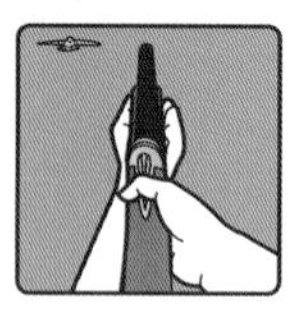
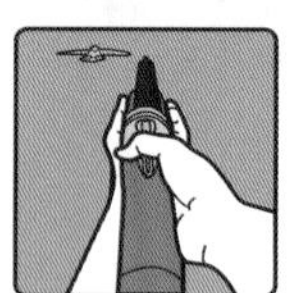
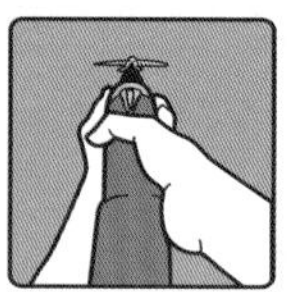
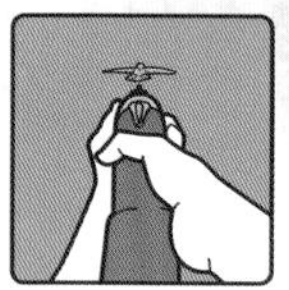

意外出現的鴿子 由後方從你頭上飛來的鳥會讓你嚇一跳，你要抓少許的下方超前量。如果你是定向飛靶射手，你會有幾百萬次機會在高靶房的1號射擊位置進行相同的射擊。但如果你不是，你就要採取一項做法：抗拒倉促射擊的誘惑。在你開始舉槍瞄準之前，先把槍管舉高，讓它指向鳥的右邊（假設你是右手射手）；如此一來，你就不會讓鳥的視線消失在槍後方。在你把槍托升高到臉上的同時把槍口壓低，讓它劃過鳥兒。當你看到鴿子出現在槍管上方時，立刻開槍射擊。不要正對著鳥兒射擊，要偏下方射擊，或是心裡想著用子彈「抓牠的肚皮」。

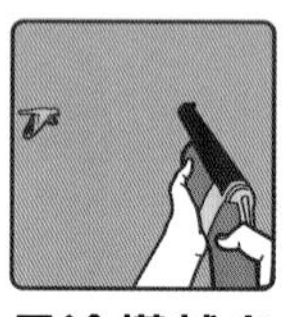

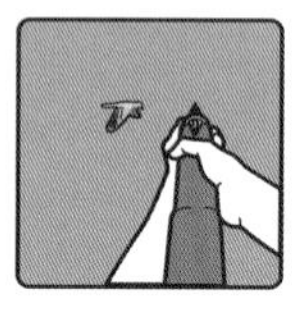
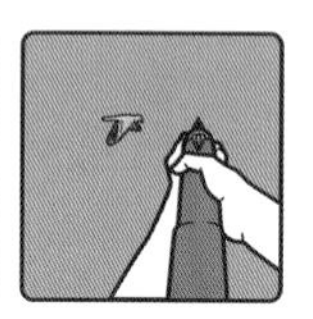

長途橫越者 飄浮在空中35碼處無聲無息橫越而過的鴿子，需要多一點的超前量。眼睛緊盯著鴿子，再把槍口對準鴿子的正前方。隨著鴿子的速度來擺動槍枝。相信你的潛意識，它會告訴你當下的超前量是正確的。如果你想要測量、分析超前量，或是重複進行確認，你的槍不是慢下來就是停下來，結果就是失誤。不要忘記，超前量不需要很準，因為你會打出一個巨大的彈群。專心盯著鳥兒，讓槍口模糊的影像飄到牠前面，然後開槍。

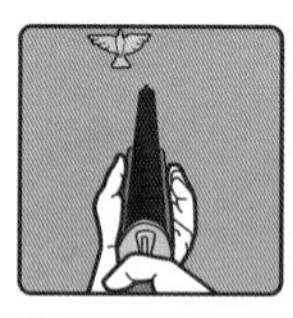
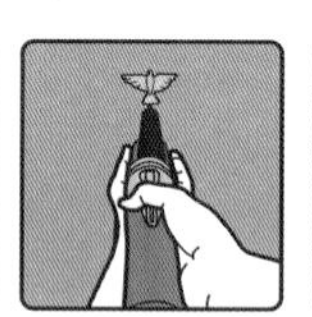
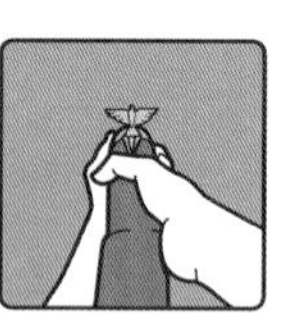
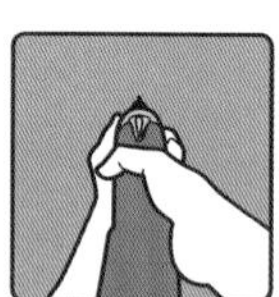

在頭頂上方高飛的鴿子 從樹梢飛越過獵場的鴿子看起來高得不可思議。但事實上牠們並沒有看起來那麼高；因為90英呎高的橡樹或松樹就已經非常高了。射程30至35碼的槍就已經夠打這些鳥，加裝加強型圓筒縮喉的槍更棒，因為大多數的樹，高度都遠小於你的射程。不要忘記，在我們頭頂正上方的鴿子，牠的重要器官都暴露在我們的槍管下。鳥飛得越高，你所要移動槍的速度就越慢。當你把槍托高舉到臉上時，把槍口指向鳥後方，然後讓槍口跟著牠滑過目標物。後腿打直，把重心放在後腳跟上。當你從槍口後方看不到鴿子時，有意識的讓槍保持移動，然後射擊。鴿子看起來就像平流層掉下來的物品。我喜歡這種射擊，因為它比旁觀者看起來的樣子更加容易。

304 畫出獵鴿槍的彈群分布

你的槍能射出擊殺鴿子的彈群分布嗎？找出答案的唯一辦法就是在你使用的射距下把子彈射在紙上。如果你的射程只有水塘的一半，就不要用標準的40碼來測試你的槍。

鴿子的重要器官，加起來直徑不會超過兩英吋，差不多就是一顆高爾夫球的大小。要在這麼小的目標裡面穩當的射進一、兩顆彈丸，在30英吋的圓內就至少要看到225至250個彈孔。

只要數彈孔就好，不用擔心彈孔的分布百分比，也不用把彈孔分成四大塊來看。如果彈孔數不足，就需要更重的子彈裝載量、更小的彈丸，或是更緊的縮喉。

若要填滿小口徑的彈群分布，使用9號彈丸是一個好辦法──至少短距離的射擊結果是如此。即使是較小的28號定向飛靶槍，它也裝得下總數438顆的9號彈丸，而且9號彈丸還能保有足夠的能量，讓它從20至25碼的距離來殺死鴿子。如果射程增加到35碼，而且還要有更密的彈群分布，你就要堅守8號彈丸，外加更重的裝彈量或是更緊的縮喉。超過40碼以上的長射程獵鴿，則需要12號鉛徑的槍搭配7.5號彈丸，外加一個加強型或更緊的縮喉。

305 躍射鴿子

如果鴿子不來，你可以主動去找牠們。如果你不怕熱，就選擇中午沿著雜草叢生的圍籬、或有一排小樹的溪邊往下走，甚至穿越收割後的田野來進行躍射。備好手上的槍，隨時警覺鴿子向上飛起的高調吱喳聲。在此提醒你一句：如果你認為向你飛來的鴿子不好打，試著在牠們躍起的瞬間射擊。激飛的鴿子會往上左逃右閃。如果你希望打中牠們，就必須緊盯著牠們的頭或嘴。多帶幾發子彈也很有幫助。

306 學專家獵雉雞

如果有人會按我獵殺的雄雞來付錢，那麼我會把雙管獵槍放下，改用伯奈利蒙特費爾托。為什麼？請看以下說明：

這是一把12號獵槍。12號獵槍用鉛彈就已經穩贏16和20號獵槍了，用鋼彈更是贏過一大截。12號子彈比較便宜，而且到處都買得到。

它是一把半自動獵槍。不騙你，30年前獵雄雉時，我只記得每三槍就可以殺死一隻。當我用半自動獵槍來打獵時，當另一群鳥開始激飛，我的槍從未打光子彈，也從未折開來裝填子彈，這一點也是事實。

它很輕。雖然我的伯奈利是28英吋槍管的12號槍，但是它的重量只有6磅13盎司，比市場上諸多20號的槍還要輕，輕得可以讓你扛著它跑一整天。但是它也有足夠的前端重量，讓你可以平順的把它移向目標。

我有少數幾次使用高速（1,500fps）重量型雉雞子彈。從這幾次的射擊，我就能夠清楚確認伯奈利的後座力比雙管獵槍還要小。這種槍所附帶的好處是非常帥氣，而且我的槍還裝了上等的木料。這一點非常重要，因為即使要獵雉雞來餬口飯吃，也要讓它在工作中顯得更加的體面。

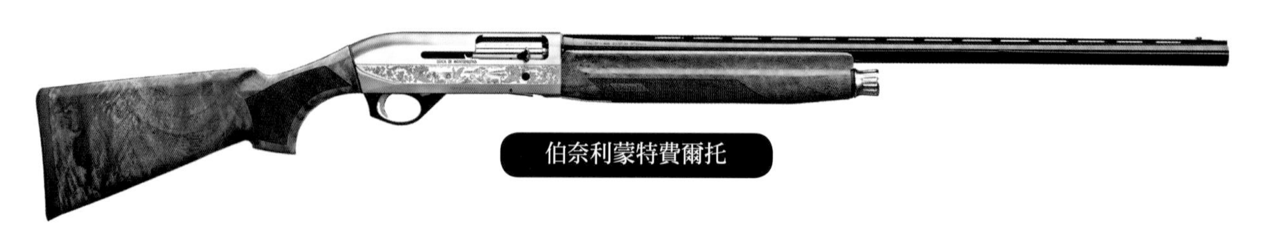

伯奈利蒙特費爾托

307 別再打不中雉雞了

沒道理打不中雉雞。就像一則殘酷的笑話所說的──雉雞不僅天生就在脖子四周長了一個標靶，後面還拖著一條長尾巴，讓我們可以輕鬆的看到牠的飛行路線。想要打中牠的話，只要沿著牠的尾巴擺動槍枝，經過牠的身子，直到槍口擺到白色頸環之後就扣下扳機。

但人們還是打不中。它已經成為野外活動文章的重點提醒項目，因為牠的尾巴會讓人們分心。這樣說沒什麼道理，如果是真的話，你應該會看到雉雞的尾巴被打掉了，但我一次也沒看過。從來沒有。

人們打雉雞失手，是因為激飛的鳥弄出來的聲響和叫聲讓他們變得焦躁。我相信，雉雞沒讓人打中多半是因為獵人緊張過了頭，他們倉促的舉槍瞄準，來不及把臉貼在槍托上所致。

308 相信第二次機會

我是跟隨激飛鳥的堅實信仰者。如果你能為鳥做標記，或在濃密的林裡（通常鳥兒還不會飛太遠）為牠標記一條飛行路線，你就能跟隨鳥兒再把牠激飛一次。必要時，你也可以繞到鳥的下風處，讓狗有較大的機會找到牠。

飛行會讓鳥兒疲累。通常野外激飛的鳥會先坐著等，然後再進行第二次激飛。多年前一次聖誕夜的狩獵當中，我創了同一隻鳥激飛四次的紀錄。第四次我記下牠的位置時，牠已經快要飛到土地的角落了。等到狗鎖定牠之後，牠又再度飛了起來，試圖沿著原路往回飛。由此可證明，我已經把牠追到牠所認知的地球邊緣。但無論情形真否如此，我們都吃了一頓野雞聖誕大餐。

309 判讀飛行路線

在茂密的林裡打鳥，往往意味著在牠躲進樹叢的時候開槍。以下是你要做的事。

❶任何時候都要絕對清楚你的伙伴在哪裡。看不見他們就呼叫他們，如此方能安全的射擊。

❷一隻鳥激飛時，不要擔心超前量。擺動你的槍，沿著牠前方的飛行路線移動，然後開槍，不要理會樹叢。

❸不管有沒有打中都要派狗上前。往往你連鳥兒墜落的身影都看不到。

310 打尖尾松雞

雖然草原松雞生活在幾乎沒有樹木的環境裡，但是牠們依然是松雞，只要少數幾顆彈丸就可以要牠們的命。遭射傷的鳥也不會特別難找；一旦把牠打下來，牠通常還能在短草叢裡面四處亂走。

12、16和20號的散彈槍都能用，裝填品質良好的7½號彈丸。有些日子，你只能在超過30碼的距離射擊，另有些日子你只能乖乖的坐在地上等狗。我還是會選用折開式槍機搭配加強型或改良型縮喉，或使用輕型改良縮喉搭來配連發槍。

用雙管獵槍來打尖尾松雞也不錯，但如果換成半自動，你就可以衝進一群雞裡，打一場「爆米花激飛」──這不是一種受到驚嚇大量飛走的場面，而是四散在你四周的松雞，一隻在這裡，一隻在那裡，讓你短短幾秒鐘就可以射滿三隻的限額。

311 試用我的松雞槍晉級表

沒有人比披肩松雞獵人更戀槍了。他們一致同意，松雞槍必須重量輕，而且要開放縮喉。但除此之外，意見相當的分歧。他們不斷爭吵，哪一把才是最好的松雞槍。解決爭議的唯一辦法就是畫一張晉級表，讓16支偉大的松雞槍互相爭奪最後四強。

並排式賽組

伊薩卡SKB 100 (1972-1980)
輕量級日本進口槍，領先其年代。

烏加特齊盒式閉鎖槍 (1999迄今)
受英國獵槍啟發設計的平民價格西班牙獵槍。

優勝者：烏加特齊
雙扳機和傳統外型是它的優勢。

A.H.Fox (1906-1930)
就機械結構來說，費城製造的Fox是美國最好的雙管獵槍。

派克雙管獵槍 (1866-1942)
「可靠的老朋友」是最著名的美國雙管獵槍，表裡如一。

優勝者：Fox
稍微令人失望，廣泛的優雅竟然輸給亮麗的簡單設計。

優勝者：Fox
美國製的Fox熬過主場延長賽之後，終於以實用性勝出。

半自動賽組

溫徹斯特M59 (1960-1965)
這把具有未來感的59型獵槍，擁有鋼鐵和玻璃纖維製的超輕槍管。

法蘭奇48AL (1950迄今)
48AL是Auto 5的超輕版本，擁有合金機匣。

優勝者：法蘭奇48AL
長後座力行程的設計，打敗了M59的浮動槍膛。

白朗寧吞提威雙管自動獵槍 (1957-1971) 輕如羽毛的二連發12號半自動獵槍（吞提威是機匣名）。

伯奈利超輕獵槍 (2006迄今)
時下的經典12號超輕獵槍，重量只有6磅。

優勝者：伯奈利
不相上下，但是三連發贏過兩發。

優勝者：伯奈利
任何長後座力行程辦得到的事，慣性槍都能做得更好。

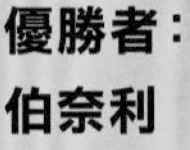

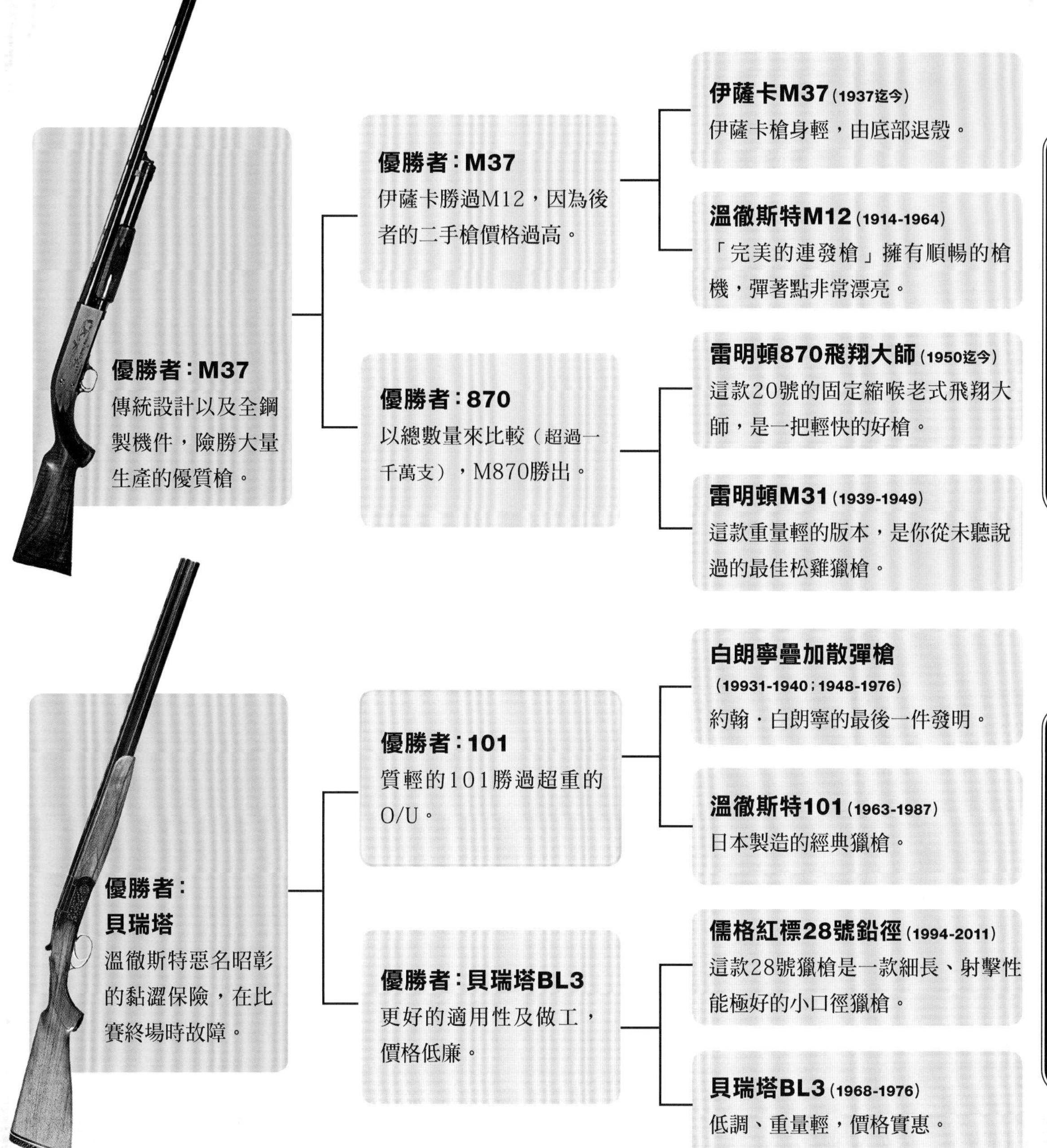

312 找到合適的地點

運動陶靶射手兼松雞狩獵迷安迪．達菲說，松雞總是在錯誤的時間激飛，但這不是墨菲定律所造成的結果。當我和他在披肩松雞社所舉辦的全國狩獵賽裡一起打獵時，他完全不會在錯誤的時間出現在錯誤的地點。

當鳥兒激飛時，達菲總會出現在正確的地點，其中一個原因是他從不會停留在錯誤的地點。不帶狗的獵人知道如何停下腳步，才能驚擾鳥兒讓牠們激飛。達菲說松雞獵人都是不經意的停在半路上某一點，讓鳥兒開始四處亂飛。

達菲說：「當獵犬指出位置之後，用穩健規律的步調走到鳥旁邊。到達你可以射擊的位置之前不要停下來。」

快速上手

313 避免鳥群慌亂

鵪鶉不是飛得特別快的鳥，但是牠們可以迅速達到最高速，而且一次全部飛走。依據自然的設計，一群鳥起飛會把掠食者的感官淹沒，而使環境中出現太多目標，讓鳥兒可以趁亂逃走。如果你驚起一群鳥，讓你慌亂的在鳥群中射擊，你一隻也打不到。先挑好一隻鳥，盯緊牠，再移動你的槍。看著鳥掉下來之後再去尋找另一隻。如果你想要雙殺，從一群鳥最下方那隻開始打，如此才能避免槍擋住你的視線，讓你能夠輕易的找到第二隻來射擊。

314 跟在狗後面

對鵪鶉獵人來說，看著狗在跑具有無上的吸引力，無論是德克薩斯州一聽到小貨車喇叭聲就跑來的德國短毛犬，還是喬治亞州一群跑在騾車前方的指示犬或塞特犬，還是堪薩斯州跑在徒步獵人前方搜尋地面的不列塔尼獵犬。

我在德州見過最大的狗陣仗，是我的東道主帶了四隻白色的塞特犬，牠們排成了一直線，第一隻指示鳥群，第二隻和第三隻在地面備援，而第四隻則是坐在我們獵鵪鶉專車的最高座位向其他三隻狗致敬。當你沿著安靜無聲的四隻專業獵犬往前走，知道最後一隻狗的鼻子所指的方向有鳥時，差不多已經達到完美的經典獵鳥境界了。

但我們的回報竟然是：一群鳥驚起的混亂場面。這是我第一次踏進驚起的鳥群，讓我以為四周的地面瞬間長滿了翅膀。接下來我才意識到那是什麼鳥。下一個瞬間我刹時清空了我手上半自動獵槍的五發子彈，但是我連一根羽毛都沒打到。

315 像紳士般的打鵪鶉

如果你受邀到南方大農場打美洲鶉，著裝要求可能各有不同：他們可能要求你依據獵區的不同穿著紅色或橘色的背心。但不論你去哪裡（包括高價的德州鵪鶉租賃在內），你都要用20號雙管獵槍打獵。就是這樣。

這種現象，有部分原因是出自於傳統和虛榮心，但是不僅如此。道理很簡單，只要兩位使用12號半自動獵槍的打獵好手，就可以毀掉一大群悉心照顧、花大錢養大的鵪鶉。此時「紳士槍」就派上用場了。只要⅞盎司的7½或8號彈丸就可以輕易打死鵪鶉，而且在指示犬的協助下，IC/M縮喉也有很好的效果。

但對於農場外面的我們來說，我們隨時隨地一發現鵪鶉的蹤跡就要把牠打下來，因此一把搭配IC縮喉的半自動獵槍可以大大的增加我們的機會。就別說三連發了，它至少可以讓我們在槍裡留下一發子彈（鳥群驚起所揚起的煙塵過後），等到其他美洲鶉全部飛走之後，再來打飛在最後面那隻「孤鳥」。

316 等候山鷸鳥

「預期」是打山鷸鳥的魅力之所在。牠們是高山候鳥，牠們的到來可以等待、計算和預測。鷸鳥飛來時，幾乎不可能讓你有休息的時間。如果在正確的日子打牠們，只要每隔幾分鐘就會有一隻鳥出現。牠們會在樹枝上跳躍、在空中變換方向，或是在灌木叢裡四處亂彈，活像一隻長了羽毛的彈珠一樣。如果你必須向糾結的濃密樹叢試射兩、三發子彈的話，沒關係：很快你就會有下次的機會了。

山鷸鳥很小，不會特別頑強。牠們生活在茂密的森林裡，你連30碼也無法看穿，射擊就更不用提了。打山鷸要用28號獵槍，甚至礙手礙腳的.410都可以，再帶上足夠的8½或9號散彈。幾乎任何的縮喉都算太多，而我獵殺過最多山鷸鳥的槍是一把20號鉛徑的定向飛靶/定向飛靶──縮喉O/U。

雖然我不是輕槍口、短槍管的愛好者，但我愛用它來打山鷸。一般都是用扣扳機的手來攜帶槍枝，再用另一隻手來撥開樹枝──槍口輕的槍最容易以這種方式攜帶。打山鷸是要快速得分，不是要揮大桿。但是在茂密的林裡，你還是得隨機應變。我曾把20號獵槍的槍前托架在結實的樹叉上，用單手打下了一隻山鷸鳥。

317 擊落難打的石雞

我在愛達荷州親眼見識了一種非常難打的石雞，牠會從頭上的岩石飛出來，再盤旋飛到你的腳下。當天的嚮導身體非常結實，年紀只有我的一半，他說只要是獵季不做嚮導的日子，每一天他都會在公共獵場打獵。他還說公共石雞獵場非常多，但是他不會在同一個地點打兩次。

然而他卻沒說：沒有一處公共獵場的地面是平的。石雞的棲息地是西部深邃古老的岩石河谷和山脊。這是非常耗體力的狩獵。你必須跟在牠後面攀爬，或是站在和牠同樣高度的邊坡上。實際上做起來比想像更難，因為很多小山都是由鬆散的石塊所構成。你經常需要在身體下滑的同時開槍。

因此，石雞槍一定要非常堅固，因為遲早你會把它摔到岩石上；槍身也必須夠輕，因為每一盎司都關係到獵石雞的成敗；而且至少要能夠連發兩槍以上。

我會挑選具有合成槍托的輕型半自動獵槍（基本上我厭惡使用塑膠槍托的槍來打山鳥，但是獵石雞不一樣）。20號伯奈利M2能夠完美滿足我的需求。我會加裝改良型縮喉，使用6或7½號的彈丸射擊。

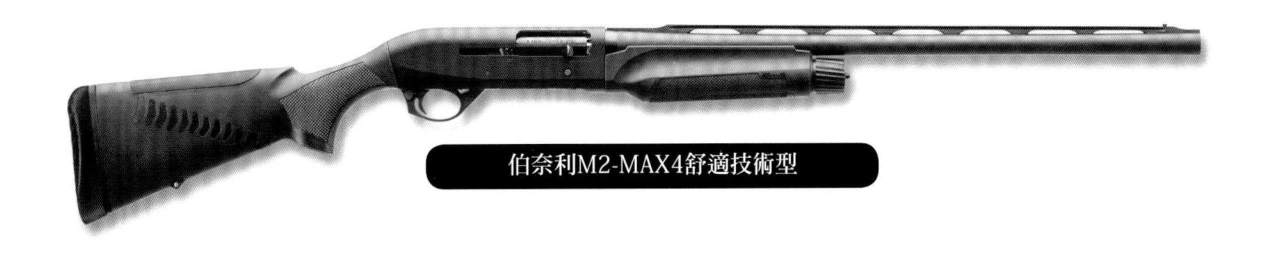

伯奈利M2-MAX4舒適技術型

318 正確使用鹿彈

美國有30個州可以合法使用鹿彈獵鹿。這種子彈從德州到維吉尼亞州依舊大賣，因為這幾州的獵鹿傳統當中，狗依舊扮演了很重要的角色。帶狗的獵人愛用鹿彈不是沒有道理。歸根究底，當你必須趕在一隻奔跑的鹿消失在密林之前射牠時，為何不灑出一大片散彈，非得要用一顆單頭彈不可？

鹿彈在有限的距離內非常致命，超出此距離比不用還糟。用鹿彈近距離射鹿，一槍就能把牠打倒。把槍管拉遠，直到擊中要害的彈丸少於五、六顆，你就只能把鹿打傷，讓牠逃走。

我試過最好用的鹿彈是內含堅硬彈丸和緩衝顆粒的優質彈。你要花更多的錢才能換來更好的彈群和射程。用12號獵槍裝填3英吋00號彈丸可以在40碼射出很棒的彈群分布。我曾用鹿彈加改良型縮喉射出我個人最好的成績。近距離時，標準裝彈量的1號彈能裝更多彈丸，射出來的分布圖案也較寬。要在枝葉繁密的林裡進行25碼以下的射擊時，就用1號彈。除此之外，00號就是最好用的全功能子彈。但不論你40碼的彈群分布有多好，或是你自認為的最大射程有多遠，都不要超過這個距離。鹿彈的彈群分布在一定的距離之後衰敗得非常快，往往超過幾碼就已經完全不行了。

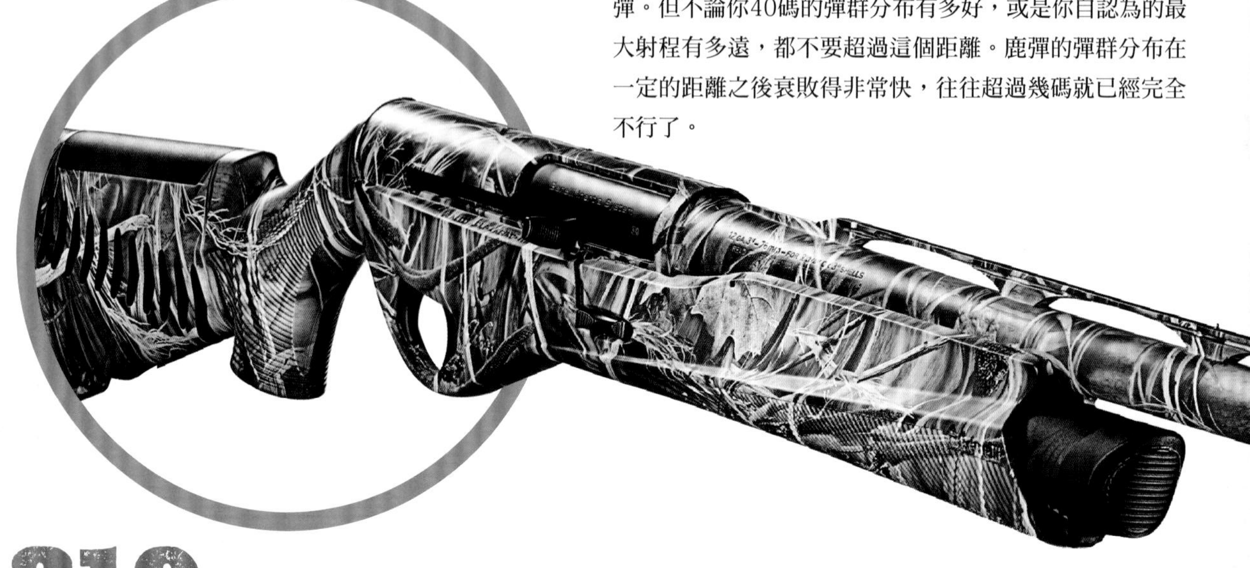

319 搭配你的槍選用單頭彈

選用能搭配槍管的子彈類型，才能用單頭彈打出最佳的成績。

滑膛槍 選用滿膛管的單頭彈。專為滑膛槍設計的福斯特單頭彈，或是黏附彈塞的單頭彈性能最好（少數這種子彈只能用於有膛線的槍）。軟殼彈要有膛線才能發揮功效，用在滑膛槍非常不準，白白浪費錢而已。

有膛線的縮喉管 要用低速軟殼彈（低於1,600fps）以及黏附彈塞的單頭彈。

膛線槍管 使用軟殼彈和黏附彈塞的單頭彈。膛線必須搭配單頭彈本身的螺線。膛線纏距約為1:34的慢速槍管，使用速度範圍在1,200至1,500fps的單頭彈最精準。而纏距在1:30以下的槍管，最好使用速度較快的1,900至2,000fps之單頭彈。

320 提高單頭彈槍的精準度

請槍匠做兩個簡單、便宜的加工，就能改善你的單頭彈槍性能。請看下去！

首先，讓槍匠把你的扳機弄順，把拉力減低到3½磅左右。輕快的扳機能讓你射得更好。

第二，把槍管釘牢在機匣上。在機匣上裝一顆固定螺釘就可以固定槍管，消除槍管的擺動和晃動，避免單頭彈偶爾被甩到偏離彈群的地方。

快速上手

321 在50碼瞄準

單頭彈射擊就跟打啤酒罐一樣。風可以把它從目標上吹走，因此到了50碼你就要開始瞄準。若在100碼，你要做的事就是根據當天的風象來瞄準。

322 用單頭彈打鹿

沒用過單頭彈打鹿的人，都以為你是對著鹿射出一顆大鉛塊，然後把鹿打到飛離地面或是「倒在自己的路上」（想想看，無論鹿倒在哪裡都算是「倒在自己的路上」，因為每一條路都是牠自己走出來的）。但往往兩者都不會發生。有時候，受到致命傷害的鹿會拱起身子或跳起來，但是被單頭彈狠狠擊中的鹿多半只會夾著尾巴逃跑，不會有其他反應。雖然牠會在逃跑中死亡，但牠還是可以跑100碼。

幾年前我在新鮮的雪地緩慢追趕一隻雄鹿，一個小時之內只追了幾百碼。當我追上牠的時候，牠就躲在40碼外一棵矮樹後面，我幾乎看不到牠。我射的是滿膛的1盎司12號單頭彈，但我卻看著牠一跳一跳的逃走了。我跟著雪地上的足跡走，但是最初的20到30碼並沒有看到任何血跡。最後我在雪地上看到了針孔般大小的紅點。再走10碼，我看到牠經過的樹，樹上留下了大片血漬，彷彿塗上了顏料一般。

不久之後，鹿在雪地上走過的路都變成了紅色。我發現牠攤在地上死了，子彈射穿了兩個肺部。教訓？每當你射到一頭鹿，任何時候都要認真的尋找血跡，即使誤認為沒打中也一樣。

323 用單頭彈精確瞄準目標

幾年前我在德州遇到一個人，他在州縣推廣辦公室上班，工作是到學校教小孩如何獵鹿。我知道德州彷彿是另外一個國家。

但無論如何，他的方法簡單而有效：把十字線移到鹿腳，再略微抬高到身體部位，然後扣下扳機。他的目的是要乾淨俐落的擊中心臟。當時我帶著兒子一起旅行，他的方法完全一樣，而且還用一把.243打到他人生第一頭鹿。

雖然這種方法很有效，但是單頭彈畢竟是一大塊鉛塊，它通常會貫穿鹿的身體。因此，我偏好打牠的肺部。打肺部的話，你會打斷幾根肋骨，然後貫穿牠的兩個肺，你能把牠打死但是不會造成肉的損失。打穿肩部的單頭彈也可能貫穿另一邊，把兩個肩頭都毀了。

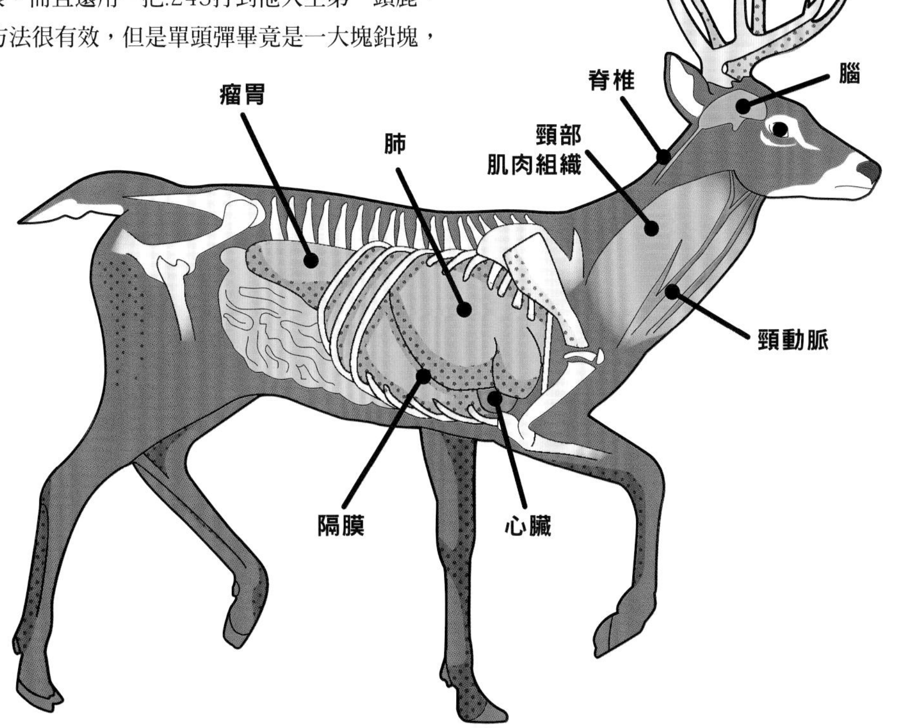

324 只打小的

「小型獵物」是指小型哺乳動物。傳統上，打小型獵物是孩童進入狩獵運動的入門活動。打小型獵物可以讓各種年齡的兒童學會耐心和森林生活知識，另一項好處則是牠們多半生活在住家附近。

許多聰明的獵人，面對小型獵物永遠像個長不大的孩子。事實上，無論是搜尋樹梢上的松鼠，或是聽獵犬追兔子的聲音，你一輩子都可以從中獲得滿足感。如果這樣還不夠，就把松鼠打爛或是對著兔子開槍吧！

近年來世界不斷在改變，現今已經有許多父母會跳過松鼠和兔子，直接以獵鹿作為孩子的第一堂狩獵課。雖然打小型獵物還不算是失傳的技術，但相較於過去，它已經越來越不受歡迎。

對那些追求人煙稀少、清靜獵場的人來說，這種態勢雖然惱人，但也等於給他們增加了機會。

純粹步槍主義者 責人們用散彈槍來對付小型獵物，他們和其他各式各樣的純粹主義者一樣，都很煩人。不要理他們。散彈槍在小型獵物的領域絕對佔有一席之地。

325 打松鼠

用散彈槍打松鼠很像在打火雞，而且遠比其他傳統的獵鳥活動還像。你要坐在樹林裡誘叫，再對著樹枝上宛如在走鋼絲的松鼠開槍，而你用散彈槍瞄準的方式大致上和步槍雷同。以下是你必須考量的事項。

槍和鉛徑 用12、16或20號的槍來打松鼠合情合理，但你也可以用全縮喉的.410來射擊，只要射擊距離不超過20碼即可。一把具有鐵準星或紅點瞄準器的12號或20號火雞槍，旋入改良型縮喉，外加野外用的子彈，就變成了一把完美的松鼠散彈槍。

縮喉和子彈 如果你剝過兔子和松鼠的皮，你會發現卡在松鼠皮下的彈丸就能穿透兔子非常脆弱的皮膚。松鼠比較硬，但不會硬到你用一盎司5號或6號的彈丸打不死。記住：最高的橡樹不過100英呎（33碼），它還在改良型縮喉的射程範圍內。

326 誘騙松鼠

散彈槍獵人最完美的誘叫是學幼小松鼠求救的聲音。你可以用一種簡單的誘叫：吹氣（有時你要吸氣），同時用樹枝敲打樹葉來製造喧鬧的效果。松鼠一聽到誘叫聲就會跑來，神色極度的不安──牠們會以為要從掠食者口中救出一隻年幼的松鼠。但如果讓牠們見到些微的動靜，牠們也會掉頭就跑。你要射的通常是移動中或是正在跑的松鼠，所以你的射擊動作要快，不然就不要動。

快速上手

327 丟下你的帽子

用散彈槍打松鼠，通常要跟蹤到松鼠腳下的樹旁。如果牠看到你，躲到樹幹的另一側，你可以用一種老把戲，把帽子丟到樹的另一側，看牠能不能回你這邊。

328 拿下那隻兔子

跑給獵狗追的兔子試圖拉開牠和狗的距離，再繞著圈子跑回洞裡，但你已經埋伏在洞口附近了。務必確認你的狗和其他獵人在哪裡，不要朝兔子的正面開槍，因為你可能會打到樹叢中的獵犬。相反的，你要等兔子從你身邊經過、或是從你身後斜著跑出去時再開槍。運動陶靶裡面也有非常接近兔子跳的玩法。

當你最終決定要開槍時，讓槍口保持在兔的飛行線（跳躍線？）下方，以便舉槍時能有清楚的視線看到目標物。若不然，你的眼睛就會因為兔子跳到槍下面而直視準星球，讓槍停了下來。不要忘了，兔子跑起來不像你看到的那麼快：雖然牠可以短暫達到30mph的極速，但牠還是比我們平常在狩獵的鳥慢了10到15mph。假想你要射的是牠的前腳趾，這樣的超前量就夠了—又不是距離最長的跨獵場射擊。

330 折斷樹枝逮兔子

兔子通常會坐著不動，除非一位沒有帶狗的獵人逗留太久（20至30秒）驚擾到牠，或是把牠們從草堆或木堆裡踢出來。如果兔子從折斷樹枝的獵人手中竄出來，牠們可能會以Z字形的路線躲子彈。如果要打中飄忽不定的目標，最好的辦法就是注視牠，但不要瞄準。眼睛緊盯著兔子的兩耳之間，抗拒自然去看尾巴的和後腿的衝動（注意：它的作用就是讓掠食者分心）。看著耳朵可以增加你爆頭的機會，降低你跟在後頭失誤的機會，也可以減少你在吃後腿時咬到子彈的數量。如同打披肩松雞那般，當兔子消失在樹叢裡也不要害怕開槍，它只會多耗一些彈丸而已。

329 作好打兔子的準備

當濃密的枝葉當中若隱若現的出現一蹦一跳的白尾巴和長耳朵時，或是在獵犬前方躲躲藏藏時，快打一槍是唯一的時機。有時候你也要摸到靜坐或緩慢跳躍的兔子旁邊，再慢慢的爆牠的頭。

槍和鉛徑 理想的獵兔槍是16或20號散彈槍，它輕得可以用單手攜帶，讓你可以用另一隻手來撥開枝葉。它必須能射兩發以上的子彈，儘管大多數的兔子在你來得及扣第三次扳機之前早已經跑很遠了。由於獵兔槍不會有鐵準星，所以我可能會加裝一顆中型的準星球（請槍匠做大約20元美金），讓我有機會遇上坐著的兔子時能夠用槍來瞄準牠的頭。

縮喉和子彈 棉尾兔非常敏感，而且皮薄嬌弱，所以⅞至1⅛盎司的6號彈就夠用了。彈丸越小，數量越多，穿過枝葉打中目標的機會也越大。加強型圓筒縮喉在荊棘地的效果最好。

331 誘叫狡猾的郊狼

想像你要誘叫一隻能聞出你味道的聰明火雞。把牠的羽毛拔光，加上獸皮——這樣你就知道如何獵郊狼了；不過郊狼是因為有食物才會循著誘叫聲而來，所以這種方法有一種你是遭到獵捕的錯覺。除了夏威夷以外，每一州的郊狼活動範圍都在逐漸擴大，所以愛好此道者很容易找到狩獵地點（有許多不讓你進去打美味獵物的地主，反而很歡迎郊狼獵人），而且獵季也比較長。很多郊狼獵人除了步槍之外還會再帶一把散彈槍，因為郊狼有時候會朝向誘叫聲奔跑，而對付快速移動的目標，用一群子彈比一顆子彈管用。事實上，有很多人喜歡只用散彈槍，因為他們可能想賣皮毛，而打在皮毛上的散彈比較零散；除此之外，把郊狼誘叫到50碼的距離好好打一槍，遠比用步槍在遠距離打牠來得痛快。

快速上手

332 向野獸吠叫

如果郊狼向你飛奔而來，試著用狗吠聲讓牠停下來，方便你進行靜態的射擊。有些人會使用誘叫器，有些人則用喉嚨發出低吠的聲音。如果這種方法失靈，郊狼還是一直跑，你就要慶幸你帶的是散彈槍而不是步槍。

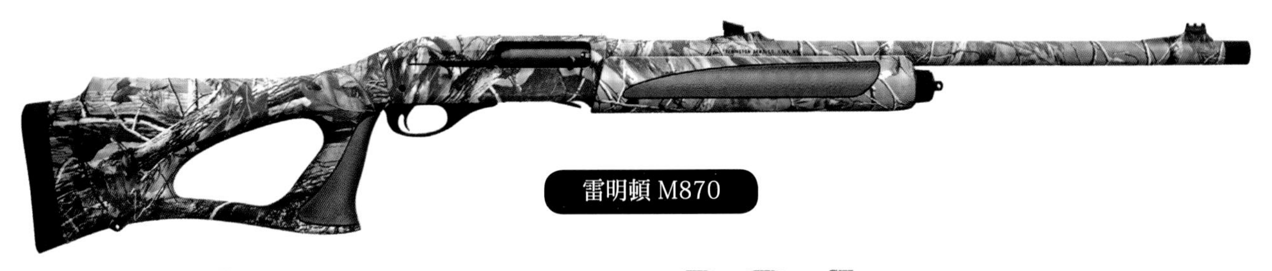
雷明頓 M870

333 取得正確的郊狼槍

郊狼散彈槍必須能用大號鉛彈射出良好的彈群分布。它要有快速補槍的能力，而且對於動態或靜態的目標都要有相同的效能。一把3英吋的12號散彈槍，拿掉獵鴨規定的塞桿之後，可以讓你射擊奔跑中的郊狼五次。鐵準星、紅點瞄準器或低倍率瞄準鏡都能幫助你命中目標。槍應該要有背帶，方便你攜帶進入誘叫點。它也要有縮喉，讓你能用BB號彈丸或是鹿彈射出良好的分布。先用廠製的改良型縮喉試打，但接下來你應該花錢買一個後裝市場的縮喉。有一些縮喉可以打出接近改良型的分布，而另有一些用於較小彈丸的縮喉，可能和火雞縮喉一樣緊。

334 打郊狼的子彈

郊狼身上長了厚厚一層皮毛。牠們在野外看起來非常巨大，但就算非常大的郊狼也不會超過50磅，而牠的致命區（心，肺）大小如同一顆排球。如果你用BB號和T號優質鎢鐵彈射擊，或用BB號優質鉛彈，加裝正確的縮喉之後你就可以在70碼的距離殺死一隻郊狼。若要畫出郊狼槍和子彈的彈群分布，就用8～9英吋的圓或是一張紙板來模擬牠的致命器官。試著找出一種子彈，讓你能在最遠的距離穩定的把2～3顆彈丸打進致命區。由於小彈丸能增加目標的命中數量，有些獵人喜歡依據該理論使用00號鹿彈，因為到處都打得到的.33口徑，只要一、兩顆彈丸就可以殺死或打癱郊狼。

335 架起來

當你坐著或站著的時候，射擊腳架能讓槍保持準備的狀態。許多獵人會把步槍架在腳架上，而把散彈槍拿在手上，讓他隨時可以進行近距離或遠距離的射擊。如果你只用散彈槍打獵，腳架能穩定的讓你進行超過70碼的射擊。此外它還能在等待時讓槍口朝上，而且瞬間完成準備，這一點也同等重要。

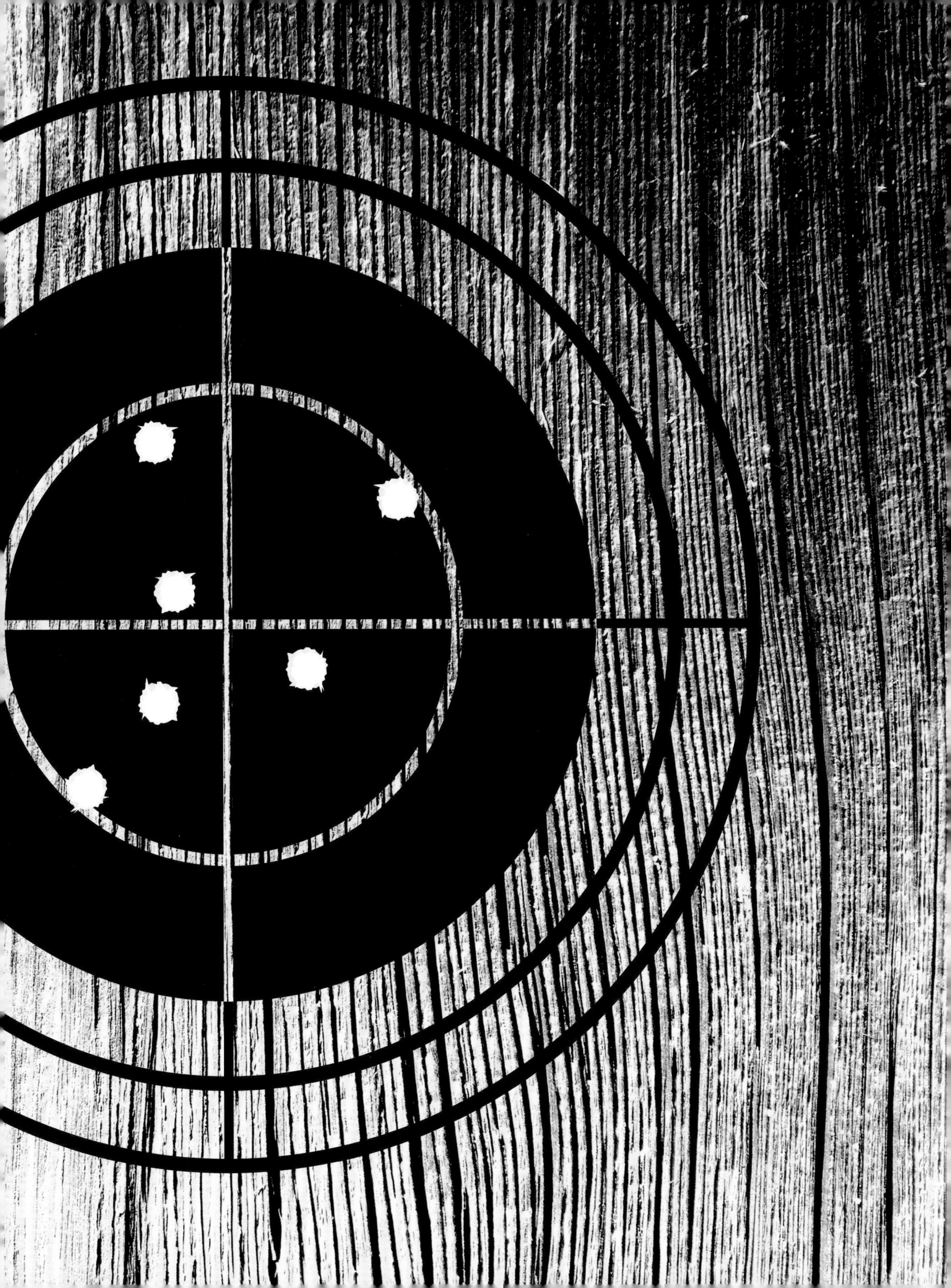

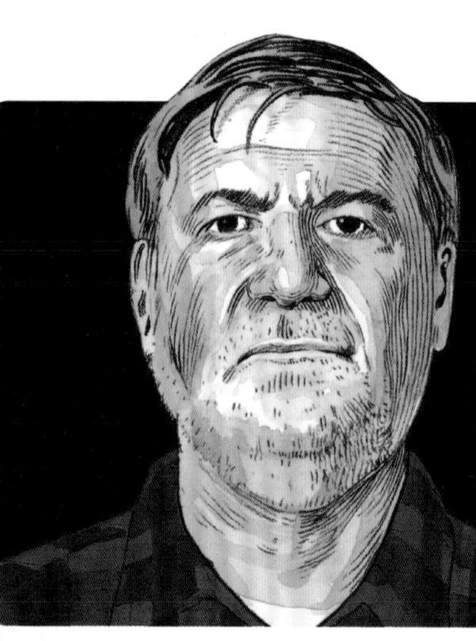

佩查爾說

“偉大的鋼琴家伊格納奇・帕德雷夫斯基（Ignacy Paderewski）有一句名言：『如果我一天沒有練習，我會知道。如果第二天也沒練，樂團會知道。如果第三天也沒練，聽眾就會知道。』

射擊是一種容易退化的技能，就像彈鋼琴一樣。經由勤練而獲得的專注力和手眼協調力，它會輕易的流失，而且速度非常快。

只有少數非常有天份的人才能輕易的重拾步槍、散彈槍或手槍，而且做得非常好。我辦不到，而且我也不認為你辦得到。

我認識的真正射擊好手有老有少、有強有弱、有男有女，有大有小，但是他們都有一個共同點，那就是時時刻刻都在練習。你也應該如此。”

布傑利說

“我還是個小孩的時候，父親幫我丟了幾片陶靶。我用截短的.410打中它，他就誇我是個『天生射手』。父親對飛靶射擊沒興趣，而我對打獵也不甚在乎，所以我的童年射擊教育就到此為止。

後來，當我開始打獵之後，我總以為自己是個天生射手，因為父親曾經這麼說我，而我也和大多數人一樣，當下立刻相信我是一出生就知道該怎麼打獵。但很快我就知道我錯得離譜。我不是好射手。和一般自修而成的射手相比，我不會好到哪裡去，甚至還可能略遜一截，因為我從來不練習。

我花了很多年的時間，射了幾千發子彈，參加了許多課程，也打了許多鳥，最後才變成一名野外射擊好手。相信我，我能達到的境界任何人都達得到，而我希望本書能幫你達到。”

GLOSSARY

槍機（ACTION）槍的活動機件，讓槍可以上膛、退殼和擊發。

可調式貼腮部（ADJUSTABLE COMB）一種能上、下移動的貼腮部，使其貼緊射手臉部；通常裝在靶槍上。

自動保險（AUTOMATIC SAFETY）裝在某些折開式散彈槍上，只要槍打開就會自動上保險。

彈道係數（BALLISTIC COEFFICIENT）表達彈頭形狀、重量、長度和直徑之間的關係之數學式。較大的BC代表彈頭更具流線型，而且長射程會有較好的性能。

槍管選擇器（BARREL SELECTOR）一種機制，能讓單扳機雙管獵槍射手用來選擇哪個槍管先擊發。

底板（BASE）彈頭的底部，它可以是平底或船尾型。

獺尾式槍前托（BEAVERTAIL FOREND）一種寬大、滿握把的槍前托，裝在靶槍或某些雙管獵槍上。

最上等（BEST GRADE）一種客製側閉鎖槍的評等，由英國槍商創造及修訂。

黏合式核心（BONDED CORE）與子彈外殼永久結合的鉛核心，以化學或焊接的方式製成。

槍膛（BORE）散彈槍或步槍槍管的內部。英文的「BORE」亦指散彈槍之口徑。

盒式閉鎖（BOX LOCK）最受歡迎的雙管獵槍槍機。安森和迪利（ANSON & DEELEY）在1875年發明的無撞針盒式閉鎖槍機，至今仍在使用。

折開式槍機（BREAK ACTION）由後膛鉸鍊折開裝彈和退彈的一種槍。

彈殼槽線（CANNELURE）彈頭上的一圈槽線，讓伸入槽線的彈殼唇邊能壓成皺摺。

搬運停止鈕（CARRIER STOP BUTTON）要把槍栓鎖在開啟狀態時，必須按下此鈕。許多半自動散彈槍都有裝設。

偏角（CAST）讓槍托往右偏（偏角關閉）或往左偏（偏角開啟）的橫向彎曲度，讓射手的眼睛能在槍管正上方。

縮喉（CHOKE）槍口末端內部的收縮，用來控制散彈的發散程度，創造出更發散或更收縮的彈群分布。度量單位為千分之一英吋（.010"）。

貼腮部（COMB）槍托的頂端，射手的臉頰在瞄準和射擊時會倚在此處。

核心（CORE）彈頭的主要質量，一般由鉛或更硬的鉛合金製成，偶爾亦見鋼或鎢製品。

雙管槍（DOUBLE）任何含有兩支槍管的槍，但本詞一般指的是並排雙管槍。英文（DOUBLE）另有雙殺或意外同時擊發雙管之意。

落差（DROP）以貼腮部前緣為測量點，所測得的貼腮部與肋條之間的間距（「貼腮部落差」以及在槍托底板的「跟部落差」）。

導錐（FORCING CONE）介於膛室和槍膛之間的喇叭口。導錐多半很短，大約是半英吋，但有某些廠製槍具有加長型導錐或「緩衝」導錐，用以改善彈群分布並減少感覺後座力。

鉛徑（GAUGE）指的是散彈槍的「口徑」；鉛徑的基本度量，是指重量等於一磅的滿膛徑鉛球之顆數。10、12、16、20，和28號為最受歡迎的五種鉛徑。.410事實上指的是膛徑（換算後等於67號鉛徑）。

殼頭間隙（HEADSPACE）當槍栓閉合時，槍栓表面至膛室內任何用以阻擋彈殼向前運動的機件之間隙。所有的槍都有殼頭間隙；太小無法裝填子彈，太大在擊發時容易造成彈殼斷裂。

改良型子彈（IMPROVED CARTRIDGE）一種子彈，它的外殼已經移除了大部分的錐度，而且肩部向外鼓起，變得比原本的角度更加尖銳。它所增加的火藥容量能讓火藥在彈殼內燃燒而不是在槍管內燃燒，讓子彈變得更有效率。改良型子彈填彈時不如彈身錐度大、肩部較平緩的子彈來得順暢。

慣性扳機（INERTIA TRIGGER）一種雙管槍的扳機，利用第一發子彈的後座力來重置第二發的機制。

彈頭外殼（JACKET）包覆核心的外殼。由純銅製成，或是更硬的「飾金金屬」製成。

超前量（LEAD）欲命中移動目標，提前在其前方射擊之距離。亦稱為前置容許量。

扳機扣發距離（LENGTH OF PULL）扳機中央前端至槍托底板中央的距離。

閉鎖時間（LOCK TIME）從扳機鬆開簧片到擊中底火的時間。例如避縮之類的失誤，會在你扣下扳機至步槍擊發這段時間內讓槍口移動，故快速的閉鎖時間至關重要。

機械式扳機（MECHANICAL TRIGGER）一種單一扳機的機制，它需要用兩次射擊之間的後座力來回復動作。

彈尖（MEPLAT）彈頭的最頂端，英文發音如同MEE-PLAT。

幻影（MIRAGE）槍管上升的熱氣所造成的影像扭曲，通常讓目標看起來比實際還要高。

蒙地卡羅槍托（MONTE CARLO STOCK）具有上升貼腮部的特製槍托，常見於不定向飛靶靶槍。它能讓射手的頭擺正，對於脖子長的人也是很好的配件。

舉槍預備（MOUNT）舉槍至射擊姿勢的動作。

彈丸風帽（OGIVE）彈頭脛部至彈尖的圓弧形前緣，英文發音如同OH-JIVE。

擴管（OVERBORE）加大獵槍槍管，使其大於標準口徑，以增加性能。

擴管容量（OVERBORE CAPACITY）形容一種內含火藥已經超過有效燃燒劑量的子彈。所有的麥格農彈均為如此，它使用不成比例的大量火藥，換取相對於標準子彈而言數量相當小的速度增益。

彈群分布（PATTERN）在靶上的彈丸分布圖。「打出彈群分布」是一種用散彈槍在靶紙上射擊的動作，用以確認彈群的大小及效率。結果通常以40碼處打在30英吋圓內的彈丸之百分比來表示。

柱承座床（PILLAR BEDDING）將木質或合成槍托之座床螺絲孔放大，再用玻璃纖維或黏合鋁管來強化的一種製程。它能消除座床螺絲上緊時槍托所受到的壓迫，而且能夠增加精準度。

手槍握把（PISTOL GRIP）一種彎曲的握把，讓射手用來扣扳機的手增加對槍的掌控力。

斜度（PITCH）槍托底板的斜度。

塞桿（PLUG）又名「獵鴨塞桿」，係指壓動式或半自動獵槍塞在其槍匣內的塞桿，讓彈匣容量限制為兩發，以符合美國聯邦候鳥狩獵法的規範。

衝擊點（POINT OF IMPACT）經由肋條來瞄準時，相對於你所瞄準的點之彈著分布中心點。如果彈著點和你所瞄準的點完全吻合，則稱為50/50也就是說有一半分布在上半部，一半分布在下半部。有很多射手喜歡讓彈著點高於POI。

威爾斯王子握把（PRINCE OF WALES GRIP）曲線柔和的握把，介於直線和手槍握把之間。

後座力緩衝器（RECOIL REDUCER）一種質量式、彈簧式或液壓式減震器，用來減少槍枝的後座力。緩衝器通常安裝在槍托內部，但也有安裝在槍管和彈匣蓋的槍款。

肋條（RIB）安裝在散彈槍槍管上方的扁平金屬條；能做為準星平面並輔助槍管散熱。

軟殼彈（SABOT）裝在彈頭或小於膛徑之單頭彈的兩件式袖套。軟殼彈能搭配膛線在槍管內運行，離開槍口後才與彈頭分離。

扳機簧片（SEAR）扳機的一部分，用來把擊錘或撞針頂在後方，直到我們對扳機施加足夠的壓力為止。

截面密度（SECTIONAL DENSITY）彈頭的重量與長度的關係式。一顆180格令.30口徑的彈頭，它的SD比一顆具有相同直徑的150格令彈頭更大，因此它在長射程保持速度的能力較好，而且射起來較平直—儘管較輕的彈頭射出的速度較快。

彈頭脛部（SHANK）彈頭的直筒部位，介於彈頭風帽和底板之間。

喙嘴形槍前托（SCHNABEL FOREND）一種用於O/U的細長槍前托，其末端有一個非常獨特的下彎。

散彈串（SHOT STRING）彈丸離開散彈槍口之後，彈丸會排成一長串。

側閉鎖（SIDE LOCK）雙管槍機的所有閉鎖機件全部安裝在側板，通常可拆卸修理。

單頭彈（SLUG）單一鉛塊的拋射體，用來打體型和鹿一般大小的獵物。

細長型槍前托（SPLINTER FOREND）一種裝在古典雙管獵槍的細長型槍前托。

直線握把（STRAIGHT GRIP）一種沒有任何曲線的散彈槍握把，亦稱為英式槍托。

火雞縮喉（TURKEY CHOKE）能射出密集彈群分布的超級全縮喉設計，專用來打火雞的頭頸部。

扳機拉力（WEIGHT OF PULL）讓扳機釋放簧片所需的力道。步槍的拉力只有很小的範圍。對於大型獵物步槍，可接受的範圍為3至4磅，對於狐鼠槍而言則小得多。很重的扳機拉力會降低精確度。

INDEX

ABOUT THE AUTHORS

大衛·佩查爾是《田野與溪流》的步槍主編，1972年加入本社。他畢業於柯爾蓋大學（Colgate University），1963至1969年在美國軍隊服務。從軍期間，他自1964年起就開始使用步槍射擊並撰寫步槍文章。他是美國步槍協會（NRA）的贊助會員，以及業餘不定向飛靶協會的終身會員。他的狩獵足跡遍及美國和加拿大全境、歐洲，非洲和紐西蘭。他是《.22口徑步槍》的作者，《運動槍械百科全書》的編者。他在2002年獲得利奧波德頒發的「傑克·施拉克年度作家 」，並於2005年獲得德國蔡司的「年度戶外作家 」，成為獲得上述雙 項的第一人。人稱他擁有「神一般」的寫作能力和槍械知識。

菲爾·布傑利在1985年把他所寫的第一本戶外故事《狙擊狩獵》賣給了《田野與溪流》。現今是本社的散彈槍專欄作家，同時也和大衛·佩查爾在Fieldandstream.com共同經營了《槍迷（The Gun Nuts）》部落格。他是《田野與溪流火雞狩獵手冊》的作者。身為一名火雞獵人，他總是早早起床，在春季早上去打雄火雞，從上午9點打到下午2點。他在1981年畢業於維吉尼亞大學，現今與夫人和兩個小孩住在故鄉愛荷華州的愛荷華市。他四處旅行，到各地狩獵高山鳥、水禽和火雞，但他最喜愛的狩獵活動則是帶著他的德國短毛指示犬「傑德」在住家附近打雉雞。

ABOUT THE MAGAZINE

每一期《田野與溪流》均有豐富的內容：美麗的照片和插圖、冒險故事、野味食譜、幽默故事，評論與注解等等。本雜誌如此成功，而且自1895年起持續保持重要的地位不墜，不外乎就是因為五花八門的內容，不過每一期的核心仍舊是技術。改善打靶精度的提示與說明、射到人生之鹿的策略，以及如何傳授孩子打獵樂趣之章節——這些都是《田野與溪流》的讀者希望我們撰寫的故事內容。

你可以從本書《槍械操作聖經》學到大量的技巧，但本書也不可能大到包含全天下的知識。因此，無論你是射擊新手還是老手，學習永不嫌多。你可以不斷期待，每一期《田野與溪流》都能教你各種基本技巧，但除此之外，本雜誌仍有其他相當棒的內容。若要訂閱本刊，請上www.fieldandstream.com/subscription。

ABOUT THE WEBSITE

《田野與溪流》讀者若不在打獵或釣魚，必然就在www.fieldandstream.com網頁上留連。只要拜訪過該網頁，你就能明白為何如此。

首先，如果你喜歡本書所述的技巧和見解，網路上還能讓你找到更多的資料——除了本社擔綱作者所寫的海量故事之存檔外，我們的網站也有超過五萬名專家可以幫你解答戶外生活的所有問題。

你可以在fieldandstream.com探索世界上最大的線上獵人及釣客休息站。由卓越的戶外生活專家所寫的部落格，不但包括了打獵和釣魚的所有面向，同時也提供了教導與啟發兼具的忠實內容，永遠充滿了趣味。

我們所收錄的野外冒險影片，包含了許多宛如真實體驗的驚險畫面。我們所收集的照片，也包含了各地最佳的野外生活和戶外活動照片。

但最棒的莫若於fieldandstream.com的社群，你可以在這裡和其他讀者爭吵什麼才是最好的白尾鹿彈，或什麼才是絕佳的辣味鹿肉烹調法。你也可以在這裡分享釣到大魚或是打到野獸的照片。你可以參加比賽來贏得步槍、野外裝備，或是其他大獎。這是一個值得花時間探訪的網站。但來不來無所謂，最重要的還是多留一些時間給戶外。

ACKNOWLEDGMENTS

大衛・佩查爾：我要感謝所有和我一起打獵過或射擊過的朋友，你們讓我獲益良多。

菲爾・布傑利：在本書的開發過程中，威爾登・歐文出版社（Weldon Owen）的羅布・詹姆斯（Rob James）、瑪麗亞・比爾（Mariah Bear），以及《田野與溪流》的大衛・胡爾托（David Hurteau）總是帶著我踏出每一小步。如果大衛・佩查爾沒有把《槍迷》部落格辦得有聲有色，我也不會成為後來的半個編輯。如果《田野與溪流》副主編史雷頓・懷特（Slaton White）在20年前不青睞一位來自愛荷華州的雉雞獵人，我也不會成為《田野與溪流》的散彈槍主編。

我感謝《田野與溪流》的每一位同事，尤其是總編輯安東尼・利卡達、資深編輯麥可・托斯（Mike Toth），以及線上主編戴夫・麥卡（Dave Maccar）。我要特別感謝我的妻子潘（Pam）給我的支持與協助。

CREDITS

Photography courtesy of: Rick Adair: 9, 84, 184 Bob Adams: Brief History of Firearms (Winchester Rifle Model 1873) Adamsgun.com (Wikicommons user): 58 (5) Alamy: 61, 208 AlchemyPete@en.wikipedia (Wikicommons user): 158 (.338) Annoyedman@en.wikipedia (Wikicommons user): 58 (8) Antique Military Rifles: Brief History of Firearms (Mondragón rifle) Benelli: 180 (10), 281, 306, 311 (Benelli), 317 Beretta: 58 (10), 180 (8, 11), 268, 311 (Beretta) Blaser: 136 (Blaser) Blue Book Publications: 183 Phil Bourjaily: 54 Browning: 114 (Browning), 174 (gun), 262 (gun), 267, 299 Denver Bryan: 4, 139 (dead deer), 274, 288 Bill Buckley: 284 Caesar Guerini: cover (shotgun) Champion Target: 100, 275 (turkey target) Jamie Chung: 199 (shell bottoms) Cornischong@lb.wikipedia (Wikicommons user): 58 (15) Cowan Auctions/Jack Lewis: 22 (6) Dakota Arms: cover (rifle), back cover (rifle) Dori (Wikicommons user): 58 (9) Steve Doyle Portraitefx/Armsbid: Brief History of Firearms (Winchester model 70), 22 (1, 2, 7, 9, 15), 58 (1, 7), 180 (3, 5, 6, 12) Bryce Duffy: 240 John Eriksson: 146, 276 (turkey) Federal Premium: 64 (all bullets), 71 (primers),194, 202, 295 Nick Ferrarri: 263 (disks) Freedom Arms: 58 (13) Peter Gnanapragas: 157 (.375 H&H), 158 (.375, .458) Gorman & Gorman: 250 Lee R. Griffiths: 187 Gunslick: 221 (metal brush, soft brush) Jeffrey Herrmann: 22 (14), 180 (15) Hmaag (Wikicommons user): Brief History of Firearms (Smith & Wesson #1) iStock: 158 (man), 215, 219, 259, 297, 207, Index page 1 Ithaca Gun Company: 311 (Model 37) Spencer Jones: 62 (bullet circle), 63, 144 (.338 Win., .338 Rem., .340 Weatherby), 148 (.257), 155 (.223, .22/250), 157 (.338 Win., .338 Rem., .340 Weatherby) 158 (.270, .30/06) James D. Julia: Brief History of Firearms (AR10, Pennsylvania Rifle), 180 (9, 13), 311 (Fox) Kimber: 136 (Kimber) Knight Rifles: inline muzzleloader Krieghoff: 180 (14), 185 (both guns) Sam Lisker (Wikicommons user): 58 (4) M62 (Wikicommons user): 58 (3) Thomas R. Machnitzi (Wikicommons user): 58 (6) Magnum Research Inc: 58 (12) Marlin Firearms: 22 (10, 11), 136 (Marlin), 144 (Marlin), 154 (gun) Mauser98 (Wikicommons user): 158 (.416) McMillan: 136 (McMillan) New Ultralight Arms: 22 (8) Nukes4tots (Wikicommons user): 58 (11) Outers: 227 (rods) Purdey: 180 (1) Remington: cover (handgun), Brief History of Firearms (Remington 870) 21 (semiautomatic), 22 (4), 114 (Remington), 136 (Remington), 144 (Remington 700), 167, 180 (2, 4), 214, 246, 333 Ricce (Wikicommons user): 58 (2) Dan Saelinger: title pages (deer skull, row of guns), 13, 16, 21 (single shot, bolt action, pump, lever action, modern sporting

rifle), 24, 27, 28, 36, 77 (gun), 93, 105, 110, 120, 128, 144 (Sako 85), 150, 166, 186, 318 Safariland Commercial, Firearms Accessories, Hatch, Monadnock and Training Group: 227 (Breakfree) Savage Arms: 136 (Savage), 155 (gun) John Schaefer: Brief History of Firearms (44 mag), 56 (.44 Magnum, .45 Long Colt), 144 (.350 rem., .45/70) Shutterstock: cover (background image, shotgun shell), contents (man with dog, man in mountains), Brief History of Firearms (flintlock, pinfire, smokeless powder, AK47, 357), 1, 3, 5, 10, 11, 18, 20, 32, 40, 42, 51, 55, 57, 62 (animal silhouettes), 64 (top photo), 66, 67, 69, 70, 72, 75, 77 (animals in crosshairs), 78, 81, 82, 95, 97, 99, 103, 109, 112, 115, 118, 122, 126 (man looking through binoculars), 127, 131, 132, 135, 138, 141, 142 (both), 143, 145, 147, 148 (goat), 149, 151, 152, 153 (boar), 155 (scope, ground hog), 156 (both bears), 160, 161, 163, 170, 171, 174 (dragonfly), 175, 177, 179, 191 (turkey), 195, 196, 197, 198, 199 (silhouettes), 200, 201, 203, 206, 207, 211, 212, 217, 221 (steel wool), 224, 226, 227 (multitool), 229 (shooter, target), 230, 233, 238, 244, 251, 253, 255, 256, 264, 270, 275 (box call, glass call, owl call, decoy), 277, 278, 280, 284, 290, 296, 305, 309, 316, 321, 322, 324, 326, 328, 330, 332 Dave and Phil's Last Words, Index page 3, Index page 4, Index page 5 ,About the Authors, Acknowledgements, Credits, Imprint, Last Page Shotgun (Wikicommons user): Brief History of Firearms (Mauser 1898) Sig Sauer: 58 (14) Layne Simpson: 22 (12), 144 (Remington 673) Smith & Wesson: 44 Sturm, Ruger & Co., Inc: 22 (5, 13), 114 (Ruger), 136 (Ruger Scout, Ruger American), 144 (Ruger) Thompson Center Arms: 136 (Thompson), 191 (gun) Weatherby: 136 (Weatherby Mark V, Weatherby Vanguard 144 (Weatherby) Nathaniel Welch: 92 Westley Richards: 180 (7) Winchester Repeating Arms: contents (gun), 22 (3), 136 (Winchester), 168 Windigo Images: 8, 34, 46, 50, 89, 90, 181, 218, 223, 227 (man), 258, 279, 298, 300, 313

Illustrations Courtesy of: Conor Buckley: back cover (bullet), 43, 52, 59, 65, 189, 192, 207, 210, 257, 291 Hayden Foell: back cover (shot dynamics), 53, 102, 107, 125, 195, 229, 236, 237, 242, 243 247, 260, 266, 271 Flyingchilli.com: 303 Raymond Larrett: 123, 126, 169, 239, 283, 286, 335 Joe McKendry: author portraits throughout Chris Philpot: 261 Robert L. Prince: 12, 86, 165 Mike Sudal: 80, 94, 98, 112 Bryon Thompson: 283 Lauren Towner: back cover (man aiming rifle), 29, 40, 48, 61, 76, 83, 231, 234, 323

FIELD & STREAM

The Total Gun Manual

槍械操作聖經

出　　版／楓樹林出版事業有限公司
地　　址／新北市板橋區信義路163巷3號10樓
郵政劃撥／19907596　楓書坊文化出版社
網　　址／www.maplebook.com.tw
電　　話／02-2957-6096
傳　　真／02-2957-6435
作　　者／大衛・佩查爾
　　　　　菲爾・布傑利
翻　　譯／卡米柚子
總 經 銷／商流文化事業有限公司
地　　址／新北市中和區中正路752號8樓
網　　址／www.vdm.com.tw
電　　話／02-2228-8841
傳　　真／02-2228-6939
港澳經銷／泛華發行代理有限公司
定　　價／580元
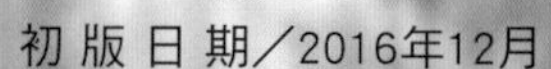
初版日期／2016年12月

國家圖書館出版品預行編目資料

槍械操作聖經 / 大衛・佩查爾, 菲爾・布傑利作 ; 卡米柚子翻譯 . -- 初版 . -- 新北市 : 楓樹林 , 2016.12 面 ;　公分

譯自 : Field and stream : the total gun manual

ISBN 978-986-5688-58-5（平裝）

1. 槍械

595.92　　105018519

雖然本書所述的每一項技能全數經過實際查驗和野外測試，但是該項資訊是否適用於每一個人、每一種場合或用途，出版單位不作任何保證，也不表達任何意見或作任何影射，對於文句上的疏漏亦不負任何責任。本書所載資訊對於成年人讀者僅有娛樂價值。在你作出任何新嘗試之前，請先評估你自身的能力限制，並詳察所有的風險，本書不適合用來取代有經驗的戶外嚮導所作的專業見解。若要使用本書所提的任何裝備，請務必遵循製造商的指示。如果你的裝備製造商對於本書所述的使用方式未提供建議，你仍應遵守製造商的建議。你必須為自身的行為擔負全部的風險和責任，對於你所遭受的任何形式之損失或傷害－無論是由本書資訊所導致的間接、意外、特殊，或其他各式各樣的損失或傷害，出版社不負任何責任。